住房和城乡建设部"十四五"规划教材
全国住房和城乡建设职业教育
教学指导委员会建筑与规划类
专业指导委员会规划推荐教材

# 建筑结构选型

## （第二版）

### （建筑设计技术专业适用）

主　编　　戚　豹　林　楠

主　审　　　　吴国雄

中国建筑工业出版社

**图书在版编目（CIP）数据**

建筑结构选型：建筑设计技术专业适用 / 戚豹，林楠主编 . —2 版 . —北京：中国建筑工业出版社，2022.4（2024.11 重印）

住房和城乡建设部"十四五"规划教材　全国住房和城乡建设职业教育教学指导委员会建筑与规划类专业指导委员会规划推荐教材

ISBN 978-7-112-27330-0

Ⅰ.①建…　Ⅱ.①戚…②林…　Ⅲ.①建筑结构—高等职业教育—教材　Ⅳ.① TU3

中国版本图书馆 CIP 数据核字（2022）第 063712 号

本书简洁地叙述了各种常见结构体系设计的基本理论以及原理，全面系统地介绍了力学基础和建筑结构的形式，包括：混合结构、框架结构、剪力墙结构、高层建筑结构、门式刚架结构、桁架结构、拱结构、薄壳结构、网架与网壳结构、悬索结构、膜结构和索膜结构、装配式建筑等，对上述结构选型分别介绍结构组成、受力特点、布置方式、适用范围、构造要点等，并给出工程案例辅助学习与理解。

本书适用于高职建筑与规划类专业的学生，同时也可以作为土木建筑类专业大、中专教育教学的教材，也可以作为有关工程技术人员的参考用书。

为更好地支持本课程的教学，我们向使用本书的教师免费提供教学课件，有需要者请与出版社联系，邮箱：jckj@cabp.com.cn，电话：（010）58337285，建工书院 http://edu.cabplink.com。

责任编辑：杨　虹　尤凯曦
文字编辑：冯之倩
责任校对：姜小莲

住房和城乡建设部"十四五"规划教材

全国住房和城乡建设职业教育教学指导委员会建筑与规划类专业指导委员会规划推荐教材

**建筑结构选型（第二版）**

（建筑设计技术专业适用）

主　编　戚　豹　林　楠

主　审　吴国雄

\*

中国建筑工业出版社出版、发行（北京海淀三里河路9号）

各地新华书店、建筑书店经销

北京雅盈中佳图文设计公司制版

北京盛通印刷股份有限公司印刷

\*

开本：787 毫米 ×1092 毫米　1/16　印张：$19\frac{1}{2}$　字数：408 千字

2022 年 4 月第二版　2024 年 11 月第四次印刷

定价：**49.00** 元（赠教师课件）

ISBN 978-7-112-27330-0

（38165）

# 出版说明

党和国家高度重视教材建设。2016年，中办国办印发了《关于加强和改进新形势下大中小学教材建设的意见》，提出要健全国家教材制度。2019年12月，教育部牵头制定了《普通高等学校教材管理办法》和《职业院校教材管理办法》，旨在全面加强党的领导，切实提高教材建设的科学化水平，打造精品教材。住房和城乡建设部历来重视土建类学科专业教材建设，从"九五"开始组织部级规划教材立项工作，经过近30年的不断建设，规划教材提升了住房和城乡建设行业教材质量和认可度，出版了一系列精品教材，有效促进了行业部门引导专业教育，推动了行业高质量发展。

为进一步加强高等教育、职业教育住房和城乡建设领域学科专业教材建设工作，提高住房和城乡建设行业人才培养质量，2020年12月，住房和城乡建设部办公厅印发《关于申报高等教育职业教育住房和城乡建设领域学科专业"十四五"规划教材的通知》（建办人函〔2020〕656号），开展了住房和城乡建设部"十四五"规划教材选题的申报工作。经过专家评审和部人事司审核，512项选题列入住房和城乡建设领域学科专业"十四五"规划教材（简称规划教材）。2021年9月，住房和城乡建设部印发了《高等教育职业教育住房和城乡建设领域学科专业"十四五"规划教材选题的通知》（建人函〔2021〕36号）。为做好"十四五"规划教材的编写、审核、出版等工作，《通知》要求：（1）规划教材的编著者应依据《住房和城乡建设领域学科专业"十四五"规划教材申请书》（简称《申请书》）中的立项目标、申报依据、工作安排及进度，按时编写出高质量的教材；（2）规划教材编著者所在单位应履行《申请书》中的学校保证计划实施的主要条件，支持编著者按计划完成书稿编写工作；（3）高等学校土建类专业课程教材与教学资源专家委员会、全国住房和城乡建设职业教育教学指导委员会、住房和城乡建设部中等职业教育专业指导委员会应做好规划教材的指导、协调和审稿等工作，保证编写质量；（4）规划教材出版单位应积极配合，做好编辑、出版、发行等工作；（5）规划教材封面和书脊应标注"住房和城乡建设部'十四五'规划教材"字样和统一标识；（6）规划教材应在"十四五"期间完成出版，逾期不能完成的，不再作为《住房和城乡建设领域学科专业"十四五"规划教材》。

住房和城乡建设领域学科专业"十四五"规划教材的特点，一是重点以修订教育部、住房和城乡建设部"十二五""十三五"规划教材为主；二是严格按照专业标准规范要求编写，体现新发展理念；三是系列教材具有明显特点，满足不同层次和类型的学校专业教学要求；四是配备了数字资源，适应现代化教学的要求。规划教材的出版凝聚了作者、主审及编辑的心血，得到了有关院校、出版单位的大力支持，教材建设管理过程有严格保障。希望广大院校及各专业师生在选用、使用过程中，对规划教材的编写、出版质量进行反馈，以促进规划教材建设质量不断提高。

住房和城乡建设部"十四五"规划教材办公室

2021 年 11 月

# 前　言

结构工程师对具体选定的结构体系，一般都能进行静、动力学的力学分析、构件设计和整体设计。但在初步设计阶段，对于建筑设计人员来说，在多种结构体系中决定采用何种结构体系是十分棘手却非常重要的实际问题。设计者必须在对各类结构体系特点、适用范围及构造要求进行深入了解和掌握的基础上，才能做出合理的选择。

本书较全面、系统地介绍了常用的建筑结构形式，包括混合结构、框架结构、剪力墙结构、高层建筑结构、门式刚架结构、桁架结构、拱结构、薄壳结构、网架与网壳结构、悬索结构、膜结构和索膜结构、装配式建筑等。对上述各种结构形式分别介绍其结构组成、受力特点、布置方式、适用范围、构造要点等。编写时力求对各种结构形式的系统归纳，给学生一个完整的结构体系概念，同时又注意介绍国内外各种结构体系的实例，巩固和加深对这些概念的认识，开拓学生的设计思路。

本书着重培养学生对各类常见建筑结构体系的认识能力和分析能力，内容覆盖面广且有一定深度，涵盖了大多数新颖建筑结构体系，并且对建筑、结构、构造、经济等诸方面及其相互关系都进行了分析。特别对结构在建筑设计中的重要地位进行了深入分析，这对结构、建筑设计等专业的学生来说是非常有意义的。书中既有理论知识，又有很多新近的工程实例，能开拓学生的视野。教材的内容也很有新意，大跨度空间结构、高层建筑新体系及装配式建筑等一些章节对相关内容都作了很好的扩展和归纳。一些新型结构体系和最近的结构理念已收录在教材中。

目前适合建筑设计专业学生学习"建筑结构选型"课程的教材尚不多见。本书完全能满足建筑设计专业教学大纲的要求。它既具有教材的系统性，又对本专业有关课程中重复的内容进行了提炼，并且反映了一些最新的科技成果。该书不仅可以作为土木、建筑类专业大、中专教育教学的教材，也可以作为有关工程技术人员的参考用书。

本书的特点之一是简洁地阐述了各种常见结构体系设计的基本理论及原理，而不仅仅满足于向读者简单描述公式和方法；特点之二是结合近年来国内工程的实践经验，对于各种常见的结构体系都给出了典型的节点处理、设计实例和部分设计施工图，可供读者参考其设计方法。本书第 1~4 章由江苏建筑职业技术学院林楠、康文梅撰写；第 5~10 章由江苏建筑职业技术学院戚豹撰写；第 11~13 章由江苏建筑职业技术学院康文梅、林楠撰写。本书由戚豹、林楠担任主编，康文梅担任副主编，全书由重庆建筑工程职业学院吴国雄主审。

由于编者水平所限，书中错误或不当之处，敬请各方面的同行和读者批评指正。

# 目　录

绪　论…………………………………………………………………………… 1

 0.1　建筑物的功能要求 ……………………………………………… 3

 0.2　建筑结构材料对结构选型的影响 ……………………………… 9

 0.3　施工技术对建筑结构形式的影响 ……………………………… 11

 0.4　结构计算手段的进步和设计理论发展的影响 ………………… 12

 0.5　经济因素对结构选型的影响 …………………………………… 13

 0.6　"建筑结构选型"课程的学习方法 …………………………… 14

1　力学基础 ……………………………………………………………… 15

 本章提要 ……………………………………………………………… 15

 1.1　静力学基础 ………………………………………………………… 16

 1.2　力系的平衡问题 …………………………………………………… 27

 1.3　平面体系的几何组成分析 ………………………………………… 37

 1.4　静定结构的内力 …………………………………………………… 41

 1.5　构件失效分析基础 ………………………………………………… 51

 1.6　构件应力与强度的基本计算方法 ………………………………… 58

 习　题 ………………………………………………………………… 66

2　混合结构体系 ………………………………………………………… 69

 本章提要 ……………………………………………………………… 69

 2.1　混合结构的优缺点和应用范围 …………………………………… 70

 2.2　混合结构房屋的墙体布置 ………………………………………… 71

 2.3　混合结构房屋的楼盖布置 ………………………………………… 74

 2.4　混合结构在房屋建筑中的地位与展望 …………………………… 77

 习　题 ………………………………………………………………… 78

3　框架结构体系 ………………………………………………………… 79

 本章提要 ……………………………………………………………… 79

 3.1　框架的结构特点 …………………………………………………… 80

 3.2　框架结构的类型 …………………………………………………… 80

 3.3　框架结构的布置、柱网尺寸及构件截面尺寸 ………………… 81

 3.4　框架结构的运用与建筑艺术技巧的配合 ……………………… 85

 3.5　框架结构的适用层数和高宽比要求 …………………………… 87

 3.6　无梁楼盖结构…………………………………………………… 90

 习　题 ………………………………………………………………… 94

**4 剪力墙结构体系** ·········································· **95**

  本章提要 ··················································· 95

  4.1 剪力墙结构的概念 ······································ 96

  4.2 剪力墙结构体系的类型、特点和适用范围 ············· 96

  4.3 剪力墙的形状和位置 ··································· 98

  4.4 剪力墙的主要构造 ····································· 101

  习 题 ····················································· 108

**5 高层建筑结构** ············································ **109**

  本章提要 ··················································· 109

  5.1 高层建筑的发展概况 ··································· 110

  5.2 高层建筑结构的侧移控制 ······························ 122

  5.3 结构选型与建筑体型的配合 ···························· 132

  5.4 多层与高层房屋地下室的设置与基础类型 ·············· 133

  5.5 转换层在多、高层建筑中的应用 ······················· 136

  5.6 高层建筑塔楼旋转餐厅的结构设计 ···················· 144

  5.7 高层建筑防火 ·········································· 148

  5.8 高层建筑结构工程实例 ································· 152

  习 题 ····················································· 158

**6 门式刚架结构** ············································ **159**

  本章提要 ··················································· 159

  6.1 门式刚架的结构特点和适用范围 ······················· 160

  6.2 门式刚架结构的类型与构造 ···························· 162

  6.3 预应力门式刚架结构 ··································· 169

  6.4 轻型钢结构厂房简介 ··································· 169

  习 题 ····················································· 174

**7 桁架结构** ················································ **175**

  本章提要 ··················································· 175

  7.1 桁架结构的特点 ······································· 176

  7.2 桁架的外形与内力的关系 ······························ 177

  7.3 屋架结构的形式与屋架材料 ···························· 180

  7.4 屋架结构的选型 ······································· 187

  7.5 屋架结构工程实例 ····································· 190

  习 题 ····················································· 192

**8 拱结构** ································································· **193**

  本章提要 ······················································· 193

  8.1 拱结构的受力特点 ······································ 194

  8.2 拱结构的形式与主要尺寸 ···························· 196

  8.3 拱结构水平推力的处理 ······························ 200

  8.4 拱结构工程实例 ········································· 203

  习 题 ···························································· 206


**9 薄壳结构** ································································· **207**

  本章提要 ······················································· 207

  9.1 薄壳结构的特点 ········································· 208

  9.2 薄壳结构形式与曲面的关系 ························· 209

  9.3 圆顶薄壳 ··················································· 211

  9.4 圆柱形薄壳 ··············································· 214

  9.5 双曲扁壳 ··················································· 218

  9.6 鞍壳、扭壳 ··············································· 219

  9.7 薄壳结构工程实例 ······································ 222

  习 题 ···························································· 226


**10 网架与网壳结构** ··················································· **227**

  本章提要 ······················································· 227

  10.1 网架、网壳结构的特点及其适用范围 ········· 228

  10.2 网架、网壳的分类 ···································· 229

  10.3 网架、网壳的结构选型 ····························· 240

  10.4 网架、网壳的主要尺寸及构造 ··················· 242

  10.5 网架的支承方式、屋面材料与坡度的设置 ··· 245

  10.6 网架、网壳结构工程实例 ························· 249

  习 题 ···························································· 256


**11 悬索结构** ······························································ **257**

  本章提要 ······················································· 257

  11.1 悬索结构的特点、组成和受力状态 ············ 258

  11.2 悬索结构的形式及实例分析 ······················ 258

  11.3 悬索结构的柔性和屋面材料 ······················ 263

  习 题 ···························································· 264


**12 膜结构和索膜结构** ················································ **265**

  本章提要 ······················································· 265

  12.1 薄膜结构的特点 ······································· 266

12.2 膜结构的形式 ………………………………………………… 267

12.3 膜结构的材料和设计 …………………………………………… 270

12.4 膜结构、索膜结构工程实例 …………………………………… 274

习 题 ………………………………………………………………… 276

**13 装配式建筑** ……………………………………………………… **277**

本章提要 ……………………………………………………………… 277

13.1 装配式建筑的概念、特点及其发展 ……………………………… 278

13.2 装配式建筑的标准化设计 ……………………………………… 281

13.3 装配式建筑的工厂化生产 ……………………………………… 284

13.4 装配式建筑工程案例 …………………………………………… 288

习 题 ………………………………………………………………… 298

**参考文献** ……………………………………………………………… **299**

建筑结构选型（第二版）

绪 论

结构选型对于从事建筑设计的人员来说尤其重要，一个好的建筑设计方案必须要有一个好的结构形式作为支撑才能实现。结构形式的好坏关系到建筑物是否安全、适用、经济、美观。

结构选型不单是结构问题，而是一个综合性的科学问题。结构形式的选择不仅要考虑建筑功能、结构安全、方案合理、施工技术条件，也要考虑造价上的经济价值和艺术上的造型美观。结构选型既是建筑艺术与工程技术的综合，又是建筑、结构、施工、设备、造价等各个专业工种的配合，特别是建筑与结构的密切配合。只有正确、符合结构逻辑的建筑才具有真实的表现力和实际的实践性，单纯追求艺术表现而忽视结构原理设计出来的建筑只能是艺术作品或是虚假的造型而已。能充分利用和发挥结构自身造型特点来塑造新颖且富有个性的建筑艺术造型，才是一个成功的建筑作品。以建筑构思和结构构思的有机融合去实现建筑个性的艺术表现，这种高明和有效的手法，绝非是那种单纯追求装饰趣味的做法所能比拟的。即使是从建筑艺术的角度来看，作为一个建筑设计工作者，也必须努力提高自己运用结构的素质、技术和技巧。

结构选型课题的性质要求从建筑师的角度去考虑问题。建筑设计一般分三个阶段，即方案阶段、初步设计阶段和施工图设计阶段。在设计过程中，各专业要密切配合、互相协调合作、不断修改完善，以满足建筑、结构、设备等各方面的要求。建筑设计师应当全面了解各种结构形式的基本力学特点及其适用范围，并尽可能熟练掌握。只有这样，建筑师才能与结构工程师有共同语言，在创作建筑空间的时候才能主动考虑并建议最适宜的结构体系，并使之与建筑形象融合起来。也只有这样，建筑师在设计领域才能比较自由地进行创造性工作。

建筑结构是作为建筑物的基本受力骨架而形成的人类活动的空间，以满足人类的生产、生活需求及对建筑物的美观要求。结构是建筑物赖以存在的物质基础。无论是工业建筑、居住建筑、公共建筑，还是某些特种构筑物，都必须承受自重和外部荷载作用（如楼面活荷载、风荷载、雪荷载和地震作用等）、变形作用（温度变化引起的变形、地基沉降、结构材料的收缩和徐变变形等）以及外部环境作用（阳光、雷雨和大气污染作用等）。倘若结构失效，将带来生命和财产的巨大损失。建筑师在建筑设计过程中应充分考虑如何更好地满足结构最基本的功能要求。古罗马的维多维丘（Vitruvius）曾为建筑定下基本要求：坚固、适用和美观，至今仍是指导建筑设计的基本原则。在这些原则中，又以坚固最为重要，它由结构形式和构造所决定。建筑材料和建筑技术的发展决定着结构形式的发展，而结构形式对建筑的影响最直接、最明显。

在建筑学中，艺术和技术曾长期是一个统一体，现在越来越多地转入工程师的工作范围。随着科学技术的迅速发展，各学科专业的分工越来越细，在建筑工程范围内建筑学、城市规划、建筑材料、工程力学、结构工程、地基基础工程、施工组织和管理、施工技术、房屋建筑设备等许多学科发展都很快，各门学科都有各自的研究范围和重点，这对学科的发展十分重要。然而，建筑设计过程中过细的分工往往会导致人们从各自的专业着眼，而不能充分地从总体方面考虑问题，在方案的最初阶段各专业之间就可能经常产生分歧和矛盾。一栋成功的建筑是建筑师、结构工程师、设备工程师、施工人员等许多专业人员创造性合作的产物，其中各专业的相互渗透、密切协调和配合十分重要。建筑专业人员要做到：第一，对结构有较全面的了解，与结构工程师进行充分的沟通；第二，充分落实结构工程师的建议，并兼顾设计及造价；第三，在方案阶段和初步设计阶段将结构选型作为一个重要的内容进行考虑，以决定建筑总体方案和造型。

罗得列克·梅尔（A.Roderick Males）曾指出，"构造技术是一门科学，实行起来却是一门艺术"。德国建筑师柯特·西格尔（Curt Siegel）说，"没有将建筑设想变成物质现实的工程技术，就没有建筑艺术"；他还指出"必须先有一定的技术知识，才能理解技术造型。单凭直觉是不够的。同样对受技术影响的建筑造型，没有技术的指引，也不会完全理解。要想了解建筑造型的世界，就必须具备技术知识，这标志着冷静的理智闯进了美学的领域。如果想深入探讨具有决定性技术趋向的现代建筑的造型问题，就必须清楚地认识到这一观点"。近几十年来，世界各国不乏将功能完善、造型优美、结构先进、现代工艺等有机结合起来的建筑实例，创作了许多适用、新颖、先进的建筑作品。然而不容否认，也存在不少以追求新奇效果、奇特怪诞造型的建筑实例，它们完全抛弃了功能适用、经济合理的原则，让结构方案去适应不正确、不合理的建筑设计要求。

建筑方案设计和结构选型的构思是一项带有高度综合性和创造性、复杂而细致的工作，只有充分考虑各种影响因素并进行科学的全面综合分析，才有可能得到合理可行的结构选型结果。建筑物的功能要求、建筑结构材料、施工技术、结构设计理论和计算手段的发展及经济因素是影响结构选型的主要因素。这一点业内人士已达成广泛共识，下面将对影响结构选型的主要因素作简要介绍，以便于读者学习参考，但要真正理解和把握这些影响因素，还需要读者在今后的学习和工程设计过程中去领会和实践。

## 0.1 建筑物的功能要求

建筑物的功能要求是建筑物设计应考虑的首要因素，功能要求包括使用空间要求、使用功能要求以及美观要求，考虑结构选型时应满足这些功能要求。

### 0.1.1 使用空间要求

建筑物的三维尺度、体量大小和空间组合关系都应根据业主对建筑物客观空间环境的要求来加以确定。例如，在体育馆设计中，首先应根据比赛运动项目确定场地的最小尺度及所要求的最小空间高度，然后再根据观众座位数量、视线要求和设备布置等确定建筑物的跨度、长度和高度。

（a）　　　　　　　　　　　　　（b）

图 0-1
酒泉卫星发射中心的火
箭垂直总装测试厂房

工业建筑则应考虑车间的使用性质、工艺流程及工艺设备、垂直及水平运输要求以及采光通风功能要求等，并据此初步确定建筑物的跨度、开间及最低高度。例如，我国酒泉卫星发射中心的火箭垂直总装测试厂房是承担神舟六号载人飞船发射任务的核心工程，总高达 100m，相当于 30 多层的高楼（图 0-1），是亚洲目前最高的单层工业厂房。这座巨型垂直厂房采用的是钢筋混凝土巨型刚架－多筒体空间结构体系，是世界航天发射建筑中的首创。厂房拥有世界最重的箱形屋盖，13030t 的屋盖高 15m，跨度 26.8m，距离地面 81.6m，跨度大、空间高、自重大。高 74m、重 350t 的厂房大门被誉为"亚洲第一大门"。垂直总装厂房将技术厂房与勤务塔的两项功能合二为一，机房密布，技术设施健全而先进，可容纳千余人同时工作。垂直测试厂房可以使火箭从检测到运送发射过程中都处于垂直状态，避免了从水平检测到垂直发射而产生的诸多不利因素，创造了钢筋混凝土结构火箭垂直总装测试厂房世界第一，混凝土箱型屋盖高、大、重世界第一，单层钢筋混凝土厂房高度世界第一，混凝土框架支撑高度世界第一。

建筑结构所覆盖的空间除了使用空间外，还包括非使用空间，后者包括结构体系所占用的空间。当结构所覆盖的空间与建筑物的使用空间接近时，可以提高空间的使用效率、节省围护结构的初始投资费用、减少照明采暖空调负荷、节省维修费用。因此，这是降低建筑物全寿命期费用的一个重要途径。为了达到此目的，在结构选型时要注意以下两点。

1. 结构形式应与建筑物使用空间的要求相适应

例如：体育馆屋盖选用悬索结构体系时，场地两侧看台座位向上升高与屋盖悬索的垂度协调一致，这样既能符合使用功能要求又能经济有效地利用室内空间，立面造型也可处理成轻巧新颖的形状。图 0-2 为我国在 20 世纪 60 年代建成的北京工人体育馆，建筑平面为圆形，能容纳 15000 名观众。比赛大厅直径 94m，外围为 7.5m 宽的环形框架结构，共 4 层，为休息廊和附属用房。大厅屋盖采用圆形双层悬索结构，由索网、边缘构件（外环）和内环三部分组成。

图 0-2
北京工人体育馆外景

对于要求在建筑物中间部分有较高空间的房屋（如散粒材料仓库），采用落地拱最适宜。例如，湖南某盐矿 2.5 万 t 散装盐库在结构选型时比较了两种方案，方案 I 为钢筋混凝土排架结构，方案 II 为拱结构，如图 0-3 所示。方案 I 的缺点是 3/5 的建筑空间不能充分利用，而且盐通过皮带运输机从屋顶天窗卸入仓库时，经常会冲击磨损屋架和支撑，对钢支撑和屋架有不利影响，因而没有采用。方案 II 采用落地拱，由于选择了合适的矢高和外形，建筑空间得到了比较充分的利用。这一方案可以把建筑使用与结构形式较好地结合起来，得到了良好的效果，如图 0-4 所示。

**2. 尽量减小结构体系本身所占用的空间高度**

例如：大跨度平板网架结构是三维空间结构，整体性及稳定性较好，结

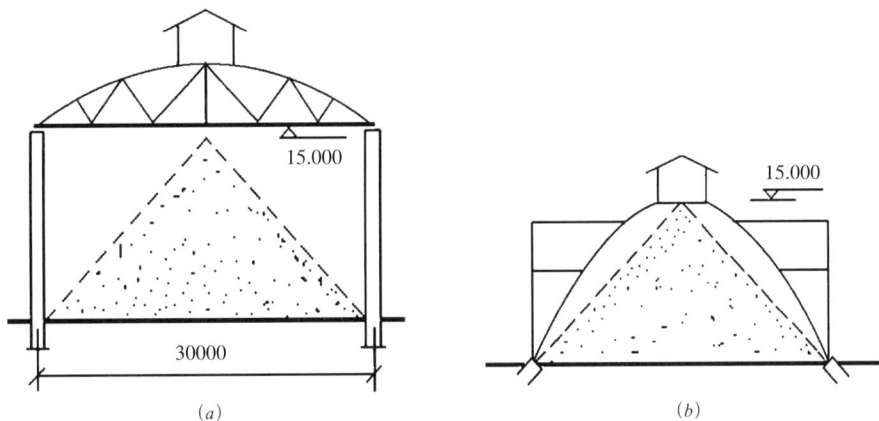

15.000

30000

(a)

15.000

(b)

图 0-3
盐库两种结构方案
(a) 排架结构方案；
(b) 拱结构方案

(a)

(b)

图 0-4
落地拱散装盐库
(a) 透视图；
(b) 室内图

构刚度及安全储备均较大。因此平板网架结构的构造高度可较一般平面结构降低，从而使室内空间得到较充分地利用。例如，钢桁架构造高度为跨度的 1/12~1/8，而平板网架结构的构造高度仅为跨度的 1/25~1/20。

多层或高层建筑的楼盖采用肋梁结构体系时，梁的高度为跨度的 1/14~1/12。当采用密肋楼盖时，由于纵横十字交叉的肋的间距较密会形成刚度较大的楼盖，楼盖高度可取跨度的 1/22~1/19。当柱距为 9m 时，采用肋梁体系的梁高约为 70cm，而密肋楼盖的高度约为 47cm，即每层约可减少结构高度 23cm。对于层数为 30 层的高层建筑，则可在得到同样使用空间的效果下，降低建筑物高度 30 × 0.23=6.9m，约可降低 2 个楼层的高度，或可在同样建筑物高度条件下增加两层的使用空间。这样的经济效益是很明显的。

## 0.1.2　建筑物的使用要求与结构的合理几何形体相结合

### 1. 声学条件与结构的合理几何形体

在结构选型设计中应注意和善于利用结构几何形体对声学效果的影响。这方面，我国北京天坛回音壁是人们熟悉的实例（图 0-5）。现代大型厅堂建筑在声学条件上要求有较好的清晰度和丰满度，要求声场分布均匀并具有一定的混响时间，还要求在距声源一定距离内有足够的声强。

### 2. 采光照明与结构的合理几何图形

传统的方法是在屋盖的水平构件（屋架）上设置"Ⅱ"形天窗。通过多年的实践及理论分析，人们认识到此种方法具有种种缺陷：①屋盖结构传力路线迂回曲折，水平构件跨中弯矩增大；②天窗和挡风板突出屋面使风荷载作用下的屋盖构件、柱、基础的受力增大；③突出屋面的天窗架重心高、刚度差、连接弱，不利于抗震；④此种天窗使结构所覆盖的非使用空间加大；⑤室内天然采光照度不均匀。而在桁架上下弦杆之间设置下沉式天窗，在结构受力、空间利用与采光效果方面都比"Ⅱ"形天窗优越。

### 3. 排水与结构的合理几何图形

在结构选型设计中，屋面排水是另一个需着重考虑的问题。例如，大跨度平板网架结构一般通过起拱来解决屋面排水问题。由于网架结构单元构件组合方案不同以及节点构造方案不同，结构起拱的灵活性也不同。例如，钢管球节点网架采用两坡起拱或四坡起拱均可，而角钢板节点网架宜用两坡起拱；正方形平面周边支承两向正交斜放交叉桁架型网架适于四坡起拱，而两向正交正放交叉桁架型网架只适于两坡起拱；正交正放抽空四角锥网架起拱较方便，而斜放四角锥网架起拱较困难。

图 0-5
北京天坛回音壁

### 0.1.3 美观功能要求

不同的使用功能要求不同的建筑空间，处理好建筑功能和建筑空间的关系，并选择合理的结构体系，就自然形成了建筑的外形。建筑师应该在此基础上根据建筑构图原理进行艺术加工，发现建筑结构自身具有的美学价值因素，并利用它来构成艺术形象，这样就可以使建筑最终达到实用、经济和美观的目的。结构是构成建筑艺术形象的重要因素，结构本身富有美学表现力。为了达到安全与坚固的目的，各种结构体系都是由构件按一定的规律组成的，这种规律性的东西本身就具有装饰效果。建筑师必须注意发挥这种表现力和利用这种装饰效果，自然地显示结构，把结构形式与建筑的空间艺术形象融合起来，使两者成为统一体。在建筑设计中，不求建筑自身形体的美，专靠附贴式装饰、浓妆艳抹、堆砌贵重的装修材料，这只能给人以虚假、庸俗的感觉，达不到真实的美的效果，既浪费了人力和物力，又不坚固、耐久。

所谓自然地显示结构，不是说结构就是美，而是要袒露具有美学价值的因素，经过建筑师的艺术加工来达到表现建筑美的目的，而不是简单地表现结构本身。世界上有许多被公认为成功的建筑都是通过对结构体系的袒露和艺术加工来表现建筑美的。下面介绍的由意大利建筑师奈尔维设计的两个建筑就是这方面的典范。

**1. 意大利佛罗伦萨运动场大看台**

意大利佛罗伦萨运动场大看台是钢筋混凝土梁板结构（图0-6）。雨篷的挑梁伸出17m，建筑师把雨篷的挑梁外形与其弯矩图（二次抛物线）统一起来，但又不是简单的统一，建筑师利用混凝土的可塑性对挑梁的外轮廓进行了艺术处理，在挑梁的支座附近挖了一个三角形孔，既减轻了结构重力，也获得了很好的艺术效果。这个建筑直接地显示了结构的自然形体，恰如其分的艺术加工使结构的形式与建筑空间艺术形象高度融合起来，形象优美、轻巧自然，给人以建筑美的享受。

这个例子说明，建筑物的重力感、力的传递与其支承的关系，也就是结构的作用，同样也是建筑艺术表现力的重要源泉。

**2. 意大利罗马小体育宫**

罗马小体育宫建于1957年，是为1960年在罗马举行的奥林匹克运动会修建的练习馆，兼作篮球、网球、拳击等比赛场地用（图0-7）。罗马小体育

图 0-6
意大利佛罗伦萨运动场大看台（左）
图 0-7
罗马小体育宫（右）

宫可容纳6000名观众，加上活动看台能容纳8000名观众。设计者为意大利建筑师A·维泰洛齐和P·L·奈尔维。这座朴素而优美的体育馆是奈尔维的结构设计代表作之一，在现代建筑史上具有重要地位。

小体育宫平面为圆形，直径60m，屋顶是一个球形穹顶，在结构上与看台分开。穹顶的上部开一个小圆洞，底下悬挂天桥、布置照明灯具，洞上再覆盖一个小圆盖。穹顶宛如一张反扣的荷叶，由外露的沿圆周均匀分布的36个"Y"形斜撑承托，有力的把巨大的装配整体式钢筋混凝土网肋型扁圆球壳托起，把荷载传到埋在地下的一圈地梁上。斜撑中部的一圈白色钢筋混凝土"腰带"是附属用房的屋顶，兼作连系梁。球顶下缘在各支点间均分、向上拱起，避免了不利的弯矩，结构清晰、欢快、极富结构力度。从建筑效果上看，既使轮廓丰富，又可防止因视错觉产生的下陷感。小体育宫的外形比例匀称，小圆盖、球顶、"Y"形支撑、"腰带"等各部分划分得宜。小圆盖下的玻璃窗与球顶下的带形窗遥相呼应，又与屋顶、附属用房形成虚实对比。"腰带"在深深的背景上浮现出来，既丰富了层次，又产生了尺度感。"Y"形斜撑完全暴露在外，混凝土表面不加装饰显得强劲有力，表现出体育所特有的技巧和力量，使建筑获得强烈的个性。

从外观看，在结构接近地面处，由于高度不够无法使用，于是把这部分结构划在隔墙之外，这样不仅在外形上清楚地显示了建筑物的结构特点，而且十分形象地表现了独具风格的艺术效果。穹隆的檐边构件作为屋面向"Y"形支承构件的过度，承上启下、波浪起伏，使建筑外形显得丰富优美而自然。屋面中央的天窗在功能上是非常需要的，恰如其分地凸起在外观上起着提神的作用。整个建筑的外观比例谐调，形象优美、质朴而又洗练。

同时，这个建筑还对施工问题作了很周密的考虑。采用装配整体式结构，既省了大量模板，又保证了结构的整体性。施工时，起重机安放在中央天窗处，这是最理想的位置。而且由于整个建筑物没有任何多余的装饰，因此经济效果亦较好。

以上例子说明，一个好的建筑设计，建筑和结构必然是有机结合的统一体。当然，要达到这一效果不是轻而易举或者一蹴而就的，它必然是建筑师和结构工程师相互了解、配合默契的产物。建筑师要掌握各种结构体系的概貌、基本特点及其经济效果，这样建筑师才能在草拟建筑方案时选择合适的结构体系。

例如，拱结构是大跨度结构中常采用的一种结构体系，合理选择拱轴线可使拱内弯矩达到最小值，其主要内力是轴向压力，可以充分发挥出混凝土材料抗压强度高的优越性。但是拱的支座推力大，因此常需设置拉杆而使室内使用空间减小。北京崇文门菜市场采用不带拉杆的拱结构，并将其置于抗推力的框架的顶部，如图8-13所示。这样的方案既适应了菜市场的大空间要求，又满足了两侧翼需要较小空间的要求。在中间部分由于跨度较大，采用拱结构不但较经济而且使建筑立面较活泼，满足了美观要求。

## 0.2 建筑结构材料对结构选型的影响

结构形式很多，如梁板、拱、刚架、桁架、悬索、薄壳等。组成结构的材料有钢、木、砖、石、混凝土及钢筋混凝土等。结构的合理性首先表现为组成这个结构的材料的强度能不能充分发挥作用。随着工程力学和建筑材料的发展，结构形式也不断发展，人们总是想用最少的材料获得最大的效果。以下两点是我们在确定结构形式时应当遵循的原则。

**1. 选择能充分发挥材料性能的结构形式**

由于构件轴心受力比偏心受力或受弯状态能更充分利用材料的强度，因此人们根据力学原理及材料的特性创造出了多种形式的结构，并使这些结构的构件处于无弯矩状态或减小弯矩峰值，从而使材料的抗拉和抗压性能得到充分发挥。

轴心受力构件截面上的应力应均匀分布，使整个截面的材料强度都得到充分利用。受弯构件截面上的应力分布非常不均匀，除了上下边缘达到强度指标之外，中间部分的材料并没有充分发挥作用。因此应该把中间部分的材料减少到最低限度，把它集中到上下边缘处，这样就形成了受力较为合理的"工"字形截面杆件。以承受集中荷载的简支梁为例，将其从矩形截面改变为"工"字形截面，受力就较为合理了。再进一步，我们还可以把梁腹部的材料挖去，形成三角形的孔洞，于是梁就变成了桁架结构，如图 0-8 所示。

桁架结构，在节点荷载作用下，各杆件处于轴心受力状态，受力较为合理，适用于较大跨度的建筑。桁架的上弦受压、下弦受拉，它们组成力偶来抵抗弯矩；腹杆以所承受轴力的竖向分量来抵抗剪力。从这里可以进一步看出，桁架比"工"字形截面梁更能发挥材料的力学性能。

梁的弯矩图呈折线形（接近抛物线），跨中最大两端为零。因此在矩形桁架中各个杆件的内力还是有大有小，还是不能使每一根杆件的材料强度都得到充分利用。于是，再进一步发展，使桁架的外轮廓线与弯矩图的形状一致，这样受力将更加合理。

因此，在设计中应该力求使结构形式与内力图一致。当然，在这里也必须指出，构件的合理性是相对的，受力合理只是其中的一个方面。矩形截面梁在受力上有不合理的一面，但是它的外形简单、制作方便，又有其合理的一面。在小跨度范围内，矩形截面梁仍是广泛应用的构件形式之一。

图 0-8
不同构件受力分析
(a) 矩形截面简支梁；
(b) "工"字形截面简支梁；
(c) 平行弦桁架；
(d) 拱形桁架

**2. 合理地选用结构材料**

建筑结构材料是形成结构的物质基础。木结构、砌体结构、钢结构以及钢筋混凝土结构，各因其材料特征不同而具备各自的独特规律。例如，砌体结构抗压强度高但抗弯、抗剪、抗拉强度低，而且脆性大，往往无警告阶段即破坏；钢筋混凝土结构有较大的抗弯、抗剪强度，而且延性优于砌体结构，但仍属于脆性材料而且自重大；钢结构抗拉强度高、自重轻，但需特别注意当细长比大时在轴向压力作用下的杆件失稳情况。因此选用材料的原则是充分利用它的长处，避免和克服它的短处。对于建筑结构材料的基本要求是轻质、高强，具有一定的可塑性和便于加工。特别是在大跨度和高层建筑中，采用轻质、高强材料具有极大意义。

随着科学技术的发展，新结构材料的诞生带来新的结构形式，从而促进建筑形式的巨大变革。19 世纪末期，钢材和钢筋混凝土材料的推广引起了建筑结构革命，出现高层结构及大跨度结构的新结构形式。近年来混凝土向高强方向发展。混凝土强度提高后可减少结构断面尺寸、减轻结构自重，提供较大的使用空间。

据资料介绍，用强度为 60MPa 的混凝土代替强度为 30~40MPa 的混凝土，可节约混凝土用量 40%，钢材 39% 左右。国际预应力混凝土下属委员会也曾指出，如果用强度为 100MPa 的混凝土制成预应力构件，其自重将减轻到相当于钢结构的自重。还有学者认为，如把混凝土强度提高到 120MPa 并结合预应力技术，可使混凝土结构代替大部分钢结构，并使 1kg 混凝土结构达到 1kg 钢结构的承载能力。届时，钢筋混凝土结构的选型也必将迎来一场变革。但随着混凝土向高强方向发展，其脆性大大增加，这是一个需要注意并解决的问题。

此外轻骨料混凝土在建筑结构中有很好的应用前景。澳大利亚曾应用轻骨料混凝土建造了两幢 50 层的建筑，其中一幢为高 184m、直径 41m 的塔式建筑，其 7 层以上 90% 的楼板和柱均采用轻骨料混凝土，使整个建筑物节省 141 万美元。

复合材料是另一个值得重视的发展方向，有关研究部门进行的试验表明，钢管混凝土具有很大优越性。例如混凝土断面的承载能力为 294.2kN，钢管承载能力为 304.0kN，组成钢管混凝土柱以后，由于钢管约束混凝土的横向变形而使承载能力提高到 862.99kN，比两种组成材料的承载能力之和 598.2kN 提高 44%。近十几年来，钢管混凝土结构在单层及多层工业厂房中已得到较广泛应用，工程经验表明：承重柱自重可减轻 65% 左右，由于柱截面减小而相应增加了使用面积，钢材消耗指标与钢筋混凝土结构接近，而工程造价与钢筋混凝土结构相比可降低 15% 左右，工程施工期缩短 1/3。此外钢管混凝土结构显示出良好的塑性和韧性。

另一种有前途的复合材料是钢纤维混凝土，体积率为 1.5%~2% 的钢纤维混凝土的抗压强度提高很小，但抗拉、抗弯强度大大提高。此外，结构的韧性及抗疲劳性能有大幅度提高。国内利用钢纤维混凝土的上述优良性能而建造的大型结构实例之一是南京五台山体育场的主席台。主席台悬臂挑檐的挑出长14m，采用薄壁折板结构。为了提高抗裂性，折板采用钢纤维混凝土。靠近柱的1/3部分，钢纤维用量为150kg/m³，其余部分用量为75kg/m³。拆模后未见任何微裂缝，在悬臂端部11个点测定挠度，最大值仅为17.4mm。

## 0.3 施工技术对建筑结构形式的影响

建筑施工的生产技术水平及生产手段对建筑结构形式有很大影响。在手工劳动的时代只能用石块来建造墙、柱、拱，或采用木骨架的结构形式。近代大工业生产出现后，在钢铁工业及机械工业得到很大发展的基础上，大型起重机械及各种建筑机械（例如混凝土泵）的相继问世使高层建筑及大跨度建筑的各种结构形式成为现实。

### 0.3.1 施工技术是实现先进结构形式的保障

薄壳结构是一种薄壁空间结构，主要承受曲面内的薄膜内力（或无矩内力），其材料强度能得到充分利用，同时它具有很高的强度和很大的刚度。薄壳结构采用厚度很薄的结构来建造大跨度结构，具有自重轻、材料省的特点。例如，35m×35m双曲扁壳屋盖的壳体厚度仅为8cm，而6m×6m的钢筋混凝土双向板的最小厚度约为13cm。因此，薄壳结构20世纪50年代末至60年代中在我国得到很大发展。

采用现浇的施工方法来实现薄壳结构有很大的局限性，最大的困难在于支设曲面模板耗费工料多、施工速度慢。为了解决此问题，曾一度使用工具式移动模板来进行现浇薄壳施工，但此种施工方法只适用于结构形状及断面尺寸不变的筒壳结构。

此外，国内外均有采用旋转模板进行薄壳施工的实例，例如，美国西雅图金郡体育馆直径202m的穹顶采用"十"字形金属旋转胎模现浇而成，其目的也在于节省模板安装的工料，但此种施工方法只适用于旋转薄壳。装配式薄壳施工方法为薄壳结构的发展提供了技术保障。例如，法国Marigane飞机库由六波薄壳组成屋盖，每波的波宽9.78m、跨度101.5m、矢高12.19m、重达4200t，用顶升法施工升到18.29m标高，可见需要高超的施工技术。

图0-9
某厂房施工方案

### 0.3.2 结构选型要考虑实际施工条件

施工技术条件不具备或结构方案不适应现有技术能力将给工程建设带来困难，因此，在结构选型时应考虑施工技术等因素的影响。例如，装配式框架结构方案的选用需要认真考虑施工单位的焊工技术力量和吊装设备等条件（如图0-9所示），否则将给工程质量带来严重影响。

## 0.4 结构计算手段的进步和设计理论发展的影响

随着新结构与新材料的不断运用与实践，人们逐渐认识了客观物质世界的内在矛盾运动规律，并上升为理论且发展了结构理论，使人们提高了结构设计水平。而结构设计理论的发展及计算手段的改进，又反过来为解决复杂的结构设计与优选问题提供了有利条件。

### 0.4.1 计算手段的进步对复杂新型结构的设计产生影响

在结构分析方面，随着计算机运算速度的加快和贮存的增大，各种复杂空间结构的静力及动力计算问题迎刃而解。由于计算时间的缩短及计算精度的提高，人们不但可以较方便地采用各种较复杂的结构形式，而且还可以进一步对各种形式的结构进行经济比较以优化设计。过去由于计算手段上的困难，尽管人们希望在制订结构方案时能进行多方案比较，但常因工作量过大、工时过长而难以实现。人们只能凭经验制订出一两个可行的结构方案进行简单的比较，而大量时间都消耗在构件的分析和计算工作上。如今计算手段的改进必然会对大型工程结构方案的构思产生重要影响.计算机正在深入结构工程的各个领域，进而贮存各种专门知识和经验，形成所谓的"专家系统"和"人工智能优化决策系统"。

### 0.4.2 抗震设计理论的研究和发展

自古以来，地震给人类造成了巨大的危害。人类在适应自然和改造自然的过程中，不断探索抵御地震的方法。地震震害表明，破坏性地震引起的人员伤亡和经济损失，主要是由于地震产生的巨大能量使建筑物、工程设施发生破坏和倒塌，以及伴随的次生灾害造成的。要想最大限度地减轻地震灾害，在工程建设时必须进行科学合理的抗震设防，这是人类减轻地震灾害对策中最积极和最有效的措施。

我国大部分地区处于地震区，《中华人民共和国防震减灾法》规定建设工程必须按照抗震设防要求和抗震设计规范进行抗震设计，并按照抗震设计进行施工。目前，我国采取"小震不坏、中震可修、大震不倒"的抗震设计准则。依此设计思想设计的结构在遇到破坏性地震时允许出现一定程度的破坏，但主体结构不能倒塌，以确保人员生命安全。即在多遇地震烈度下保证建筑物不受破坏，使生产和正常生活不受干扰；在遇到罕遇地震时保证建筑物不至于因严重倒塌而酿成大灾。

现行的地震烈度区划和地震动参数区划仅是在一定概率意义上对未来可能遇到的地震影响强度的预测，据此计算的工程结构的地震作用也只是在一定概率意义上的一个近似估计。由于存在上述诸多不确定因素，建筑结构的抗震设计计算无法涵盖可能遇到的所有不确定因素。因此，运用概念设计从总体上来提高建筑结构的抗震能力是抗震设计的重要原则。建筑结构的抗震概念设计是根据地震灾害和工程经验等所形成的基本设计原则和设计思想，是进行建筑和结构总体布置并确定细部构造的过程。地震震害表明，结构抗震概念设计与结构抗震设计计算对于改善结构的抗震性能同样重要。工程结构的抗震概念设计主要包括以下几方面内容，这些原则无疑对结构选型具有重要指导作用。

**1. 选择对抗震有利的场地、地基和基础**

选择建筑场地时，应根据工程需要，掌握地震活动情况及工程地质和地震地质的有关资料，做出综合评价；宜选择有利地段，避开不利地段。当无法避开不利地段时，应采取有效措施，不应在危险地段建造房屋建筑。

同一结构单元的基础不宜设置在性质截然不同的地基上，也不宜部分采用天然地基、部分采用桩基。当地基为软弱黏性土、液化土、新近填土或严重不均匀土时，应考虑地震时地基的不均匀沉降或其他不利影响，并采取相应的措施。

**2. 采用对抗震有利的建筑平面和立面**

为了避免地震时结构物发生扭转、应力集中或塑性变形集中而形成薄弱部位，建筑及抗侧力结构的平面布置宜规则、对称，并具有良好的整体性。建筑的立面和竖向剖面宜规则，结构的抗侧刚度宜均匀变化，竖向抗侧力构件的截面尺寸和材料强度宜自下而上逐渐减小，避免抗侧力结构的抗侧刚度和承载力突变。不应采用严重不规则的设计方案。

体型复杂、平立面特别不规则的建筑结构，可按实际需要在适当部位设置防震缝，以形成多个较规则的抗侧力构件单元，防震缝应根据设防烈度、结构材料类型和结构体系、建筑结构单元的高度和高差情况，留有足够宽度。伸缩缝和沉降缝的宽度应符合防震缝的要求。

**3. 选择技术上、经济上合理的结构体系**

结构体系应根据建筑的抗震设防类别、设防烈度、建筑高度、场地条件、地基、材料和施工等因素，经技术、经济条件综合比较确定。

结构体系应具有明确、合理的地震作用传递途径，应具备必要的抗震承载力和良好的变形能力，并符合有关结构构造要求。

## 0.5 经济因素对结构选型的影响

在结构选型时进行经济比较是十分重要的，长期以来我国确定了"适用、经济、安全、美观"的建设方针，把经济效益放在重要地位。

衡量结构方案的经济性，即所谓综合经济分析，就是要综合考虑结构全寿命期的各种成本、材料与人力资源的消耗，以及投资回报与建设速度的关系等。

（1）不但要考虑某个结构方案付诸实施时的一次投资费用，还要考虑其全寿命期费用。

（2）除了以货币指标核算结构的建造成本外，还要从节省材料消耗和节约劳动力等各项指标来衡量。此外从人类长远利益考虑，还要特别考虑资源的节约。

（3）某些生产性建筑若能早日投产交付使用，不但可以较快地回收投资资金，更能得到较好的经济效益。因此在结构方案比较时，还应综合考虑一次性初始投资和建设速度之间的关系。

## 0.6 "建筑结构选型"课程的学习方法

学习"建筑结构选型"课程应注意掌握建筑结构选型的基本原则、各种结构体系的基本特点与应用范围，要结合国家规范和标准，正确把握结构的选型与应用。

（1）要注意掌握各种建筑结构的特点与影响因素，选型中应综合考虑各个方面的影响，通过综合分析，才能做到全面、客观地考虑问题。

（2）既要单独考虑某个结构类型，也要将其与其他适用的结构类型作必要的对比和分析，这样才能优化结构的选型。

（3）尽可能多地阅读工程实例部分的内容，结合工程实例进行分析与思考，这样才能不断提高自己发现问题、分析问题和解决问题的能力。

（4）加强训练，结合大作业和讲评，培养自己全面分析问题的能力。

■ **本章提要**

　　本章主要介绍"建筑结构选型"课程所必须掌握的力学基础知识，主要包括静力学基础、力系的平衡问题、平面体系的几何组成分析、静定结构的内力、构件失效分析基础、构件应力与强度的基本计算方法等内容。

**1　力学基础**

## 1.1 静力学基础

### 1.1.1 力与力偶

#### 1.力的概念

人们对力的认识是在长期的生活实践中逐步形成的。用手提起重物时，手臂需要用力。而手臂的作用也可以用绳子等其他工具来代替，说明不仅人能对物体产生力的作用，物体之间也能产生力的作用。力作用在物体上会产生什么样的效果？用力推静止的小车，小车就会产生运动；用力拉弹簧，弹簧就会变形。

力对物体的作用会产生两种效应：运动效应和变形效应。其中运动效应可以分解成移动效应和转动效应两种。例如在足球比赛中，如果运动员要踢出弧线球，在击球时必须使球向前运动的同时还需使球绕球心转动。前者为移动效应，后者为转动效应。力是物体之间的相互机械作用，这种作用会使物体的运动状态发生变化（运动效应），或者使物体的形状发生改变（变形效应）。

实践表明，力对物体的效应取决于力的大小、方向和作用点三个要素，称为力的三要素。

在国际单位制（SI）中，力的单位为牛顿（N），工程实际中常采用牛顿的倍数单位千牛（kN），$1kN=10^3N$，作用于一个物体上的两个或两个以上的力所组成的系统，称为力系。对物体作用效果相同的力系，称为等效力系。如果一个力和一个力系等效，则该力为此力系的合力，而力系中的各个力称为合力的分力。

#### 2.力的性质

力是一个有大小和方向的量，所以力是矢量，可以用一段带箭头的线段来表示，线段的长短代表大小，箭头表示力的指向（图1-1）。规定用黑体字母 $F$ 表示力矢量，而用普通字母 $F$ 表示力的大小。通过力的作用点并沿着力的方向作一条直线，这条直线称为力的作用线。

作用于物体上同一点的两个力可以合成为一个合力，合力也作用于该点，合力的大小、方向由这两个力为邻边所构成的平行四边形的对角线来表示（图1-2）。

这一性质也称为力的平行四边形法则，可用矢量式 $F_R=F_1+F_2$ 表示，即两个交于一点力的合力，等于这两个力的矢量和；反过来，一个力也可以依照力的平行四边形法则，按指定方向分解成两个分力。

同理，作用于物体上同一点的 $n$ 个力组成的力系，采用两两合成的方法，最终可合成为一个合力 $F_R$，它等于这个力系中所有力的矢量和，即：

$$F_R = F_1+F_2+\cdots\cdots+F_n = \sum_{i=1}^{n} F_i \tag{1-1}$$

即，$n$ 个力交于一点，则可以合成为一个合力，它等于这 $n$ 个力的矢量和，它的作线通过原力系的交点。

图1-1 力

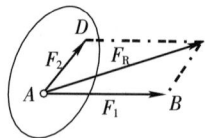

图1-2 分力和合力

两物体间相互作用的力，总是大小相等、方向相反、沿同一直线，分别作用在这两个物体上。这一性质也称为力的作用与反作用定律。如作用在同一物体上的两个力大小相等、方向相反、沿同一直线，那么这两个力对物体的运动效应没有影响，则这两个力的合力为零；反过来，同一物体上只作用了两个力，而物体是平衡的，那么这两个力必然大小相等、方向相反、沿同一直线。

物体在一个力系作用下处于平衡状态，则称这个力系为平衡力系。在平衡力系作用下物体不产生运动效应。

### 3. 力在直角坐标轴上的投影

为了便于计算，在力学计算中常常通过力在直角坐标轴上的投影将矢量运算转化为代数运算。

如图 1-3 所示，在力 $F$ 作用的平面内建立直角坐标系 $Oxy$。由力 $F$ 的起点 $A$ 和终点 $B$ 分别向 $x$ 轴引垂线，垂足分别为 $x$ 轴上的两点 $A'$、$B'$，则线段 $A'B'$ 称为力 $F$ 在 $x$ 轴上的投影，用 $F_x$ 表示，即 $F_x = \pm A'B'$。

投影的正负号规定如下：若从 $A'$ 到 $B'$ 的方向与轴正向一致，投影取正号；反之取负号。力在坐标轴上的投影是代数量。同样，力 $F$ 在 $y$ 轴上的投影 $F_y$ 为 $F_y = \pm A''B''$。

由图 1-3 可得：

$$\left. \begin{aligned} F_x &= \pm F \cos\alpha \\ F_y &= \pm F \sin\alpha \end{aligned} \right\} \tag{1-2}$$

式中，$\alpha$ 为力与 $x$ 轴所夹的锐角，图 1-3 中 $F_x$、$F_y$ 是力 $F$ 沿直角坐标轴方向的两个分力，是矢量。它们的大小和力 $F$ 在轴上投影的绝对值相等，而投影的正（或负）号代表了分力的指向和坐标轴的指向一致（或相反），这样投影就将分力的大小和方向表示出来了，从而将矢量运算转化成了代数运算。

为了计算方便，往往先根据力与某轴所夹的锐角来计算力在该轴上投影的绝对值，再通过观察来确定投影的正负号。

【例 1-1】 试分别求出图 1-4 中各力在 $z$ 轴和 $y$ 轴上的投影。已知 $F_1=100\text{N}$，$F_2=150\text{N}$，$F_3=F_4=200\text{N}$，各力方向如图 1-4 所示。

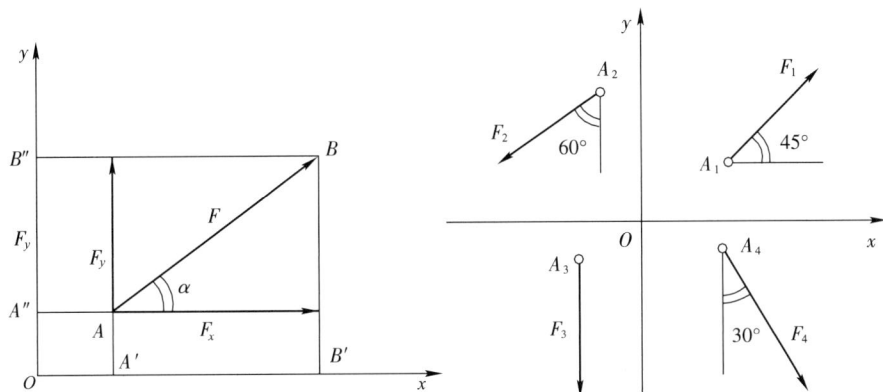

图 1-3
力在直角坐标轴上的投影（左）
图 1-4
例 1-1 图（右）

**【解】** 各力在 $x$、$y$ 轴上的投影为：

$$F_{1x} = F_1\cos45° = 100N×0.707 = 70.7N$$

$$F_{1y} = F_1\sin45° = 100N×0.707 = 70.7N$$

$$F_{2x} = -F_2\cos30° = -150N×0.866 = -129.9N$$

$$F_{2y} = -F_2\sin30° = -150N×0.5 = -75N$$

$$F_{3x} = F_3\cos90° = 0$$

$$F_{3y} = -F_3\sin90° = -200N×1 = -200N$$

$$F_{4x} = F_4\cos60° = 200N×0.5 = 100N$$

$$F_{4y} = -F_4\sin60° = -200N×0.866 = -173.2N$$

反过来，如已知一个力在直角坐标系的投影，可以求出这个力的大小和方向。

由图 1-3 可知：

$$\left. \begin{array}{l} F = \sqrt{F_x^{\;2} + F_y^{\;2}} \\[2mm] \alpha = \arctan\dfrac{|F_y|}{|F_x|} \end{array} \right\} \tag{1-3}$$

其中，取 $0 \leqslant \alpha \leqslant \pi/2$，$\alpha$ 代表力 $F$ 与 $x$ 轴的夹角，具体力的指向可通过投影的正负值来判定，如图 1-5 所示。

**4. 合力投影定理**

由于力的投影是代数量，所以可以对各力在同一轴的投影进行代数运算，由图 1-6 得：

$$F_x = A'C' = A'B' + B'C' = A'B' + A'D' = F_{1x} + F_{2x} \tag{1-4}$$

对于多个力组成的力系以此类推，可得合力投影定理：合力在直角坐标轴上的投影（$F_{Rx}$，$F_{Ry}$）等于各分力在同一轴上投影的代数和，即：

$$\begin{array}{l} F_{Rx} = F_{1x} + F_{2x} + \cdots + F_{nx} = \displaystyle\sum_{i=1}^{n} F_{ix} \\[4mm] F_{Ry} = F_{1y} + F_{2y} + \cdots + F_{ny} = \displaystyle\sum_{i=1}^{n} F_{iy} \end{array} \tag{1-5}$$

如果将各个分力沿直角坐标轴方向进行分解，再对平行于同一坐标轴的分力进行合成（方向相同的相加，方向相反的相减），可以得到合力在该坐标

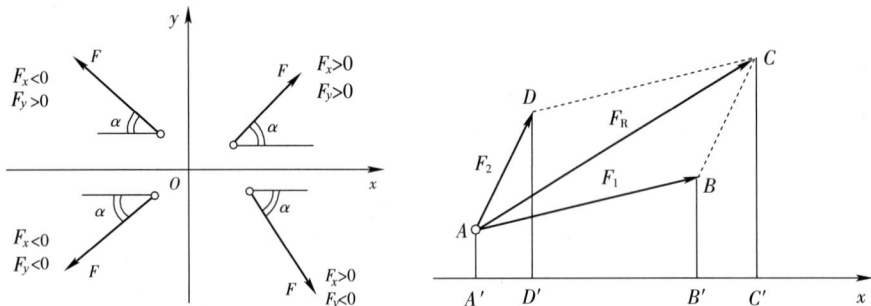

图 1-5
力正负值的判定（左）
图 1-6
合力投影定理（右）

轴方向上的分力（$F_{Rx}$，$F_{Ry}$）。可以证明,合力在直角坐标系坐标轴上的投影（$d_3$）和合力在该坐标轴方向上的分力（$F_{Rx}$，$F_{Ry}$）大小相等，而投影的正（负）号代表了分力的指向和坐标轴的指向一致（相反）。

5. 平面问题中力对点之矩

如图 1-7 所示，用扳手拧紧螺母时，作用于扳手上的力 $F$ 使扳手绕 $O$ 点转动，其转动效应不仅与力的大小和方向有关，而且与 $O$ 点到力作用线的垂直距离 $d$ 有关。将乘积 $F·d$ 再冠以适当的正、负号对应力绕 $O$ 点的转向，称为力 $F$ 对 $O$ 点的矩，简称力矩，它是力 $F$ 使物体绕 $O$ 点转动效应的度量，用 $M_O(F)$ 表示，即：

$$M_O(F) = \pm F·d \tag{1-6}$$

$O$ 点称为矩心，$d$ 称为力臂。式中的正负号用来区别力 $F$ 使物体绕 $O$ 点转动的方向，规定力 $F$ 使物体绕矩心 $O$ 点逆时针转动时为正，反之取负号。

力矩在下列两种情况下等于零：力等于零或力的作用线通过矩心（即力臂等于零）。

当力沿作用线移动时，不会改变它对矩心的力矩。这是由于力的大小、方向及力臂的大小均未改变的缘故。力矩的单位常用 N·m 或 kN·m，有时为运算方便也采用 N·mm。

其中 $1kN·m = 10^3 N·m = 10^6 N·mm$。

【例 1-2】如图 1-8 所示，当扳手分别受到 $F_1$、$F_2$、$F_3$ 作用时，求各力分别对螺母中心点 $O$ 的力矩。已知 $F_1=F_2=F_3=100N$。

【解】根据力矩的定义可知：

$M_O(F_1) = -F_1·d_1 = -100×0.2 = 20N·m$

$M_O(F_2) = F_2·d_2 = 100×0.2/\cos30° = 23.1N·m$

$M_O(F_3) = F_3·d_3 = 100×0 = 0N·m$

6. 合力矩定理

由于一个力系的合力产生的效应与力系中各个分力产生的总效应是一样的。因此，合力对平面上任一点的矩等于各分力对同一点的矩的代数和。这就是合力矩定理，即：

$$M_O(F_R) = M_O(F_1) + M_O(F_2) + \cdots + M_O(F_n) = \sum_{i=1}^{n} M_O(F_i) \tag{1-7}$$

【例 1-3】图 1-9 所示挡土墙所受土压力的合力为 $F_R$，如 $F_R=150kN$，方向如图所示。求土压力使墙倾覆的力矩。

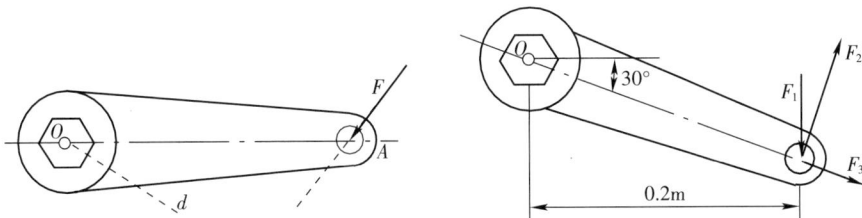

图 1-7
力对点之矩（左）
图 1-8
例 1-2 图（右）

**【解】** 土压力 $F_R$ 可使挡土墙绕 $A$ 点倾覆，故求土压力 $F_R$ 使墙倾覆的力矩，就是求 $F_R$ 对 $A$ 点的力矩。由已知尺寸求力臂 $d$ 不方便，但如果将 $F_R$ 分解为两分力 $F_1$ 和 $F_2$，则两分力的力臂是已知的，可得：

$$M_A(F_R) = M_A(F_1) + M_A(F_2) = F_R\cos30° \times \frac{h}{2} - F_R\sin30° \cdot h$$

$$= 150 \times \frac{\sqrt{3}}{2} \times \frac{1.5}{4} - 150 \times \frac{1}{2} \times 1.5 = 63.79\text{kN} \cdot \text{m}$$

图 1-9
例 1-3 图

**7. 力偶**

在日常生活和工程中，经常会遇到物体受大小相等、方向相反、作用线互相平行的两个力作用的情形。例如，汽车司机用双手转动方向盘，钳工用丝锥攻螺纹，以及用拇指和食指拧开水龙头或钢笔帽等。实践证明，这样的两个力 $F$、$F'$ 组成的力系对物体只产生转动效应，而不产生移动效应，这种力系称为力偶，用符号 $(F, F')$ 表示。

组成力偶的两个力 $F$、$F'$ 所在的平面称为力偶的作用面，力偶的两个力作用线间的垂直距离称为力偶臂，用 $d$ 表示。

图 1-10
力偶矩

在力偶作用面内任取一点 $O$ 为矩心，如图 1-10 所示。设点 $O$ 与力 $F$ 作用线之间的垂直距离为 $x$，力偶臂为 $d$，则力偶的两个力对 $O$ 点之矩的和为：

$$-Fx + F'(x+d) = F \cdot d$$

这一结果表明，力偶对作用面内任意一点的矩与点的位置无关。因此，将力偶的力 $F$ 与力偶臂 $d$ 的乘积冠以适当的正负号对应力偶的转向，作为力偶对物体转动效应的度量，称为力偶矩，用 $M$ 表示，即：

$$M = \pm F \cdot d \tag{1-8}$$

式中的正负号规定为：力偶的转向是逆时针时为正，反之为负。力偶矩的单位与力矩的单位相同。

**8. 力偶的性质**

力偶作为一种特殊力系，具有如下独特的性质：

（1）力偶对物体只产生转动效应，而不产生移动效应。因此，一个力偶既不能用一个力代替，也不能和一个力平衡（力偶在任何一个坐标轴上的投影均等于零）。力与力偶是表示物体间相互机械作用的两个基本元素。

（2）力偶对物体的转动效应只用力偶矩度量而与矩心的位置无关。如果在同一平面内的两个力偶，它们的力偶矩彼此相等，则这两个力偶等效。

（3）在保持力偶矩大小和力偶转向不变的情况下，力偶可在其作用面内任意搬移，或者可任意改变力偶中力的大小和力偶臂的长短，而力偶对物体的转动效应不变。

根据这一性质，可在力偶作用面内用 $M$ 或 $M$ 表示力偶，其中箭头表示力偶的转向，$M$ 则表示力偶矩的大小。必须指出，力偶在其作用面内移动或用等效力偶替代对物体的运动效应没有影响，但会影响变形效应。

### 9. 平面力偶系的合成

设在物体某平面内作用两个力偶 $M_1$, $M_2$（图 1-11a），任选一线段 $AB = d$ 作为公共力偶臂，将力偶 $M_1$ 和 $M_2$ 移动，并把力偶中的力分别改变如图 1-11（b）所示：

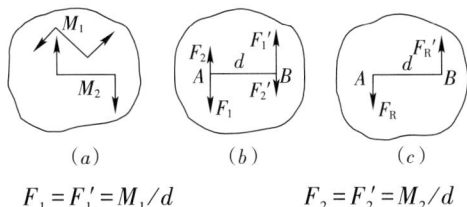

图 1-11
平面力偶系的合成

$$F_1 = F_1' = M_1/d \qquad\qquad F_2 = F_2' = M_2/d$$

根据力偶性质（3），图 1-11（a）与图 1-11（b）中，力偶作用是等效的。于是，力偶 $M_1$ 与 $M_2$ 可合成为一个合力偶（图 1-11c），其力偶矩为：

$$M = F_{\mathrm{R}}d = (F_1 - F_2)\ d = M_1 + M_2$$

若有 $n$ 个力偶作用于物体的某一平面内，这种力系称为平面力偶系，可合成为一个合力偶。在同一个平面内的力偶可以进行代数运算，合力偶的矩等于各分力偶矩的代数和，即：

$$M = M_1 + M_2 + \cdots + M_n = \sum_{i=1}^{n} M_i \tag{1-9}$$

【例 1-4】如图 1-12 所示，在物体的某平面内受到三个力偶的作用。设 $F_1 = 200\mathrm{N}$，$F_2 = 600\mathrm{N}$，$M = 100\mathrm{N \cdot m}$，求其合力偶。

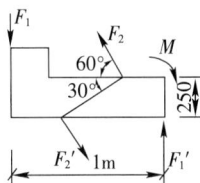

图 1-12
例 1-4 图

【解】各分力偶矩为：

$M_1 = F_1 d_1 = 200 \times 1 = 200\mathrm{N \cdot m}$

$M_2 = F_2 d_2 = 600 \times 0.25\ /\sin30° = 300\mathrm{N \cdot m}$

$M_3 = -M = -100\mathrm{N \cdot m}$

由式（1-9）得合力偶矩为：

$M = M_1 + M_2 + M_3 = 200 + 300 - 100 = 400\mathrm{N \cdot m}$

即合力偶的矩的大小等于 $400\mathrm{N \cdot m}$，转向为逆时针方向，与原力偶系共面。

## 1.1.2　受力分析基础

实际工程是很复杂的，对结构进行力学分析时，如果不加区分地考虑所有实际因素，将使问题的分析计算十分困难，甚至无法进行，同时这样也是不必要的。分析实际结构，需要利用力学知识、结构知识和工程实际经验，并根据实际受力、变形规律等主要因素，忽略一些次要因素，对结构进行科学合理的简化。这是一个将结构理想化、抽象化的简化过程。这一过程称为力学建模。

### 1. 受力物体

物体在受力后都要发生形状、大小的改变，称为变形，但在大多数工程问题中，这种变形相对结构尺寸而言是极其微小的。

（1）刚体

当变形对于研究物体平衡或运动规律能忽略时，可认为该物体不发生变形。这种在受力时保持形状、大小不变的力学模型称为刚体。由于刚体在受力作用后，只有运动效应而没有变形效应，因此作用在刚体上的力沿着作用线移动时，不改变其作用效应。

（2）变形体

当变形对于研究物体平衡或运动规律不能忽略时，物体称为变形体。变形体在外力作用下会产生两种不同性质的变形：一种是当外力撤除时，变形也会随之消失，这种变形称为弹性变形；另一种是当外力撤除后，变形不能全部消失而残留部分变形，这部分变形称为塑性变形。

当所受外力不超过一定限度时，绝大多数工程材料在外力撤除后其变形可消失，这种物体称为弹性变形体，简称弹性体。

本书只分析构件的小变形。所谓小变形是指构件的变形量远小于其原始尺寸。因此，在确定构件的平衡和运动时，可不计其变形量，仍按原始尺寸进行计算，从而简化计算过程。

### 2. 荷载的分类

物体受到的力可以分为两类。一类是使物体运动或有运动趋势的力，称为主动力，例如重力、水压力、土压力等，工程上把主动力称为荷载；另一类是周围物体限制物体运动的力，称为约束力。对于作为研究对象的受力物体，以上两类力统称为外力。

如果力集中作用于一点，这种力称为集中力或集中荷载。实际上，任何物体间的作用力都分布在有限的面积上或体积内，但如果力所作用的范围比受力作用的物体小得多时，作用在物体上的力的合力都可以看成是集中力。同样对于作用于极小范围的力偶，称为集中力偶。

对于作用范围不能忽视的力（荷载），称为分布力（荷载）。分布在物体体积内的荷载，如重力等，称为体荷载。分布在物体表面上，如楼板上的荷载、水坝上的水压力等，称为面荷载。如果力（荷载）分布在一个狭长范围内而且相互平行，则可以把它简化为沿狭长面的中心线分布的力（荷载），如分布在梁上的荷载，简化后称为线分布力或线荷载。体荷载、面荷载、线荷载统称为分布荷载。

当分布荷载各处大小均相同时，称为均布荷载；当分布荷载各处大小不相同时，称为非均布荷载。由于工程中均布荷载较为常见，因此，本书只讨论均布荷载。板的自重即为面均布荷载，它是以每单位面积的重量来计算的。单位面积上所受的力，称为面集度，通常用 $p$ 表示，单位为 $N/m^2$ 或 $kN/m^2$。梁等细长构件的自重即为线均布荷载，它是以每单位长度的重量来计算的，单位长度上所受的力，称为线集度，通常用 $q$ 表示，单位为 $N/m$ 或 $kN/m$。

在具体运算时，通常是用简化后的面荷载或线荷载来进行计算。就刚体而言，对于线均布荷载可转换成用它的合力 $F_R$ 来进行运算，线均布荷载的合力 $F_R$ 为线荷载集度 $q$ 和荷载分布长度 $l$ 的乘积，其方向与荷载方向一致，作用在荷载分布的中点。

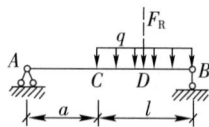

图 1-13
例 1-5 图

【例 1-5】求图 1-13 中均布荷载对 $A$ 点和 $B$ 点的矩。

**【解】**

（1）求均布荷载的合力 $F_R$

$$F_R = ql$$

$F_R$ 的方向和作用点如图 1-13 所示。

（2）用合力代替线荷载分别对 $A$、$B$ 两点取矩

$$M_A = M_A(F_R) = -F_R \times (a+l/2) = -ql(a+l/2)$$

$$M_B = M_B(F_R) = F_R \times l/2 = ql^2/2$$

### 3. 约束与约束力

在空间可以自由运动的物体，称为自由体。如果物体受到某种限制、在某些方向不能运动，那么这样的物体称为非自由体。例如，放在桌面上的物体，受到桌面的限制不能向下运动。阻碍物体运动的限制物，称为约束。

约束对物体必然作用一定的力以阻碍物体运动，这种力就是前面提到的约束力，简称反力。约束力总是作用在约束与物体的接触处，其方向总是与约束所能限制的运动方向相反。

下面介绍几种工程中常见的约束及约束力。

（1）柔体约束

工程中常见的绳索、传动带、链条等柔性物体构成的约束，称为柔体约束（图 1-14）。这种约束只能限制物体沿着柔体伸长的方向运动，而不能限制其他方向的运动。因此，柔体约束力的方向沿着它的中心线且背离研究物体，即为拉力。

图 1-14　柔体约束

（2）光滑面约束

如果两个物体接触面之间的摩擦力很小，可忽略不计，这两个物体之间就构成光滑面约束（图 1-15）。这种约束只能限制物体沿接触点处朝着垂直于接触面方向的运动，而不能限制其他方向的运动。因此，光滑接触面约束力的方向垂直于接触面或接触点的公切线，并通过接触点指向物体。

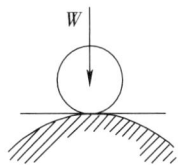

图 1-15　光滑面约束

（3）圆柱铰链约束

在两个构件上各钻有同样大小的圆孔，并用圆柱形销钉 C 连接起来（图 1-16）。如果销钉和圆孔是光滑的，那么销钉只限制两构件在垂直于销钉轴线平面内的相对移动，而不限制两构件绕销钉轴线的相对转动，这样的约束称为圆柱铰链约束，简称铰链或铰。

当两个构件有沿销钉径向相对移动的趋势时，销钉与构件以光滑圆面接触，因此，销钉给构件的约束力 $F_N$ 沿接触点 $K$ 的公法线方向指向构件，且通过圆孔中心（图 1-16）。由于接触点 $K$ 一般不能预先确定，所以约束力 $F_N$ 的方向也不能确定。因此，铰链约束力作用在垂直于销钉轴线的平面内，通过圆

图 1-16
圆柱铰链约束

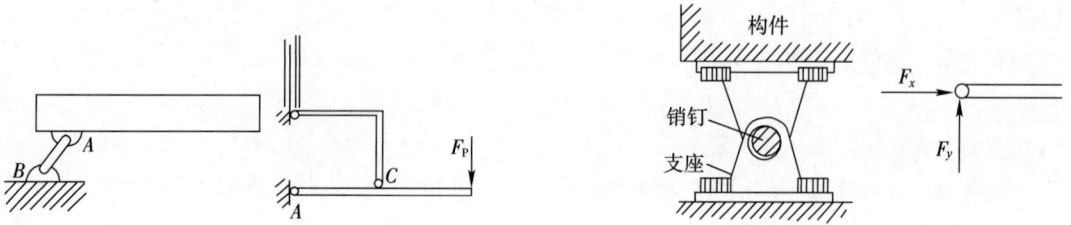

孔中心，方向待定。通常用两个正交分力 $F_x$ 和 $F_y$ 来表示铰链约束力，两分力的指向是假定的。

图 1-17
链杆约束（左）
图 1-18
固定铰支座（右）

（4）链杆约束

如一构件在其两端用铰链与其他构件相连接，此构件中间不受力，这类约束称为链杆约束（图 1-17），也称为二力杆约束。由于构件上只在两端作用了两个约束力，而构件是平衡的，因此这两个力必然大小相等、方向相反、在同一直线上。所以，链杆约束的约束力沿着两端销钉圆心连线，指向待定。

（5）支座约束

①固定铰支座　在连接的两个构件中，如果其中一个构件是固定在基础上的支座（图 1-18），则这种约束称为固定铰支座，简称铰支座。固定支座约束力与铰链的情形相同。

②活动铰支座　如果在支座与支承面之间装上几个辊子，使支座可沿支承面移动，即形成活动铰支座，也称为辊轴支座（图 1-19）。图中画出了辊轴支座的几种简化表示方式。如果支承面是光滑的，这种支座不限制沿着支承面的移动和绕销钉的转动，只限制构件沿支承面法线方向的移动。因此，辊轴支座约束力垂直于支承面，通过铰链中心。

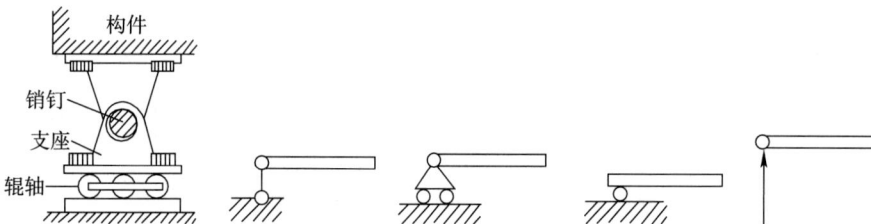

图 1-19
活动铰支座

③固定端　如房屋的挑梁，其一端牢固嵌入墙内，墙对其约束，使其不能移动也不能转动，称为固定端约束。固定端约束力为一个方向待定的约束力和一个转向待定的约束力偶。方向待定的约束力通常可用水平和竖直的两个分力表示。图 1-20 为固定端约束的简化表示形式和支座约束力。

图 1-20
固定端支座

### 1.1.3 力学计算简图

**1. 结构的分类**

工程中结构的类型多种多样, 就几何观点可将其分为杆系结构、板壳类结构和实体结构三类。

杆系结构由杆件组成, 杆件的特征是其长度远大于其横截面上的其他两个尺寸; 板壳类结构长、宽两个方向的尺寸远大于厚度; 实体结构三个方向的尺寸具有相同的量级。

杆系结构又可分为平面杆系结构 (组成结构的所有杆件的轴线及外力都在同一平面内) 和空间杆系结构 (组成结构的所有杆件的轴线及外力不在同一平面内) 两类, 本章主要研究平面杆系结构。

**2. 力学计算简图**

在对结构和构件的受力和约束经过简化后得到的、用于力学或工程分析与计算的图形, 为力学计算简图或计算简图。

确定力学计算简图的原则为:

(1) 尽可能符合实际——力学计算简图应尽可能反映实际结构的受力、变形等特性。

(2) 尽可能简单——忽略次要因素, 尽量使分析计算过程简单。

根据杆系结构的受力特征和构造特点, 在力学计算简图中常用杆件的轴线代表杆件, 根据结构和约束装置的主要特征选用对应的支座; 根据杆件连接处结构的受力特征和构造特点选用对应的节点。

杆件的节点一般可分为:

(1) 铰节点——用圆柱铰链将杆件连接在一起, 各杆件可围绕其作相对转动, 但不能移动, 如图 1-21 所示。

(2) 刚节点——杆件在连接处是刚性连接的, 汇交于刚节点处的各杆件之间不发生相对转动 (保持夹角不变) 与相对移动, 如图 1-22 所示。

力学计算简图是工程力学与土木工程中对结构或构件进行分析和计算的依据。建立力学计算简图, 实际上就是建立力学与结构的分析模型。建立力学计算简图不仅需要必要的力学基础知识, 而且需要具备一定的工程结构知识。

**【例 1-6】** 图 1-23 由角钢 *AB* 和 *CD* 在 *D* 处用连接钢板焊接牢。在 *A*、*C* 两处用混凝土浇筑埋入墙内, 制成搁置管道的三角支架。现在三角支架上搁置了两个管道, 大管重 $W_1$, 小管重 $W_2$, 试画出三角支架的力学计算简图。

图 1-21
铰节点 (左)
图 1-22
刚节点 (右)

图 1-23
例 1-6 图

**【解】**

（1）构件的简化。角钢 *AB* 和 *CD* 的长度远大于其他两个尺寸，是杆系结构，用杆件的轴线代表杆件，由于角钢的自重比管道的重量小得多，因此可忽略不计。

（2）支座的简化。由于杆件嵌入墙内的实际长度较短，加之砂浆砌筑的墙体本身的坚实性差，所以在受力后，杆件在 *A*、*C* 处会产生微小的松动的可能，即杆件在此处可能发生微小的转动，所以起不到固定端约束的作用，只能将 *A*、*C* 处简化成固定铰支座。在 *D* 处的焊缝同样也不能阻止角钢 *AB* 和 *CD* 的相对微小转动，故将 *D* 处简化为铰链。

（3）荷载的简化。由于管道和角钢接触面很小，故将管道传来的荷载简化为集中荷载。经过以上简化，即可得到图 1-23 所示三角支架的力学计算简图。

### 3. 受力分析及受力图

在求解工程力学问题时，首先需要根据问题的已知条件和待求量，选择一个或几个物体作为研究对象；然后分析它受到哪些力的作用，其中哪些是已知的，哪些是未知的，此过程称为受力分析。

对研究对象进行受力分析的步骤如下：

（1）将研究对象从与其连系的周围物体中分离出来，单独画出。这种分离出来的研究对象称为分离体或隔离体。

（2）画出作用于分离体上的全部荷载，并根据约束性质确定约束处的约束力，最后得到研究对象的受力图。下面举例说明受力图的画法。

**【例 1-7】** 水平梁 *AB* 受集中荷载 $F_p$ 和均布荷载 $q$ 作用，*A* 端为固定铰支座，*B* 端为可动铰支座，如图 1-24 所示，试画出梁的受力图。梁的自重不计。

**【解】** 取梁为研究对象，并将其单独画出。再将作用在梁上的全部荷载画上，在 *B* 端可动铰支座的约束力为 $F_B$，在 *A* 端固定铰支座的约束力为 $F_{Ax}$ 和 $F_{Ay}$。图 1-24 画出了梁的受力图。

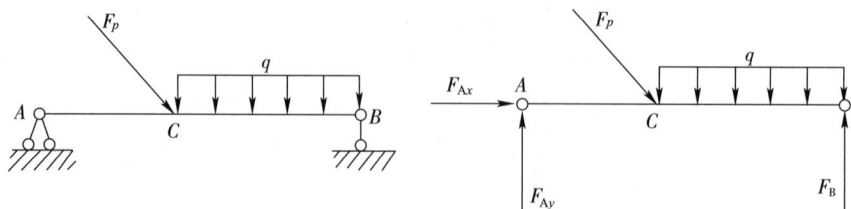

图 1-24
例 1-7 图

## 1.2　力系的平衡问题

### 1.2.1　平面力系的简化

如果在一个力系中，各力的作用线均分布在同一平面内，但它们既不完全平行，又不汇交于同一点，那么，我们将这种力系称为平面一般力系，简称平面力系。平面力系的研究与讨论不仅在理论上，而且在工程实际中都有着重要的意义。首先，平面力系既概括了平面内的各种特殊力系，同时又是研究空间力系的基础。其次，平面力系是工程中最常见的一种力系，如在不少实际工程中结构（或结构构件）和受力都具有同一对称面，此时作用力就可简化为作用在对称面内的平面力系。

如果平面力系中各力的作用线均汇交于一点，则此力系称为平面汇交力系；如果平面力系中各力的作用线均相互平行，则此力系称为平面平行力系；如果平面力系仅由力偶组成，则此力系称为平面力偶系。

在作用效果等效的前提下，用最简单的力系来代替原力系对刚体的作用，称为力系的简化。为了便于研究任意力系对刚体的作用效应，常需进行力系的简化。

#### 1. 力向一点平移

在前面，我们已经学习到力对物体的作用效应取决于力的三要素（力的大小、方向、作用点）。对刚体而言，根据力的可传性原理，我们可以将力的三要素改称为力的大小、方向、作用线。改变力的三要素中的任意一个，力的作用效应都将发生变化。如果保持力的大小、方向不变，而将力的作用线平行移动到同一刚体的任意一点，则力对刚体的作用效应必定要发生变化；若要保持力对刚体的作用效应不变，则必须要有附加条件。

设在刚体上的 $A$ 点作用有一力 $F$，如图 1-25（$a$）所示，想将其平行移至 $B$ 点。根据加减平衡力系原理，在 $B$ 点加上一对平衡力 $F'$ 和 $F''$，并使其作用线与力 $F$ 的作用线相互平行，且 $F = F' = -F''$，如图 1-25（$b$）所示。显然，$F$、$F'$、$F''$ 三个力的作用效果与原力 $F$ 的作用效果相同。在三个力作用时，我们又可以看成是在 $B$ 点作用一个力 $F'$ 和一个力偶（$F$，$F''$）。即，作用在 $A$ 点的力 $F$ 就可由作用在 $B$ 点的力 $F'$ 和力偶矩为 $M$ 的力偶（$F$，$F''$）来代替，如图 1-25（$c$）所示；换言之，作用在 $A$ 点的力 $F$，可以平行移动到 $B$ 点，但同时加上一个相应的力偶，这个力偶称为附加力偶。附加力偶的力偶矩 $M$ 等于原来的力 $F$ 对 $B$ 点的矩。

由于 $A$、$B$ 两点及力 $F$ 可以是任意的，因此可得出如下结论：作用在刚体上的力可以平移到刚体上任意一个指定位置，但必须在该力和指定点所决定的平面内附加一个力偶，该附加力偶的矩等于原力对指定点的矩。这个结论称为力的平移定理。

不难推知，根据力向一点平移的逆过程，总可以将同平面内的一个力 $F$ 和力偶矩为 $M$

图 1-25
力向一点平移

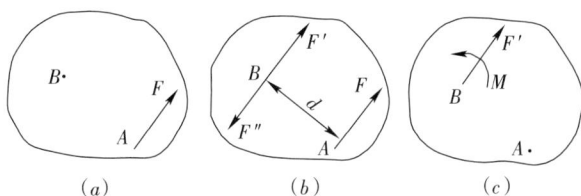

(a)　　　(b)　　　(c)

的力偶简化为一个力 $F'$, 此力与原力 $F$ 大小相等、方向相同, 作用线间的距离为 $d = M/F$, 至于 $F'$ 在 $F$ 的哪一侧, 则视 $F$ 的方向和 $M$ 的转向而定。

### 2. 平面力系向一点的简化

设一刚体受平面力系 $F_1$、$F_2$、$\cdots$、$F_n$ 作用, 如图 1-26（a）所示。为了简化这个力系, 在力系所在平面内任取一点 $O$, 此点称为简化中心。应用力的平移定理, 将各力都平移至 $O$ 点, 同时加上相应的附加力偶。这样, 原来的平面力系就简化为作用在简化中心 $O$ 的平面汇交力系 $F_1'$、$F_2'$、$\cdots$、$F_n'$ 及一个平面力偶系, 它们的矩分别为 $M_1$、$M_2$、$\cdots$、$M_n$, 如图 1-26（b）所示, 其中：

$$F_1' = F_1、F_2' = F_2、\cdots、F_n' = F_n \tag{1-10}$$

$$M_1 = M_O(F_1)、M_2 = M_O(F_2)、\cdots、M_n = M_O(F_n) \tag{1-11}$$

由此可见, 力系向一点简化的方法, 实质上就是把一个较复杂的平面力系简化为两个简单的基本力系：平面汇交力系和平面力偶系。

一般情况下, 平面汇交力系可合成为作用于 $O$ 点的力, 力的大小和方向等于作用于 $O$ 点的各力的矢量和, 也就是等于原力系中各力的矢量和, 用 $F_R'$ 表示, 即：

$$F_R' = F_1' + F_2' + \cdots + F_n' = F_1 + F_2 + \cdots + F_n = \sum_{i=1}^{n} F_i \tag{1-12}$$

$F_R'$ 为原力系的主矢量, 简称主矢, 如图 1-26（c）所示。

一般情况下, 平面力偶系可合成为一个合力偶, 合力偶的力偶矩等于各附加力偶矩的代数和,也就是等于原力系中各力对简化中心 $O$ 点之矩的代数和, 用 $M_O'$ 表示, 即：

$$M_O' = M_1 + M_2 + \cdots + M_n = M_O(F_1) + M_O(F_2) + M_O(F_n)$$
$$= \sum_{i=1}^{n} M_O(F_i) \tag{1-13}$$

$M_O'$ 为原力系对简化中心 $O$ 的主矩, 如图 1-26（c）所示。

从上式可知, 由于原力中各力的大小和方向都是一定的, 它们的矢量和也是一定的。即对一个已知力系来说, 无论选择哪一点作为简化中心, 主矢是不会改变的, 换言之, 主矢与简化中心的位置无关。但从上式可知, 力系中各力对不同简化中心的矩是不同的, 因为随着简化中心的位置变化, 各力偶的力臂及转向均可能发生变化, 主矩自然将随之发生变化。因此, 力系的主矩一般与简化中心的位置有关。所以说到主矩时, 必须指明简化中心的位置, 即指明对哪一点的主矩, 符号 $M_O'$ 中的下标 $O$ 即表示简化中心为 $O$。

总之, 平面一般力系向作用面内任意一点简化的结果一般是一个力和一个力偶。这个力的作用线通过简化中心, 其大小和方向

图 1-26
平面力系向一点的简化

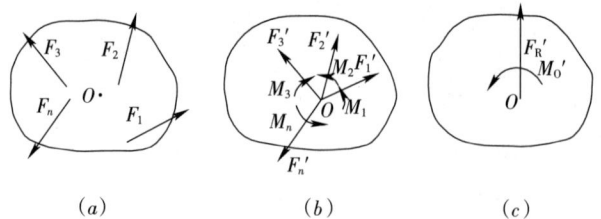

(a)　　　　(b)　　　　(c)

取决于原力系中各力的矢量和，即等于原力系的主矢，与简化中心的具体位置无关；这个力偶的矩等于原力系中各力对简化中心之矩的代数和，即等于原力系对简化中心的主矩，一般随简化中心位置的变化而变化。但需指出，平面力系向一点简化所得到的主矢和主矩，并不是该力系简化的最终结果。因此，有必要根据力系的主矢和主矩这两个量对可能出现的几种情况作进一步讨论。

（1）$F_R'=0$，$M_0' \neq 0$，此时原力系只与一个力偶等效，此力偶称为原力系的合力偶。所以原力系简化的最后结果是一个合力偶，其矩 $M_0'$ 为原力系各力对简化中心 $O$ 的主矩 $\sum M_0'(F_i)$，此主矩与简化中心的位置无关，如图 1-27（$a$）所示。因为根据力偶的性质，力偶矩与矩心的位置无关，也就是说原力系无论是对哪一点进行简化，其最后结果都是一样的。

（2）$F_R' \neq 0$，$M_0'=0$，此时原力系只与一个力等效，此力称为原力系的合力。所以原力系简化的最后结果是一个合力，它等于原力系的主矢，作用线通过简化中心，如图 1-27（$b$）所示。如果用 $F_R$ 表示合力，则有 $F_R=F_R'=\sum_{i=1}^{n} F_i$。

（3）$F_R' \neq 0$，$M_0' \neq 0$，此时可根据力的平移定理的逆过程，将作用线通过 $O$ 点的力 $F_R'$ 和力偶 $M_0'$ 合成为一个作用线通过点 $O'$ 的力，此力称为原力系的合力，如图 1-27（$c$）所示，且有 $F_R=F_R'=\sum_{i=1}^{n} F_i$，合力作用线到 $O$ 点的距离 $d$ 为：

$$d = \frac{|M_0'|}{F_R'} \tag{1-14}$$

至于合力 $F_R'$ 是在主矢 $F_R$ 的左侧还是右侧，则要根据主矩 $M_0'$ 的正负号来确定。

从以上（2）、（3）讨论可知，只要力系向某一点简化所得的主矢不等于零，则无论主矩是否为零，最终均能简化为一个合力 $F_R$。

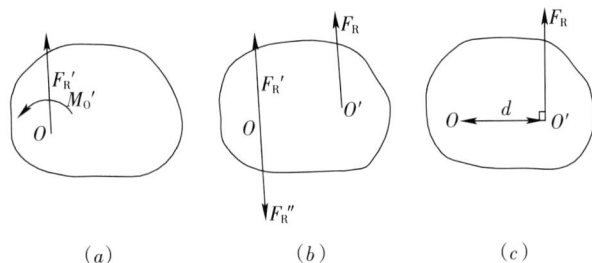

图 1-27
平面力系向一点的简化

（4）$F_R'=0$，$M_0'=0$，此时原力系是一个平衡力系。关于平衡力系将另进行讨论。

【例 1-8】将图 1-28（$a$）所示平面任意力系向 $O$ 点简化，求其所得的主矢及主矩，并求力系合力的大小、方向及合力与 $O$ 点的距离 $d$，并在图上画出合力的作用线。图中方格每格边长为 5mm，$F_1=5N$，$F_2=25N$，$F_3=25N$，$F_4=20N$，$F_5=10N$，$F_6=25N$。

【解】

（1）向 $O$ 点简化

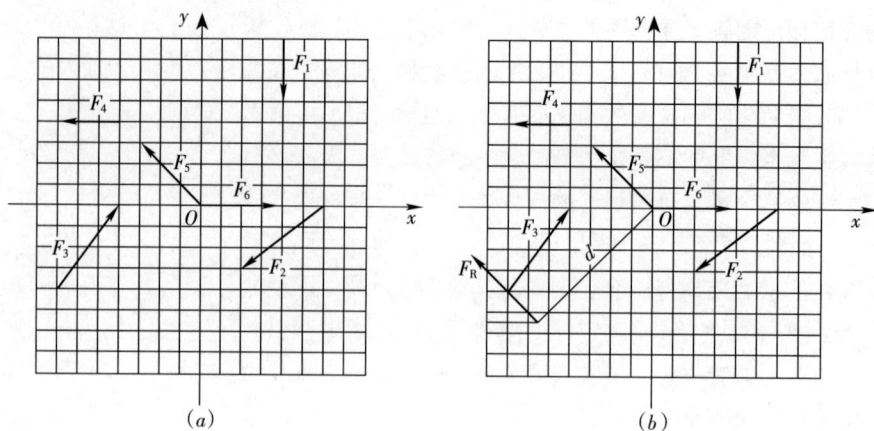

图 1-28
例 1-8 图

各力在 $z$ 轴的投影为：

$$\sum_{i=1}^{6} F_{ix} = F_{1x} + \cdots + F_{6x}$$
$$= 0 - 25 \times \frac{4}{5} + 25 \times \frac{3}{5} - 20 - 10\sqrt{2} \times \frac{\sqrt{2}}{2} + 25 = -10\text{N}$$

各力在 $y$ 轴的投影为：

$$\sum_{i=1}^{6} F_{iy} = F_{1y} + \cdots + F_{6y}$$
$$= -5 - 25 \times \frac{3}{5} + 25 \times \frac{4}{5} + 0 + 10\sqrt{2} \times \frac{\sqrt{2}}{2} + 0 = 10\text{N}$$

主矢的大小为：

$$F_{R}' = \left| \sqrt{\sum_{i=1}^{6} F_{ix}^{2} + \sum_{i=1}^{6} F_{iy}^{2}} \right| = \sqrt{10^2 + 10^2} = 10\sqrt{2}\,\text{N} = 14.14\text{N}$$

$$\tan\alpha = \left| \frac{\sum\limits_{i=1}^{6} F_{iy}}{\sum\limits_{i=1}^{6} F_{ix}} \right| = 1$$

主矢与 $x$ 轴的夹角为：$\alpha = 135°$

主矩：

$$M_{O} = \sum_{i=1}^{6} M_{O}(F_{i})$$
$$= -5 \times 20 - 15 \times 30 - 20 \times 20 + 20 \times 20$$
$$= -550\text{N} \cdot \text{mm}$$

(2) 力系的合力

力系的合力大小与主矢的大小相等，方向与主矢平行。合力的作用点至 $O$ 点的距离为：

$$d = \left| \frac{M_{O}'}{F_{R}'} \right| = \frac{550}{10\sqrt{2}} = 38.89\text{mm}$$

合力的作用线位置如图 1-28（$b$）所示。

## 1.2.2 平面力系的平衡

物体的平衡，即物体的运动状态不变，包括静止和匀速直线运动两种，且这两种情况均是相对地球而言。我们说某物体处于平衡状态，就是说某物体在力的作用下，其运动状态保持不变，在土木工程中，多数情况下是指相对地球处于静止状态。

若力系对物体的作用使物体处于平衡状态，则此力系称为平衡力系。平衡力系中的任意一个力都是其他力的平衡力。

### 1. 平衡条件

我们已经知道，一般情况下平面力系与一个力及一个力偶等效。若与平面力系等效的力和力偶均为零，则原力系一定平衡。因此，平面力系平衡的必要和充分条件是力系的主矢 $F_R'$ 和对任意一点 $O$ 的主矩 $M_O'$ 均为零，即：

$$\left.\begin{array}{l} F_R' = 0 \\ M_O' = 0 \end{array}\right\} \tag{1-15}$$

### 2. 平衡方程

平衡条件（上式）也可以用解析式的形式来表示。任选两个相交的坐标轴 $x$ 和 $y$，由 $F_R' = 0$ 得 $F_{Rx}' = 0$、$F_{Ry}' = 0$，于是上式可写成：

$$\left.\begin{array}{l} \sum F_x = 0 \\ \sum F_y = 0 \\ \sum M_O(F_i) = 0 \end{array}\right\} \tag{1-16}$$

这组方程为平面力系平衡方程的基本形式，其中前两式称为投影方程，第三式是力矩方程。

上式表明：平面力系平衡的必要和充分条件是，力系中各力在任意两个相交坐标轴上投影的代数和等于零，且各力对任意一点之矩的代数和也等于零。平面力系的平衡方程，还有另外两种形式。

（1）二矩式

$$\left.\begin{array}{l} \sum F_x = 0 \\ \sum M_A(F_i) = 0 \\ \sum M_B(F_i) = 0 \end{array}\right\} \tag{1-17}$$

其中，$A$、$B$ 两点的连线不能垂直于 $x$ 轴。

（2）三矩式

$$\left.\begin{array}{l} \sum M_A(F_i) = 0 \\ \sum M_B(F_i) = 0 \\ \sum M_C(F_i) = 0 \end{array}\right\} \tag{1-18}$$

其中，$A$、$B$、$C$ 三点不能共线。

平面力系的平衡方程虽然有上述三种不同的形式，但必须强调的是，一个在平面力系作用下而处于平衡状态的刚体，只能有三个独立的平衡方程式，任何第四个平衡方程都只能是前三个方程的组合，而不是独立的。

在实际工程中应用平衡方程分析问题时，应根据具体情况恰当选取矩心和投影轴，尽可能使一个方程中只包含一个未知量，避免解联立方程。另外，利用平衡方程求解平衡问题时，受力图中未知力的指向可以任意假设，若计算结果为正值，表示假设的指向就是实际指向；若计算结果为负值，表示假设的指向与实际指向相反。

图 1-29
例 1-9 图

【例 1-9】 在图 1-29（a）所示的结构中，横梁 AC 为刚性杆，A 端为铰支，C 端通过铰链与一钢索 BC 固定。已知 AC 梁上所受的均布荷载集度为 q=30kN/m，试求横梁 AC 所受的约束力。

【解】

（1）取隔离体，画受力图

取梁 AC 为研究对象，因 A 端为铰支，BC 为柔性约束，故其受力图如图 1-29（b）所示。

（2）求梁 AC 的约束力

因 $F_{Ax}$、$F_{Ay}$ 均作用于 A 点，则 AC 关于 A 点取矩的力矩平衡方程中仅有 $F_{BC}$ 一个未知力，即：

$$F_{BC} \times \frac{3}{5} \times 4 - q \times 4 \times 2 = 0$$

$$F_{BC} \times \frac{3}{5} \times 4 - 30 \times 4 \times 2 = 0$$

$$F_{BC} = 100\text{kN}$$

利用力的投影方程求 $F_{Ax}$，$F_{Ay}$：

$$\sum F_y = 0$$

$$F_{BC} \times \frac{3}{5} - q \times 4 + F_{Ay} = 0$$

$$100 \times \frac{3}{5} - 30 \times 4 + F_{Ay} = 0$$

$$F_{Ay} = 60\text{kN}$$

$$\sum F_x = 0$$

$$-F_{BC} \times \frac{4}{5} + F_{Ax} = 0$$

$$-100 \times \frac{4}{5} + F_{Ax} = 0$$

$$F_{Ax} = 80\text{kN}$$

**【例 1-10】** 如图 1-30（$a$）所示，缆索跨距为 30m，在离右端 10m 处若垂度为 5m，重物重 $W$=1.5kN，不计滑轮大小。试求缆索受力 $F_p$ 及曳引力 $F$。

**【解】**取滑轮为研究对象，其受力图如图 1-30（$b$）所示。因不计滑轮的大小，故可认为滑轮所受的力均汇交于一点。

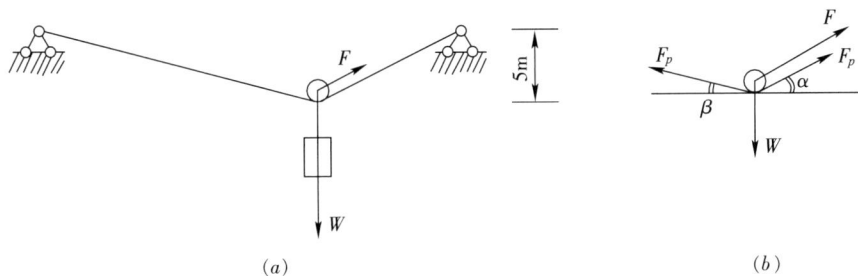

图 1-30
例 1-10 图

$(a)$          $(b)$

利用水平投影方程得：

$$\sum F_x = 0$$

$$F_p \cos \alpha + F \cos \alpha - F_p \cos \beta = 0$$

$$\sum F_y = 0$$

$$F \sin \alpha + F_p \sin \alpha + F_p \sin \beta - W = 0$$

而　　　　　　$\cos \beta \approx 0.97$　　$\cos \alpha \approx 0.89$　　$\sin \beta \approx 0.24$　　$\sin \alpha \approx 0.45$

则有：

$$0.89F - 0.08F_p = 0$$

$$0.45F + 0.69F_p - 1.5 = 0$$

解得：$F_p = 2.05\text{kN}$　　　$F = 0.185\text{kN}$

### 3. 平面平行力系

如果平面力系中各力的作用线均相互平行，则此力系称为平面平行力系。显然，平面平行力系也是平面一般力系的一种特例，其平衡方程可由平面一般力系的平衡方程推出。假设 $x$ 轴与各力的作用线相垂直，则各力在 $x$ 轴上的投影均为零，因此平衡方程中的 $\sum F_x = 0$ 自然成立，从而平面平行力系的平衡方程就写成：

$$\left. \begin{array}{l} \sum F_y = 0 \\ \sum M_O(F_i) = 0 \end{array} \right\} \tag{1-19}$$

当然，平面平行力系的平衡方程也可写成二矩式，即：

$$\left. \begin{array}{l} \sum M_A(F_i) = 0 \\ \sum M_B(F_i) = 0 \end{array} \right\} \tag{1-20}$$

其中，$A$、$B$ 两点之间的连线不能与各力的作用线相平行。

### 1.2.3　物体系统的平衡

由若干个物体通过一定的约束方式连接而成的系统，称为物体系统，有时将其简称为物系。求解物体系统平衡问题的基本原则和处理单个物体平衡问题的基本原则是一致的，但情况要复杂些。

#### 1. 物体系统平衡问题的求解方法

当物体系统处于平衡状态时，组成该系统的每个物体或若干物体组成的局部也处于平衡状态。根据刚化原理可知，求解物体系统的平衡问题时，既可选取系统的整体作为研究对象，也可选取系统的局部或单个物体作为研究对象。

【例1-11】位于铅垂面的活动折梯放在光滑水平面上，梯子由 $AC$ 和 $BC$ 两部分用铰链 $C$ 和绳子 $EH$ 连接而成，如图1-31（$a$）所示。今有一人重为 $F$=600N，站在 $AC$ 梯的 $D$ 处。折梯自重不计。试求 $A$、$B$ 两处地面的反力、绳 $EH$ 的拉力及铰链 $C$ 所受的力。

【解】

（1）先取整个折梯（包括站在梯上的人）为研究对象，其受力如图1-31（$b$）所示。两折梯通过铰链 $C$ 相互作用的力以及绳子作用的力都是内力，彼此等值、反向、共线，对系统的平衡没有影响，故不必考虑。

显然，整体在平面平行力系作用下处于平衡状态。利用平衡方程则有：

$$\sum M_{\mathrm{A}}(F_i)=0,\ F_{\mathrm{B}}\times 2AC\times\cos75°=0$$

$$F_{\mathrm{B}}\times2\times3\times\cos75°-600\times2\times\cos75°=0$$

$$F_{\mathrm{B}}=200\mathrm{N}$$

$$\sum F_y=0,\ F_{\mathrm{A}}+F_{\mathrm{B}}-F=0$$

$$F_{\mathrm{A}}+200-600=0$$

$$F_{\mathrm{A}}=400\mathrm{N}$$

（2）再取 $BC$ 梯为研究对象，画出其受力图如图1-31（$c$）所示。作用在 $BC$ 梯上的力有法向反力 $F_{\mathrm{B}}$、绳的拉力 $F_{\mathrm{EH}}$ 以及 $AC$ 梯通过铰链 $C$ 对它的作用力 $F_{\mathrm{C}x}$、$F_{\mathrm{C}y}$。对整个折梯而言，$F_{\mathrm{EH}}$ 和 $F_{\mathrm{C}x}$、$F_{\mathrm{C}y}$ 属于内力，而对 $BC$ 梯而言，它们是外力。

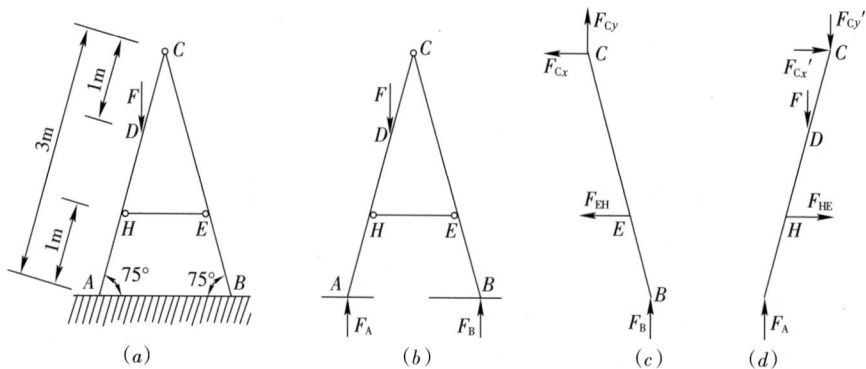

图1-31
例1-11图

（$a$）　（$b$）　（$c$）　（$d$）

可见，内力和外力的区分是相对的，只有对于确定的研究对象来说才有意义。

$BC$ 梯在平面一般力系作用下处于平衡状态，其平衡方程为：

$$\sum F_y = 0, \qquad F_{Cy} + F_B = 0$$

$$F_{Cy} + 200 = 0$$

$$F_{Cy} = -200\text{N}$$

负号表示 $F_{Cy}$ 的实际方向与图 1–31（$c$）所示的相反。

$$\sum M_C(F_i) = 0$$

$$F_B \times BC \times \cos75° - F_{EH} \times CE \times \sin75° = 0$$

$$200 \times 3 \times \cos75° - F_{EH} \times 2 \times \sin75° = 0$$

$$F_{EH} = 80.4\text{N}$$

$$\sum F_x = 0$$

$$F_{Cx} - F_{EH} = 0$$

$$F_{Cx} - 80.4 = 0$$

$$F_{Cx} = 80.4\text{N}$$

除上述解题方案外，还有下面两种方案：

（1）先取整个折梯为研究对象，再取 $AC$ 梯为研究对象。$AC$ 梯的受力如图 1–31（$d$）所示。可见，$AC$ 梯的受力情况较 $BC$ 梯复杂一些，解其平衡方程也相应复杂些。

（2）将整个折梯拆开，分别取 $BC$ 梯和 $AC$ 梯为研究对象，各列出三个平衡方程，而后联立求解。这种解法不可取，因为要涉及求解多元联立方程。

在正式求解物系平衡问题之前，比较一下可能的"解题方案"，选取其中较简捷的一种会使解题过程变得简单。

【例 1–12】梁 $AB$ 和 $BC$ 在 $B$ 处用圆柱铰链连接。梁上作用有均布荷载、集中荷载和集中力偶。$A$ 处为固定端，$E$ 处为滚动铰支座，尺寸如图 1–32（$a$）

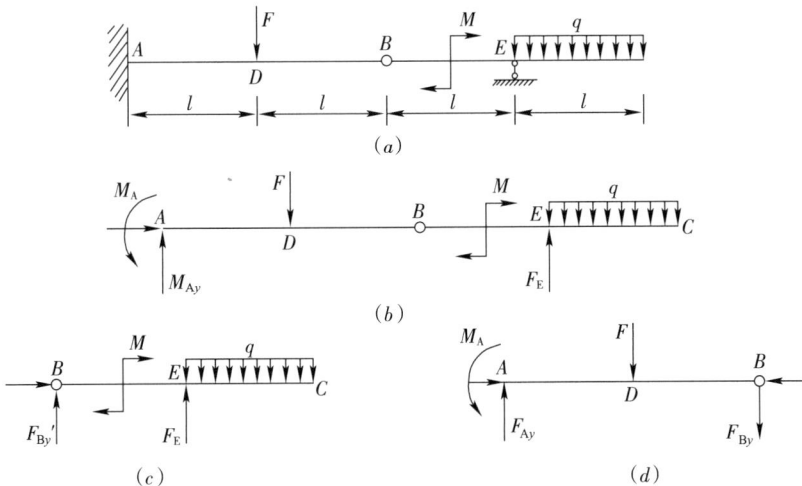

图 1–32
例 1–12 图

所示。已知均布荷载集度为 $q$，集中荷载 $F = ql$，集中力偶的力偶矩 $M = ql^2$，梁的重力不计。试计算 $A$、$B$ 和 $E$ 三处的约束力。

**【解】**

（1）受力分析：

系统的受力如图 1-32（b）所示，其上共有 4 个未知力（$F_{Ax}$、$F_{Ay}$、$M_A$ 和 $F_E$）。因此，仅考虑整体平衡不能求出全部约束力，但能确定 $F_{Ax} = 0$。

$AB$ 梁和 $BC$ 梁的受力分别如图 1-32（d）、（c）所示，其上都作用有已知的主动力和所要求的未知力，且力系均为平面力系。从二者的受力图可以看出，应先选 $BC$ 梁为研究对象，因为 $BC$ 梁上只有 3 个未知力，且都可以由平衡方程求得；然后再通过对 $AB$ 梁的分析，即可求出 $A$ 处的约束力。

（2）选 $BC$ 梁为研究对象。$BC$ 梁的受力如图 1-32（c）所示。由平衡方程可得：

$$\sum M_B(F_i) = 0, \quad F_E \times l - q \times l \times (1 - 0.5)l - M = 0$$

$$\sum F_x = 0, \quad F'_{Bx} = 0$$

$$\sum F_y = 0, \quad F'_{By} + F_E - q \times l = 0$$

$$F'_{Bx} = 0$$

$$F'_{By} = -\frac{3}{2}ql$$

$$F_E = \frac{5}{2}ql$$

（3）再选 $AB$ 梁为研究对象，$AB$ 梁的受力如图 1-32（d）所示。由平衡方程可得：

$$\sum F_x = 0, \quad F_{Ax} = 0$$

$$\sum F_y = 0, \quad F_{Ay} - F - F_{By} = 0$$

$$\sum M_A(F_i) = 0, \quad M_A - F \times l - F_{By} \times 2l = 0$$

$$F_{Ax} = 0$$

$$F_{Ay} = -\frac{1}{2}ql$$

$$M_A = -2ql^2$$

上述分析过程表明，求解刚体系统的平衡问题时，往往要选择两个以上的研究对象，分别画出其受力，列出必要的平衡方程。

选择哪一个刚体作为研究对象才能使求解过程更为简化，这要根据不同的问题进行不同的选择和处理。例如，本例的第二个研究对象还可以选 $ABC$ 梁整体，其受力如图 1-32（b）所示。

根据以上分析，求解刚体系统平衡问题的一般方法和过程如下：

（1）分析系统的整体平衡或某一局部平衡；分析有几个未知力以及独立的平衡方程数，并分析应用平衡方程可以求得哪些未知力。

（2）根据需要将系统拆开,选择合适的刚体作为研究对象。所谓合适是指：作用在刚体上的未知力的个数等于平衡方程数；刚体上既有已知力，又有未知力。如果一个刚体尚不能满足这些条件，可再选另一个刚体作为与之有关的研究对象。

注意应画出每个研究对象的受力图，并应用作用与反作用定律正确画出相关联刚体的受力。

注意区别内力和外力。系统未拆开时,刚体与刚体之间的相互作用为内力，对系统平衡无影响，故不必画出；但拆开后，原来系统的内力对于单个刚体而言就变成了外力，因而必须画出。

（3）根据研究对象所作用力系的类型选择适当的平衡方程求解。

2. 静定与超静定问题

当研究单个物体或物体系统的平衡问题时，若未知量的数目少于或等于独立的平衡方程数目，就能够利用平衡方程求解出全部未知量，这类问题称为静定问题。在此之前我们所讨论的平衡问题均属于这类。但在实际工程中，有时为了提高构件的刚度或调整其内力分布，常给结构或构件增加一些"多余"的约束，从而在研究单个物体或物体系统的平衡问题时，使得这些结构或构件的未知量数目超过独立的平衡方程数目，无法仅利用平衡方程求解出全部未知量，这类问题称为超静定问题，有时也称此类问题为静不定问题。

# 1.3　平面体系的几何组成分析

杆系结构（简称结构）是由若干杆件用铰节点和刚节点连接而成的杆件体系，在结构中各个构件不发生失效的情况下，其能承担一定范围内任意荷载的作用。如果结构不能承担一定范围内任意荷载的作用，这时在荷载作用下极有可能发生结构失效，这种失效是由于结构组成不合理造成的，与构件的失效不一样，往往发生比较突然、范围较大，在工程中必须避免。这就需要对结构的几何组成进行分析，以保证结构有足够、合理的约束，防止结构失效。本节将简要说明超静定结构与静定结构的不同之处，及其在防止构件和结构失效方面的利弊。

## 1.3.1　结构组成的几何规则

1. 概述

在荷载作用下，不考虑材料的变形时，结构体系的形状和位置都不可能变化的结构体系，称为几何不变体系（图 1–33）。形状和位置都可能变化的结构体系，称为几何可变体系（图 1–34）。显然，几何可变体系是不能作为工程结构使用的，工程结构中只能使用几何不变体系。

铰接三角形是结构中最简单的几何不变体系，这是因为组成三角形的三条边一旦确定，这三条边组成的三角形就是唯一确定的，因此铰接三角形是几何不变

图 1–33
几何不变体系

图 1–34
几何可变体系

图 1-35
铰接三角形几何不变分析

体系。如果在铰接三角形上任意减少一个部分，如将图 1-35（a）所示的铰接三角形 ABC 拆开，体系就成了几何可变体系，因此铰接三角形是几何不变体系中最简单的。以上称为铰接三角形规则，其是对结构进行组成分析的最基本规则。

如果在铰接三角形上再增加一根链杆 AD（图 1-35b），体系 ABCD 仍然是几何不变体系，从维持几何不变的角度来看，有的约束是多余的（如 AD 或 AC 等链杆），这些约束称为多余约束。因此，在几何不变体系中又分无多余约束几何不变体系和有多余约束几何不变体系。

对结构体系进行组成分析时不考虑各个构件的变形，因此每个构件或每个几何不变体系均可认为是刚体。由于我们研究的是平面问题，这些刚体通常称为刚片。刚片的形状对组成分析无关紧要，因此形状复杂的刚片均可以用形状简单的刚片或杆件来代替。

综上所述，我们可以得出结构组成分析的基本规则。

图 1-36
二元体结构

2. 二元体规则

在铰接三角形中，将一根杆视为刚片，则铰接三角形就会变成一个在刚片上用两根不共线的链杆在一端铰接成的一个节点，这种结构叫作二元体结构（图 1-36）。于是铰接三角形规则可表达为二元体规则：一个点与一个刚片用两根不共线的链杆相连，可组成几何不变体系，且无多余约束。

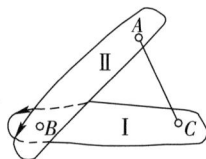

图 1-37
两刚片间的约束

3. 两刚片规则

若将铰接三角形中的杆 AB 和杆 BC 均视为刚片，杆 AC 视为两刚片间的约束（图 1-37），则铰接三角形规则可表达为两刚片规则：两刚片间用一个铰和一根不通过此铰的链杆相连，可组成几何不变体系，且无多余约束。图 1-38（a）表示两刚片用两根不平行的链杆 1、2 相连，两链杆的延长线相交于 A 点，两刚片可绕 A 点作微小的相对转动。这种连接方式相当于在 A 点有一个铰把两刚片相连。当然，实际上在 A 点没有铰，所以把 A 点叫作"虚铰"。如在刚片 Ⅰ、Ⅱ 之间加一根不通过 A 点的链杆 3（图 1-38b），就组成几何不变体系，且无多余约束。

图 1-38
两刚片规则示意图

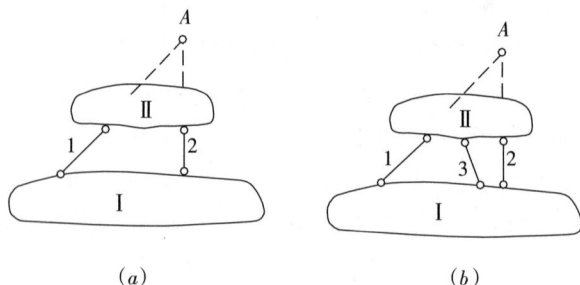

#### 4. 三刚片规则

若将铰接三角形中的三根杆均视为刚片（图 1-39），则有三刚片规则：三刚片间用不在同一直线上的三个铰两两相连，可组成几何不变体系，且无多余约束。根据上述简单规则，可逐步组成更为复杂的几何不变体系，也可用这些规则来判别给定体系的几何不变性。上述组成规则都具有一些限制条件，如果不能满足这些条件，将会出现下面所述的情况。

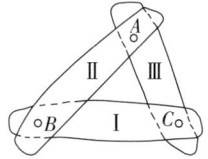

图 1-39
刚片示意图

在二元体中要用不共线的两根链杆相连方可组成几何不变体系。在图 1-40 中，两链杆在一条直线上。从约束的布置上就可以看出是不合理的，因为两链杆都在同一水平上，因此，对限制 $A$ 点的水平位移来说具有多余约束，而在竖向却没有约束，$A$ 点可沿竖向移动，体系是可变的。不过当铰 $A$ 发生微小移动至 $A'$ 时，两根链杆将不再共线，运动将不再继续发生。这种在某一瞬间可以发生微小位移的体系称为瞬变体系，有时瞬变体系在受力时会对杆件产生巨大的内力，使杆件发生破坏，因此瞬变体系不能作为结构使用。

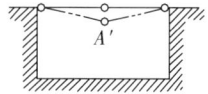

图 1-40
链杆结构示意图

如图 1-41（$a$）所示的两个刚片用三根链杆相连，链杆的延长线全部交于 $O$ 点，此时，两个刚片可以绕 $O$ 点作相对转动，但在发生微小转动后，三根链杆就不再全部交于一点，从而将不再继续作相对转动，故是瞬变体系。又如图 1-41（$b$）所示的两个刚片用三根相互平行但不等长的链杆相连，此时，两个刚片可以沿着与链杆垂直的方向发生相对移动，但在发生微小移动后，这三根链杆就不再互相平行，故这种体系也是瞬变体系。应该注意到，若这三根链杆等长并且是从其中一个刚片沿同一方向引出时（图 1-41$c$），则在两个刚片发生相对移动后，这三根链杆仍保持相互平行，运动将继续发生，这样的体系就是几何可变体系。

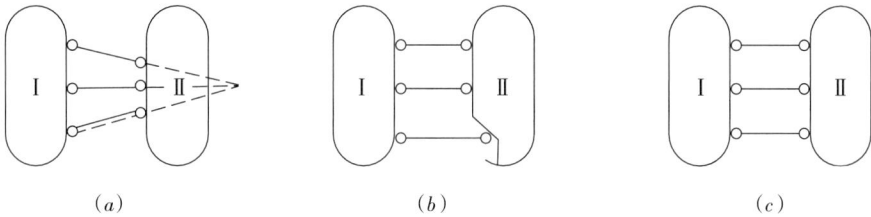

（$a$）　　　　　　　　　　（$b$）　　　　　　　　　　（$c$）

图 1-41
两个刚片的连接

### 1.3.2　结构组成分析方法

几何不变体系的组成规则是进行结构组成分析的依据，对体系重复使用这些规则就可判定结构体系是否是几何不变体系及有无多余约束等。分析时，一般先从能直接观察出的几何不变部分开始，应用组成规律，逐步扩大不变部分直至整体。我们在前面学习中遇到的结构大部分是无多余约束的几何不变结构体系，如简支结构、悬臂结构和三铰结构等。在很多结构体系中，有一部分结构和基础组成上述结构，这部分结构通常称为结构体系的基本部分，这是首先应该观察出来的。其他部分称为附属部分，可以通过应用组成规律对其进行判断。对于较复杂的结构体系，为了便于分析，可先拆除不影响几何不变性的部分（如二元体）；对于形状复杂的构件，可用直杆等效替代，使问题简化。

【例1-13】试对图1-42所示的结构进行组成分析。

【解】通过直接观察可以看到 AC 刚片 I、BC 刚片 II 和基础由不共线的三个铰两两相连组成三铰结构，形成扩大基础，其是结构的基本部分。FG 杆和 DF 杆在扩大基础上组成二元体，HE 刚片 III 由铰 H 和不通过铰 H 的链杆 E 与扩大基础相连，因此整个结构是几何不变体系且无多余约束。

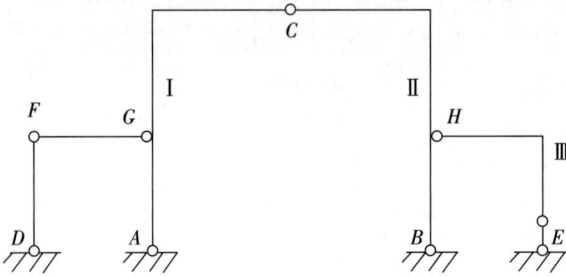

图 1-42
例 1-13 图

【例1-14】试对图1-43（a）所示结构，进行组成分析。

【解】用链杆 DG、FG 分别代换曲折杆 DHG 和 FKG，组成二元体，不影响对结构几何组成的判断，将其拆除，这时链杆 EF、FC 也组成二元体，也将其拆除，如图1-43(b) 所示。结构的 ADEB 部分是与基础用三个不共线的铰 A、E、B 相连的三铰刚架，因此整个结构是几何不变体系，且无多余约束。

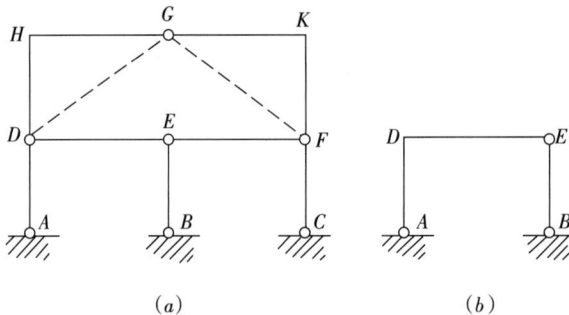

图 1-43
例 1-14 图

（a）　　　　　　　　（b）

前面提到工程结构必须是几何不变体系，虽然在有些结构中某些构件并不受力，例如桁架中的零杆，但是并不是这些构件均不需要，如果缺少了这些构件，工程结构有可能成为几何可变体系，可能在预想不到的荷载作用下发生工程结构整体失效，造成严重的后果。例如，近年来高层建筑越来越多，脚手架也越来越高，脚手架坍塌的事故时有发生，给人民的生命财产造成了非常严重的损失。究其原因，都和几何组成有一定的关系，如结构中缺少斜撑，或某些压杆过于细长，造成杆件失稳，退出工作使结构成为几何可变体系，从而发生整体失效。

### 1.3.3　体系的几何组成与静定性的关系

所谓体系即物体系统，是指由若干个物体通过约束按一定方式连接而成的系统。当系统平衡时,组成系统的每个物体也必将处于平衡状态。一般而言,系统由 $n$ 个物体组成,如每个物体都受平面一般力系作用,可列出 1 个平衡方程,则共可列出 $3n$ 个独立的平衡方程。系统中如所研究的平衡问题未知量大于独立的平衡方程数目,仅用平衡方程不可能全部解出,这类问题称为超静定问题,这类结构称为超静定结构。未知量均可用平衡方程解出的系统平衡问题,称为静定问题,这类结构称为静定结构。

我们也可以通过结构几何组成分析对静定结构和超静定结构重新加以认识,无多余约束的几何不变体系组成的结构是静定结构,这是因为体系的约束刚好限制了体系所有可能的运动方式,体系的平衡方程数目和约束数目刚好相等,因此未知量均可用平衡方程解出。有多余约束的几何不变体系则不能用平衡方程全部解出结构的未知量,是超静定结构。多余约束的个数就是超静定结构的超静定次数,求解时必须通过其他条件补充相应的方程进行求解。

# 1.4 静定结构的内力

前面研究的结构在荷载作用下的平衡问题,都是假设结构不变形的。然而,实际上任何结构都是由可变形固体组成的。它们在荷载作用下将产生变形,因而内部将由于变形产生附加的内力。本章就是要在了解结构基本变形的基础上,集中研究静定结构的内力。

## 1.4.1 变形固体的基本假设

生活中,任何固体在外力作用下都会或多或少地产生变形,即它的形状和尺寸总会有些改变。所以固体具有可变形的物理性能,通常将其称为变形固体。变形固体在外力作用下发生的变形可分为弹性变形和塑性变形。弹性变形是指变形固体在去掉外力后能完全恢复到它原来的形状和尺寸的变形。塑性变形是指变形固体在去掉外力后变形不能全部消失而残留部分的变形,也称残留变形。本节仅研究弹性变形,即把结构看成完全弹性体。

工程中大多数结构在荷载作用下产生的变形与结构本身的尺寸相比是很微小的,故称之为小变形。本书研究的内容将限制在小变形范围,即在研究结构的平衡等问题时,可用结构变形之前的原始尺寸进行计算,变形的高次方项可以忽略不计。

为了研究结构在外力作用下的内力、应力、变形、应变等,在作理论分析时,对材料的性质作如下基本假设。

### 1.连续性假设

连续性假设认为在材料体积内充满了物质,毫无间隙。在此假设下,物体内的一些物理量能用坐标的连续函数表示它的变化规律。实际上,可变形固体内部存在间隙,只不过其尺寸与结构尺寸相比极为微小,可以忽略不计。

## 2. 均匀性假设

均匀性假设认为材料内部各部分的力学性能是完全相同的。所以，在研究结构时，可取构件内部的任意微小部分作为研究对象。

## 3. 各向同性假设

各向同性假设认为材料沿不同方向具有相同的力学性能，这使研究对象局限在各向同性的材料之上，如钢材、铸铁、玻璃、混凝土等。若材料沿不同方向具有不同的力学性质，则称为各向异性材料，如木材、复合材料等。本节着重研究各向同性材料。

采用上述假设大大方便了理论研究和计算方法的推导，尽管由此得出的计算方法只具备近似的准确性，但它的精度完全可以满足工程需要。

总之，本书研究的变形固体被视作是连续、均匀、各向同性的，而且其变形均为被限制在弹性范围的小变形问题。

## 1.4.2 内力

为了研究结构或构件的强度与刚度问题，必须了解构件在外力作用下引起的截面上的内力。所谓内力，是指构件受外力作用后，在其内部所引起的各部分之间的相互作用力。我们可以用弹簧为例说明，当对一根弹簧两端施加一对轴向拉力时，弹簧随之发生伸长变形，同时弹簧也必然产生一种阻止其伸长变形的抵抗力，这正是弹簧抵抗力。

在力学中，构件对变形的抵抗力称为内力。构件的内力是由于外力作用引起的。

土木工程力学在研究构件及结构各部分的强度、刚度和稳定性问题时，首先要了解杆件的几何特性及其变形形式。

### 1. 杆件的几何特性

在工程中，通常把纵向尺寸远大于横向尺寸的构件称为杆件。杆件有两个常用的元素：横截面和轴线。横截面是指沿垂直杆长度方向的截面。轴线是指各横截面形心的连线。两者相互垂直。

杆件按截面和轴线的形状不同又可分为等截面杆、变截面杆及直杆、曲杆与折杆等，如图1-44所示。

### 2. 杆件的基本变形

在外力作用下，实际杆件的变形有时是非常复杂的，但是复杂的变形总可以分解成几种基本的变形形式。杆件的基本变形形式有四种。

图 1-44
杆件形式示意图
(a) 直杆；
(b) 曲杆、折杆

(a)　　　　　　　　　　　　(b)

(1) 轴向拉伸或轴向压缩

在一对大小相等、方向相反、作用线与杆轴线重合的外力作用下，杆件在长度方向发生的长度的改变（伸长或缩短），如图1-45（a）、（b）所示。

(2) 扭转

在一对转向相反、位于垂直杆轴线两平面内的力偶作用下，杆任意两横截面发生的相对转动，如图1-45（c）所示。

(3) 剪切

在一对大小相等、方向相反、作用线相距很近的横向力作用下，杆件的横截面将沿力作用线的方向发生错动，如图1-45（d）所示。

(4) 弯曲

在一对大小相等、转向相反，位于杆纵向平面内的力偶作用下，使直杆任意两横截面发生相对倾斜，且杆件轴线变为曲线，如图1-45（e）所示。

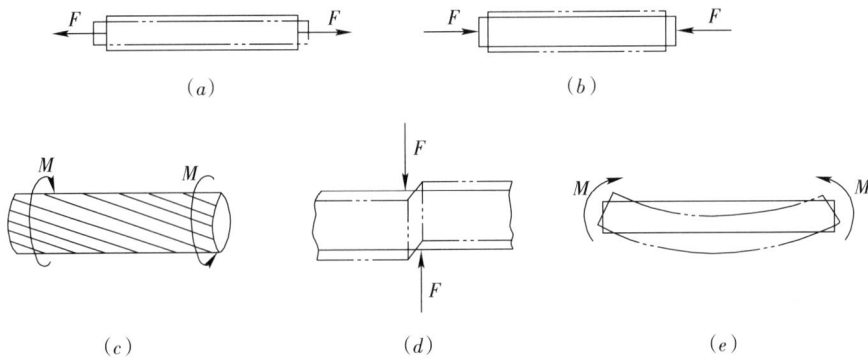

（a）              （b）

（c）          （d）             （e）

图1-45
杆件的基本变形

除了四种基本变形以外，杆件还存在上述几种基本变形组合的情形，这里不再赘述。

## 1.4.3 轴向拉（压）杆的内力

### 1. 轴力

截面法是求杆件内力的基本方法。下面通过求解图1-46（a）所示拉杆 $m$—$m$ 横截面上的内力来具体介绍截面法求内力。

第一步：沿需要求内力的横截面，假设把杆件截成两部分。

第二步：取截开后的任意一段作为研究对象，并把截去段对保留段的作用以截面上的内力来代替，如图1-46（b）、（c）所示。由于外力的作用线与杆的轴线重合，内力与外力平衡，所以横截面上分布的内力合力的作用线也一定与杆的轴线重合，即通过 $m$—$m$ 截面的形心且与横截面垂直。这种内力的合力称为轴力。

第三步：列出研究对象的平衡方程，求出未知内力，即轴力。由平衡方程：

$$\sum F_x = 0 \quad F_N - F = 0$$

得
$$F_N = F$$

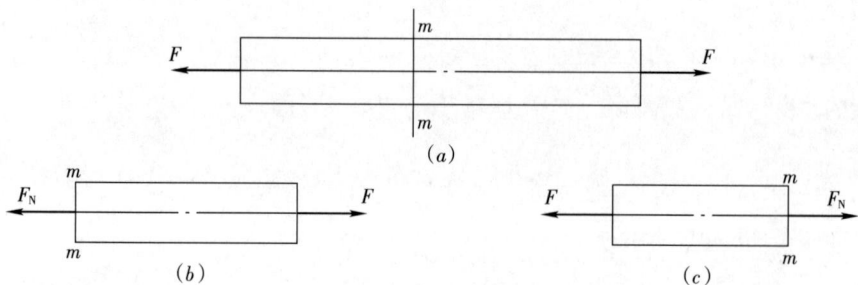

図 1-46
拉杆 *m—m* 横截面上的
内力

轴力正负号的规定：拉力为正，压力为负。

**2. 轴力图**

应用截面法可求得杆件所有横截面上的轴力。如果以与杆件轴线平行的横坐标表示杆的横截面位置，以纵坐标表示相应的轴力值，且轴力的正负值画在横坐标轴的不同侧，那么如此绘制出的轴力与横截面的位置关系图，称为轴力图。

**【例 1-15】** 竖杆 *AB* 如图 1-47 所示，其横截面为正方形，边长为 *a*，杆长为 *l*，材料的堆密度为 $\rho$，试绘出竖杆的轴力图。

**【解】** 杆的自重根据连续性沿轴线方向均匀分布，如图 1-47 （*b*）所示。利用截面法取图 1-47 （*b*）所示段为研究对象，则根据静力平衡方程：

$$\sum F_x = 0 \quad F_N(x) - W = 0$$

得
$$F_N(x) = \rho a^2 x$$

由此绘制出竖杆的轴力图，如图 1-47 （*c*）所示。

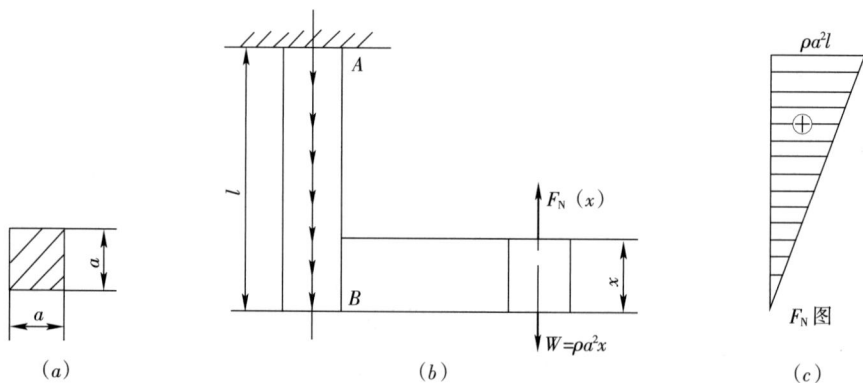

图 1-47
例 1-15 图

## 1.4.4 单跨静定梁的内力

**1. 弯曲**

在工程中经常会遇到这样一类杆件，它们所承受的荷载是作用线垂直于杆轴线的横向力，或者是作用面在纵向平面内的外力偶矩。在这些荷载的作用下，杆件相邻横截面之间发生相对倾斜，杆的轴线弯成曲线，这类变形定义为弯曲。以弯曲变形为主的杆件，通常称为梁。

图 1-48
受弯构件
(a) 厂房吊车梁;
(b) 门窗过梁;
(c) 车轮轴;
(d) 桥梁

梁是一类很常见的杆件, 在建筑工程中具有重要地位。例如, 图 1-48 所示的吊车梁、雨篷、轮轴、桥梁等。

### 2. 平面弯曲的概念

工程中梁的横截面一般都有竖向对称轴, 且梁上荷载一般都可以近似地看成作用在包含此对称轴的纵向平面(即纵向对称面)内, 则梁变形后的轴线必定在该纵向对称面内。梁变形后的轴线所在平面与荷载的作用面完全重合的弯曲变形称为平面弯曲, 平面弯曲是工程中最常见的情况, 也是最基本的弯曲问题, 掌握它的计算对工程应用以及研究复杂的弯曲问题都具有十分重要的意义。

平面弯曲根据荷载作用的不同又分为横力平面弯曲(图 1-49a)和平面纯弯曲(图 1-49b)。

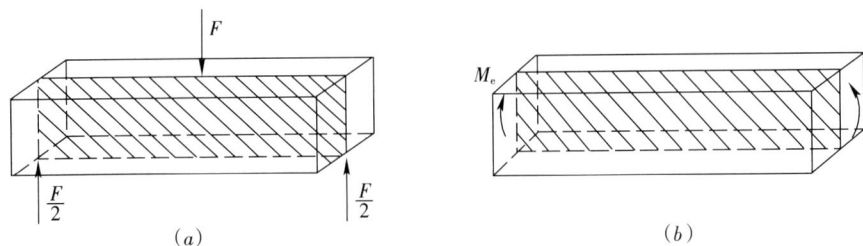

图 1-49
平面弯曲
(a) 横力平面弯曲;
(b) 平面纯弯曲

本章研究的是平面弯曲梁的内力计算, 绘图时采用轴线代替梁。

### 3. 单跨静定梁的分类

(1) 静定梁与超静定梁

如果梁支反力的数目等于梁静力平衡方程的数目, 由静力平衡方程就能完全解出支反力, 该类梁被称为静定梁。有时因工程需要, 对梁设置多个支座约束, 以致支座约束力的数目超过梁静力平衡方程的数目, 仅用静力平衡方程不能完全确定支座的约束力, 这类梁被称为超静定梁。

(2) 单跨静定梁的类型

梁在两支座间的部分称为跨, 其长度称为梁的跨长。常见的静定梁大多是单跨的。工程上将单跨静定梁划为三种基本形式，分别为悬臂梁、简支梁和外伸梁。

### 4. 梁的内力—剪力和弯矩

为了计算梁的应力、位移和校核强度、刚度，首先应该确定梁在荷载作用下任一截面上的内力。当作用在梁上的全部荷载和支座约束力均为已知时，用截面法即可求出任意截面的内力。

现以图 1-50 (a) 所示受集中力 $F$ 作用为例来分析梁横截面上的内力。设任一横截面 m—m 距左端支座 $A$ 的距离为 $z$，即坐标原点取梁左端截面的形心位置。在由静力平衡方程算出支反力 $F_A$、$F_B$ 以后，按截面法在 m—m 处假设把梁截成两段，取其中任一段（现取截面左段）作为研究对象，将右段梁对左段梁的作用以截面上的内力来代替。由图 1-50 (b) 可知，为了使左段梁沿 $y$ 方向平衡，在 m—m 横截面上必然存在一沿 $y$ 方向的内力 $F_Q$。根据平衡方程：

$$\sum F_y = 0 \quad F_A - F_Q = 0$$

得

$$F_Q = F_A$$

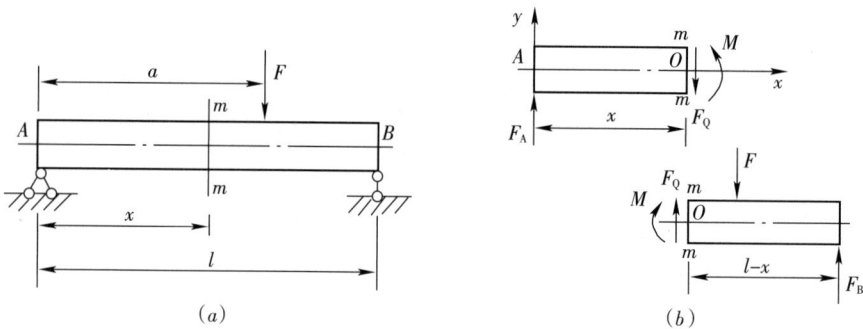

图 1-50
梁的模型

(a)　(b)

$F_Q$ 称为剪力。由于约束力 $F_A$ 与剪力 $F_Q$ 组成了一力偶，由左段梁的平衡可知，此横截面上必然还有一个与其相平衡的内力偶矩。设此内力偶矩为 $M$，则根据平衡方程：

$$\sum M_O = 0 \quad M - F_A \cdot x = 0$$

得

$$M = F_A \cdot x$$

这里的矩心 $O$ 为横截面 m—m 的形心。此内力偶矩称为弯矩。

若取右段梁作为研究对象，同样可以求得横截面 m—m 上的内力－剪力 $F_Q$ 和弯矩 $M$，如图 1-50 (b) 所示。但必须注意的是，由于作用与反作用的关系，右段横截面 m—m 上剪力 $F_Q$ 的指向和弯矩 $M$ 的转向与左段横截面 m—m 上剪力 $F_Q$ 和弯矩 $M$ 的方向相反。

无论是左段梁还是右段梁，同一横截面上的剪力和弯矩不仅大小相等，而且有相同的正负号，剪力和弯矩的正负号根据变形情况来规定。

剪力正负号的规定：凡使所取梁段具有作顺时针转动的剪力为正，反之为负，如图 1-51 (a) 所示。

弯矩正负号的规定：凡使梁段产生上凹下凸弯曲的弯矩为正，反之为负，如图 1-51（b）所示。

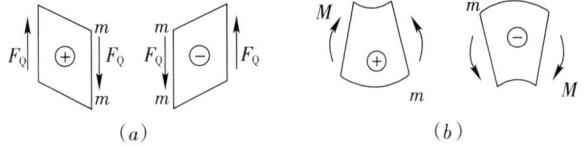

图 1-51
梁内力—剪力和弯矩

由上述规定可知，图 1-51（a）、（b）两种情况横截面 m—m 上的剪力和弯矩均为正值。下面举例说明如何按截面法来计算指定横截面上的内力—剪力和弯矩。

**【例 1-16】** 已知悬臂梁的长度和作用荷载如图 1-52（a）所示。试求 I—I、Ⅱ—Ⅱ截面的剪力和弯矩。

**【解】** 先求 I—I 截面的内力。假设沿 I—I 处截开，并取左段梁为研究对象，如图 1-52（b）所示。由平衡方程：

$$\sum F_y = 0 \quad -10 - F_{Q1} = 0$$

得

$$F_{Q1} = -10\text{kN}$$

$$\sum M_{O1} = 0 \quad \sum M_{O1} + 10 \times 1 - 5 = 0$$

得

$$M_{O1} = -5\text{kN} \cdot \text{m}$$

剪力和弯矩均为负值，说明实际与假定的剪力和弯矩的指向相反。

再计算Ⅱ—Ⅱ截面的内力，假设沿Ⅱ—Ⅱ截面处截开，并取左段梁为研究对象，如图 1-52（c）所示。由静力平衡方程：

$$\sum F_y = 0$$

得

$$F_{Q2} = 0$$

$$\sum M_{O2} = 0 \quad \sum M_{O2} - 5 = 0$$

得

$$M_{O2} = 5\text{kN} \cdot \text{m}$$

$M_{O2}$ 结果为正，说明实际与假设方向相同。在计算Ⅱ—Ⅱ截面的内力时，也可以取右段梁为研究对象，如图 1-52（d）所示，结果相同。

图 1-52
例 1-16、例 1-17 图

【例 1-17】已知简支梁受均布荷载 $q$ 和集中力偶 $M = \dfrac{ql^2}{4}$ 的作用,如图 1-52 $(e)$、$(f)$、$(g)$ 所示。试求 $C$ 点稍右 $C^+$、$C$ 点稍左 $C^-$ 截面的剪力和弯矩。

【解】首先求出支反力 $F_A$、$F_B$。取整体梁为研究对象,由静力平衡方程:

$$\sum M_A = 0 \qquad F_B l - ql + M = 0$$

$$F_B = \frac{1}{4}ql$$

得 $\qquad\qquad \sum F_y = 0 \qquad F_A + F_B - ql = 0$

$$F_A = \frac{3}{4}ql$$

计算 $C$ 点稍左 $C^-$ 截面的剪力和弯矩,如图 1-52 $(f)$ 所示。由静力平衡方程:

$$\sum F_y = 0 \qquad -F_{QC^-} + F_A - q\frac{l}{2} = 0$$

$$F_{QC^-} = \frac{1}{4}ql$$

$$\sum M_C = 0 \qquad M_{C^-} - F_A\frac{l}{2} + q\frac{l}{2} = 0$$

$$M_{C^-} = \frac{ql^2}{4}$$

再计算 $C$ 点稍右 $C^+$ 截面的剪力和弯矩。如图 1-52 $(g)$ 所示。由静力平衡方程:

$$\sum F_y = 0 \qquad -F_{QC^+} + F_A - q\frac{l}{2} = 0$$

$$F_{QC^+} = \frac{1}{4}ql$$

得 $\qquad\qquad \sum M_C = 0 \qquad M_{C^+} M + q\frac{l}{2}\frac{l}{4} - F_A\frac{l}{2} = 0$

得 $\qquad\qquad\qquad M_{C^+} = 0$

由本例可以看出,集中力偶作用处截面两侧的剪力值相同,但弯矩值不同,其变化值正好是集中外力偶矩的数值。

从上面两个例题的计算,可以总结出如下规律:

(1)任一截面上的剪力数值等于截面左(或右)段梁上外力的代数和。截面左段梁上向上的外力或右段梁上向下的外力引起正值的剪力,反之,则引起负值的剪力。

(2)梁任一截面上的弯矩在数值上等于该截面左(或右)段梁所有外力对该截面形心力矩的代数和。截面左段梁上向上的外力及顺时针外力矩或右段梁上向下的外力及逆时针外力矩引起正值的弯矩,反之,则引起负值的弯矩。

使用以上规律,可以直接根据截面左或右段梁上的外力来求该截面上的剪力和弯矩,而不必列平衡方程。

5. 剪力图和弯矩图

（1）剪力方程和弯矩方程

由上述例题可以看出，一般情况下，梁上不同的横截面其剪力和弯矩也是不同的，它们将随截面位置的变化而变化。设横截面沿梁轴线的位置用坐标$z$表示，则梁各个横截面上的剪力和弯矩可表示为关于$x$的函数：

$$F_Q = F_Q\ (x),\quad M = M\ (x)$$

以上两个函数表达式分别称为剪力方程和弯矩方程。

（2）剪力图和弯矩图

为了更形象地表示剪力和弯矩随横截面位置的变化规律，从而找出最大剪力和最大弯矩所在的位置，可仿效轴力图或扭矩图的画法，绘制出剪力图和弯矩图。剪力图和弯矩图的基本作法是：首先由静力平衡方程求得支反力，列出剪力方程和弯矩方程；然后取横坐标$x$表示横截面的位置，纵坐标表示各横截面的剪力或弯矩，并由方程作图。

下面举例说明剪力图和弯矩图的具体画法。

【例1-18】简支梁$AB$受均布荷载$q$作用，如图1-53（$a$）所示。试作该梁的剪力图和弯矩图。

【解】首先求出支反力$F_A$、$F_B$。取整个梁为研究对象，由静力平衡方程：

$$\sum F_y = 0 \qquad F_A + F_B - ql = 0$$

$$\sum M_A = 0 \qquad F_B l - ql\ \frac{l}{2} = 0$$

得 $\qquad\qquad\qquad\qquad F_A = F_B = q\ \dfrac{l}{2}$

列剪力方程和弯矩方程。取梁左端为坐标原点，建立$x$坐标轴。由坐标为$x$的横截面左段梁列静力平衡方程，得到剪力方程和弯矩方程：

$$F_Q(x) = F_A - qx = q\ \frac{l}{2} - qx \qquad\qquad (0<x<l)$$

$$M(x) = F_A \cdot x - q\ \frac{x^2}{2} = \frac{1}{2}qlx - \frac{1}{2}qx^2 \qquad\qquad (0\leq x\leq l)$$

绘制剪力图和弯矩图。由上述剪力方程可知，剪力图为一条斜直线，只要找出两个截面的剪力值就可以画出。现取：

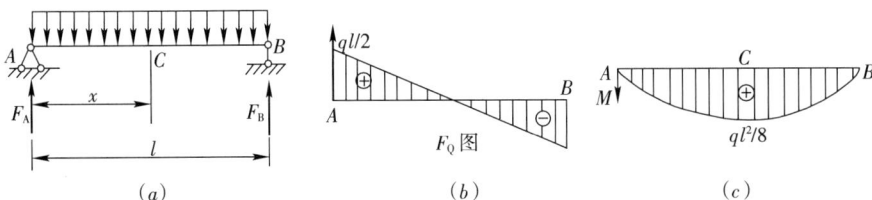

图1-53

（$a$）简支梁；
（$b$）剪力图；
（$c$）弯矩图

$$x = 0 \qquad F_{QA} = \frac{1}{2}ql$$

$$x = l \qquad F_{QB} = -\frac{1}{2}ql$$

由弯矩方程可知，弯矩图为一条抛物线，故最少需要找出三截面的弯矩值才能大致确定此抛物线。现取：

$$x = 0 \qquad M_A = 0$$

$$x = \frac{1}{2}l \qquad M_C = \frac{1}{8}ql^2$$

$$x = 1 \qquad M_B = 0$$

根据求出的以上各值，可以方便地绘出剪力图和弯矩图，如图 1-53 (b)、(c) 所示。从图中可以看出，最大剪力在靠近两支座的横截面上，其值为 $|F_Q|_{max} = \frac{1}{2}ql$，最小剪力发生在跨中处，其值为零；最大弯矩正好发生在剪力为零的跨中处，其值为 $|M|_{max} = \frac{1}{8}ql^2$。请读者注意：绘制剪力图和弯矩图，$F_Q$ 轴向上为正，$M$ 轴向下为正，为了方便起见，以后绘 $F_Q$ 图时，不再标出 $F_Q$、$M$ 坐标轴。

**【例 1-19】** 简支梁 $AB$ 受集中力偶 $MC$ 作用，如图 1-54 (a) 所示。试作该梁的剪力图和弯矩图。

**【解】**

(1) 首先求支反力。取 $AB$ 梁整体为研究对象，由静力平衡方程得：

$$F_A = F_B = \frac{M_C}{l}$$

(2) 列剪力方程和弯矩方程。$AC$ 和 $CB$ 两段梁的剪力和弯矩方程分别为：

$AC$ 段

$$F_Q(x) = -F_A = -\frac{M_C}{l}(0 < x \le a)$$

$$M(x) = -F_A x = -\frac{M_C}{l}x(0 \le x < a)$$

$CB$ 段

$$F_Q(x) = -F_B = -\frac{M_C}{l}(a \le x < l)$$

$$M(x) = F_B(l-x) = \frac{M_C}{l}(l-x)(a < x \le l)$$

图 1-54
(a) 简支梁；
(b) 剪力图；
(c) 弯矩图

绘制剪力图和弯矩图。由 AC 和 BC 段的剪力方程可知，剪力图为一条平行于 x 轴的水平线，如图 1-54（b）所示。由 AC 和 CB 段的弯矩方程可知，弯矩图为两条斜率相同的平行直线，如图 1-54（c）所示。从图 1-54（b）、（c）可以看出，在集中力偶作用处弯矩图有突变，其突变值等于该截面上集中力偶矩的值，而在集中力偶作用处剪力图无变化，这是一条普遍规律。

## 1.5  构件失效分析基础

### 1.5.1  应力、应变、胡克定律

#### 1. 应力

根据变形体的基本假设，组成构件的材料是连续的，所以内力应该连续分布在构件的整个截面，而由截面法求得的仅仅是构件某截面分布内力的合力。在工程实践中，仅仅知道内力的合力是无法正确判断构件的承载能力的。例如，两根材料相同、截面面积不同的等截面直杆，受同样大小的轴向拉力作用，两根杆件横截面的内力是相等的，但截面面积小的杆件被拉断，而截面面积大的杆件却未被拉断，其原因是截面面积小的杆件横截面上内力分布的密集程度（简称内力集度）大。由此可见，杆件的承载能力与内力集度相关。

定义构件某截面上的内力在该截面上某一点处的集度为应力。如图 1-55 所示，在某截面上点 a 处取一微小面积 $\Delta A$，作用在微小面积 $\Delta A$ 上的内力为 $\Delta F$，那么比值 $p_m$ 称为 a 点在 $\Delta A$ 上的平均应力，可表示为：

$$p_m = \frac{\Delta F}{\Delta A} \tag{1-21}$$

当内力分布不均匀时，平均应力的值随 $\Delta A$ 的变化而变化，它不能确切地反映 a 点处的内力集度。只有当 $\Delta A$ 无限趋近于零时，平均应力的极限值才能准确代表 a 点处的内力集度，p 值称为 a 点处的应力，可表示为：

$$p = \lim_{\Delta A \to 0} \frac{\Delta F}{\Delta A} = \frac{dF}{dA} \tag{1-22}$$

一般地，a 点处的应力与截面既不垂直也不相切。通常将它分解为垂直于截面和相切于截面的两个分量（图 1-55（b））。垂直于截面的应力分量称为正应力，用 $\sigma$ 表示；相切于截面的应力分量称为剪应力，用 $\tau$ 表示。

应力是矢量。应力的量纲是 [力/长度$^2$]，其单位是 N/m$^2$，或写为 Pa，读作帕。

$$1Pa = 1N/m^2$$

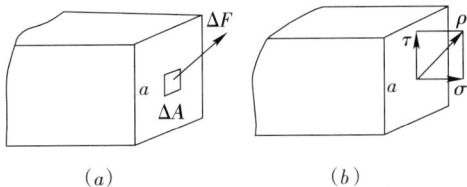

（a）　　　　　　　　　（b）

图 1-55
应力示意图

工程实际中应力的数值较大，常用兆帕（MPa）或吉帕（GPa）作单位。

$$1MPa = 10^6Pa \qquad 1GPa = 10^3MPa = 10^9Pa$$

2. 应变

在构件上某点处取一微小的正六面体，如图 1-56（a）所示。当构件受外力作用时，微小的正六面体将产生变形，其变形分为两种情况：

第一种情况是正六面体产生简单的伸长与缩短变形，如图 1-56（b）所示，与 x 轴平行的边 ab，原长为 $\Delta x$，变形后的长度为 $\Delta x + \Delta u$，将比值 $\varepsilon_m$ 称为正六面体 ab 边的平均线应变，可表示为：

$$\varepsilon_m = \frac{\Delta u}{\Delta x} \tag{1-23}$$

而将 $\varepsilon$ 称为微小正六面体所在处的点沿 x 方向的线应变，或称正应变，可表示为：

$$\varepsilon = \lim_{\Delta A \to 0} \frac{\Delta u}{\Delta x} = \frac{\mathrm{d}u}{\mathrm{d}x} \tag{1-24}$$

第二种情况是正六面体两个面之间原有的直角夹角产生改变，如图 1-56（c）所示，这一改变量 $\gamma$ 称为两个方向面之间的角应变，或称切应变。

正应变 $\varepsilon$ 和切应变 $\gamma$ 都是无量纲的量。$\varepsilon$ 无单位，而 $\gamma$ 的单位是弧度（rad）。

3. 胡克定律

实验证明，当构件的应力未超过某一限度时，构件的应力与其应变之间存在如下比例关系：

$$\sigma = E\varepsilon \tag{1-25}$$

$$\tau = G\gamma \tag{1-26}$$

上式分别称为拉压胡克定律和切变胡克定律。它表明：当应力不超过某一限度时，应力与应变成正比。

比例系数 E 称为材料的弹性模量，比例系数 G 称为材料的切变弹性模量。

从以上两式可知，材料的弹性（切变）模量愈大，变形则愈小，这说明材料的弹性（切变）模量表征了材料抵抗弹性变形的能力。弹性模量的单位与应力的单位相同。各种材料的 E、G 值由实验测定。

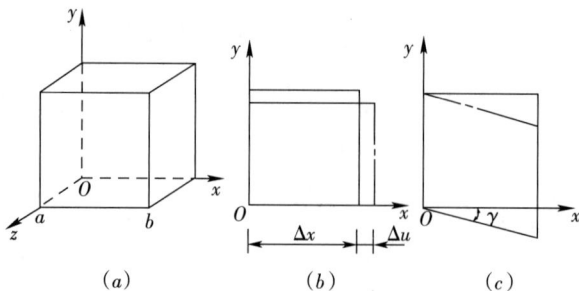

（a）　　（b）　　（c）

图 1-56
应变示意图

胡克定律的适用条件是：构件的应力不允许超过某一限度。此限度值称为材料的比例极限。

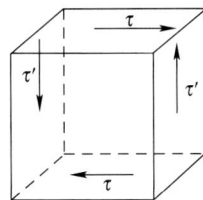

图 1-57
剪应力互等

#### 4. 剪应力互等定理

如图 1-57 所示为某构件上绕某点所取的一微小正六面体，可以证明：

$$\tau = \tau'$$

此式表明，两个相互垂直平面上垂直两平面交线的剪应力 $\tau$ 和 $\tau'$ 数值相等，而且同时指向或同时背离这两个平面的交线，这一结果称为剪应力互等定理。

### 1.5.2 材料拉伸时的力学性能

工程中使用的材料种类很多，通常根据试件在拉断时塑性变形的大小将其分为塑性材料和脆性材料两类。塑性材料拉断时具有较大的塑性变形，如低碳钢、合金钢、铜等；脆性材料拉断时塑性变形很小，如铸铁、混凝土、石料等。这两类材料的力学性能具有显著的差异。低碳钢是典型的塑性材料，而铸铁是典型的脆性材料，它们的拉伸与压缩试验及其所反映出的力学性能对这两类材料具有代表性。

#### 1. 低碳钢在拉伸时的力学性能

常温、静载下的低碳钢单向拉伸试验可在万能材料试验机上进行。试验时采用国家规定的标准试件，如图 1-58 所示。标准试件中间部分是工作段，其长度 $l$ 称为标距。常用的截面有圆形和矩形，规定圆形截面标准试件的标距 $z$ 与直径 $d$ 的比值为 $l=10d$ 或 $l=5d$；而矩形截面标准试件的标距 $l$ 与截面面积 $A$ 的比值为 $l=11.3\sqrt{A}$ 或 $l=5.65\sqrt{A}$。

（1）拉伸图与应力—应变图

将低碳钢的标准试件夹在万能材料试验机上，开动试验机后，试件受到由零开始缓慢增加的拉力 $F$ 的作用而逐渐伸长，直至拉断为止。以拉力 $F$ 为纵坐标，以纵向伸长量 $\Delta l$ 为横坐标，将 $F$ 和 $\Delta l$ 的关系按一定比例绘制的曲线，称为拉伸图（或 $F-\Delta l$ 图），如图 1-59（$a$）所示。一般材料试验机上都有自动绘图装置，试件拉伸过程中能自动绘出拉伸图。

为了消除试件尺寸的影响，反映材料本身的性质，将纵坐标 $F$ 除以试件横截面的原始面积 $A$，得到应力 $\sigma$；将横坐标 $\Delta l$ 除以原标距 $l$，得到线应变 $\varepsilon$，这样绘制的曲线称为应力—应变图（$\sigma-\varepsilon$ 图），如图 1-59（$b$）所示。

图 1-58
低碳钢标准试件

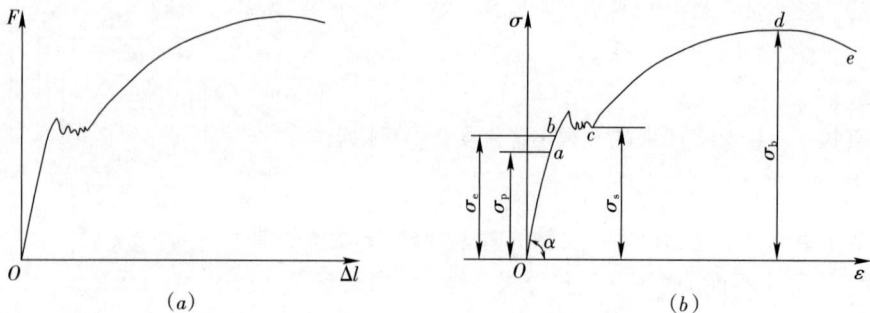

図 1-59

低碳钢拉伸的拉伸图
和应力—应变图

(2) 拉伸过程的四个阶段

低碳钢的应力—应变图（图 1-59b）反映出的试验过程可分为四个阶段，各阶段有其不同的力学性能指标。

①弹性阶段。在试件的应力不超过 b 点所对应的应力时，材料的变形全部是弹性的，即卸除荷载时，试件的变形将全部消失。弹性阶段最高点 b 相对应的应力值 $\sigma_e$ 称为材料的弹性极限。

在弹性阶段内，初始一段是直线 Oa，它表明应力与应变成正比，材料服从胡克定律。过 a 点后，应力—应变图开始微弯，表示应力与应变不再成正比。应力与应变成正比关系的最高点 a 所对应的应力值 $\sigma_p$ 称为材料的比例极限。建筑中最常用的 HPB235 钢的比例极限约为 200MPa。

图中直线 Oa 与横坐标 $\varepsilon$ 轴的夹角为 $\alpha$，材料的弹性模量 E 可由夹角的正切表示，即：

$$E = \frac{\sigma}{\varepsilon} = \tan\sigma \tag{1-27}$$

弹性极限 $\sigma_e$ 和比例极限 $\sigma_p$ 两者意义虽然不同，但数值非常接近，工程上对它们不加以严格区分，通常近似地认为在弹性范围内材料服从胡克定律。

②屈服阶段。当应力超过 b 点所对应的应力后，应变增加很快，应力仅在很小范围内波动，在 $\sigma$-$\varepsilon$ 图上呈现出接近于水平的"锯齿"形段 bc。此阶段应力基本不变，应变显著增加，好像材料对外力屈服了一样，故此阶段称为屈服阶段（也称流动阶段）。屈服阶段中的最低应力称为屈服点，用 $\sigma_s$ 表示。HPB235 钢的屈服点约为 240MPa。

材料到达屈服阶段时，如果试件表面光滑，则在试件表面上可以看到大约与试件轴线成 45° 的斜线（图 1-60），这种斜线称为滑移线。这是由于在 45° 面上存在最大剪应力，造成材料内部晶粒之间相互滑移所致。

图 1-60

屈服时的斜线

③强化阶段。过了屈服阶段以后，材料重新产生了抵抗变形的能力。在 $\sigma$-$\varepsilon$ 图中曲线开始向上凸（图 1-59（b）中的 cd 段），它表明若要试件继续变形必须增加应力。这一阶段称为强化阶段。曲线最高点 d 所对应的应力称为强度极限或抗拉强度，以 $\sigma_b$ 表示。Q235 钢的强度极限约为 400MPa。

④颈缩阶段。当应力到达强度极限后，在试件薄弱处将发生急剧的局部收缩，出现"颈缩"现象（图 1-61）。由于颈缩处截面面积迅速减小，试件继

图 1-61

"颈缩"现象

续变形所需的拉力 $F$ 也相应减少,用原始截面面积 $A$ 算出的应力值也随之下降。曲线出现了 $de$ 段形状,至 $e$ 点试件被拉断。

在上述低碳钢拉伸的四个阶段中,有三个有关强度性质的指标,即比例极限 $\sigma_p$、屈服点 $\sigma_s$ 和强度极限 $\sigma_b$。$\sigma_p$ 表示材料的弹性范围;$\sigma_s$ 是衡量材料强度的一个重要指标,当应力达到 $\sigma_s$ 时,杆件产生显著的塑性变形,使得杆件无法正常使用;$\sigma_b$ 是衡量材料强度的另一个重要指标,当应力达到 $\sigma_b$ 后,杆件出现颈缩并很快被拉断。

2. 塑性指标

试件在外力的作用下超过屈服点后,试件 (图 1-62) 的变形包含弹性变形和塑性变形两部分。试件拉断后,变形中的弹性部分随着荷载的消失而消失,塑性部分则残留下来。试件断裂后所遗留下的塑性变形大小常用来衡量材料的塑性性能。塑性指标有两个,分别为伸长率和截面收缩率。

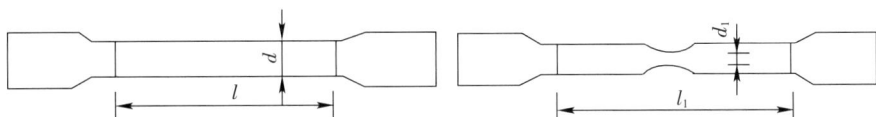

图 1-62
低碳钢塑性指标示意图

(1) 伸长率

试件拉断后的标距长度 $l_1$ 减去原来的标距长度 $l$ 除以标距长度 $l$ 的百分比,称为材料的伸长率 $\delta$,即 $\delta = \dfrac{l_1 - l}{l} \times 100\%$,HPB235 钢的伸长率 $\sigma$ 为 20%~30%。

工程中常按延伸率的大小将材料分为两类:$\delta$ 大于等于 5% 的材料,如低碳钢、铝、铜等,称为塑性材料;$\delta$ 小于 5% 的材料,如铸铁、石料、混凝土等,称为脆性材料。

(2) 截面收缩率

试件拉断后,断裂处的最小横截面面积用 $A_1$ 表示,则比值 $\Psi = \dfrac{A - A_1}{A} \times 100\%$ 称为截面收缩率。HPB235 钢的截面收缩率 $\Psi$ 为 60%~70%。

3. 冷作硬化

在试验过程中,如加载到强化阶段某点 $f$ 时 (图 1-63a),将荷载逐渐减小到零,可以看到,卸载直线 $fO_1$ 基本上与弹性阶段直线 $Oa$ 平行。$f$ 点对应的总应变为 $Og$,回到 $O_1$ 时,消失的部分 $O_1g$ 为弹性应变,不能消失的部分 $OO_1$ 为塑性应变。

如果卸载后立刻再加荷载,则 $\sigma$-$\varepsilon$ 曲线将基本上沿着卸载时的同一直线 $O_1f$ 上升到 $f$ 点,$f$ 点以后的 $\sigma$-$\varepsilon$ 曲线与原来的 $\sigma$-$\varepsilon$ 曲线相同 (图 1-63b)。比较图 1-63 (a) 与图 1-63 (b),可见卸载后再加载,材料的比例极限与屈服点都得到了提高,而塑性将下降。这种将材料预拉到强化阶段,然后卸载再加载,使比例极限和屈服点得到提高而塑性降低的现象,称为冷作硬化。工程中常利用冷作硬化来提高钢筋的屈服点,以达到节约钢材的目的。

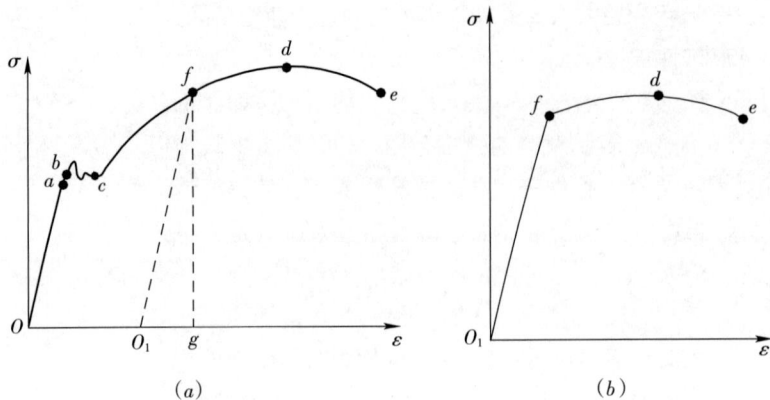

图 1-63
钢材的冷作硬化

### 1.5.3 材料压缩时的力学性能

金属材料压缩试验所用的试样为圆柱形的短柱体，高为直径的 1.5~3 倍；非金属材料压缩试验所用的（如混凝土、石料等）试样为立方块。试样高度不能太大，这样才能避免试件在试验过程中被压弯。

1. 低碳钢的压缩试验

图 1-64 中的虚线为低碳钢压缩试验的 $\sigma$-$\varepsilon$ 曲线，实线为低碳钢拉伸时的 $\sigma$-$\varepsilon$ 曲线。比较两曲线可以看出，在屈服阶段以前，两曲线重合，低碳钢压缩时的比例极限、屈服点、弹性模量均与拉伸时相同；过了屈服点之后，试件越压越扁，压力增加，其受压面积也增加，试件只压扁而不破坏，因此，不能测出低碳钢压缩时的强度极限。

可见，低碳钢的力学性能通过拉伸试验即可测定，一般不需要做压缩试验。

2. 铸铁的压缩试验

图 1-65 是铸铁压缩时的 $\sigma$-$\varepsilon$ 曲线，整个图形与拉伸时相似，但压缩时的伸长率比拉伸时大，压缩时的强度极限也比拉伸时大，为拉伸时的 4~5 倍。其他脆性材料也具有类似的性质。所以，脆性材料用于受压构件较为适合。

铸铁受压破坏时，破坏面与轴线大致成 45°~55° 角，这是因为在 45°~55°

图 1-64
低碳钢的压缩试验（左）
图 1-65
铸铁的压缩试验（右）

角面上存在最大切应力。这也说明铸铁的抗剪强度低于抗拉压强度。

### 1.5.4 构件失效分析及其分类

**1. 结构的功能要求**

结构设计的基本目的是采用最经济的手段，使结构在规定的时间内和规定的条件下完成各项预定功能的要求。"规定的时间"是指我国规范规定的结构设计基准期 $T$，我国取 $T = 50$ 年。当然，建筑物的使用年限达到或超过设计基准期并不意味着该结构即行报废而不能再继续使用，而是说它的可靠性水平从此逐渐降低。"规定的条件"是指正常设计、正常施工、正常使用的条件，即不考虑人为的过失。"各项预定功能"包括结构的安全性、适用性和耐久性。

（1）安全性

结构在规定的条件下应该能够承受可能出现的各种作用，包括荷载、外加变形、约束变形等作用，而且在偶然荷载作用下或偶然事件发生时（如地震、强风、爆炸等），结构应能保持必要的整体稳定性，不致倒塌。

（2）适用性

结构在正常使用时应能满足预定的使用要求，具有良好的工作性能，其变形、裂缝或振动振幅等均不能超过规定的限度。

（3）耐久性

结构在正常使用、正常维护的情况下应有足够的耐久性能，不致因材料性能变化或外界侵蚀而影响预期的使用年限。

以上三个方面的功能总称为建筑结构的可靠性。

**2. 结构的极限状态**

若整个结构或结构的一部分超过某一特定状态，就不能满足设计的某一项功能要求，则此特定状态就称为该功能的极限状态。结构的极限状态分为以下两类，即承载能力极限状态和正常使用极限状态。

（1）承载能力极限状态

这类极限状态对应于结构或结构构件（包括连接）达到的最大承载力或不能承载的过大变形。当结构或结构构件出现下列情况之一时，即认为超过承载能力极限状态：

①整个结构或结构的一部分作为刚体失去平衡，如发生倾覆或滑移等。

②结构构件或其连接件因超过材料强度而被破坏（包括疲劳破坏），或因过度的塑性变形而不能继续承载。

③结构或构件的某些截面发生塑性转动，从而使结构变为机动体系。

④结构或构件丧失稳定，如细长压杆达到稳定临界荷载后压屈失稳破坏。

（2）正常使用极限状态

这类极限状态对应于结构或结构构件达到正常使用或耐久性能的某项规定极限值。当结构或结构构件出现下列情况之一时，即认为超过正常使用极限状态：

①影响正常使用或有碍观瞻的变形，如吊车梁变形过大致使吊车不能正常行驶，梁挠度过大影响外观等。

②影响正常使用或耐久性能的局部损坏，如水池池壁开裂漏水不能正常使用，钢筋混凝土构件裂缝过宽导致钢筋锈蚀等。

③影响正常使用的振动。

④影响正常使用的其他特定状态，如地基相对沉降量过大等。

上述两类极限状态，承载能力极限状态主要考虑结构的安全性功能。结构或构件一旦超过这种极限状态就可能造成倒塌或严重损坏，从而带来人身伤亡和重大经济损失。因此，应把这种极限状态出现的概率控制得非常严格。正常使用极限状态主要考虑结构的适用性功能和耐久性功能。结构或构件达到这种极限状态虽会失去适用性和耐久性，但通常不会带来人身伤亡和重大经济损失，故而可以把出现这种极限状态的概率放宽一些。

**3. 构件的失效**

若构件超过上述正常使用极限状态，则称之为结构或构件失效。对于一般结构或构件，失效的情况通常可分为以下三种。

（1）强度失效

构件的最大工作应力值超过其许可应力值，则称结构或构件发生了强度失效。要使结构或构件不出现强度失效，就必须满足下列条件：

构件的最大工作应力值≤构件的许可应力值

（2）刚度失效

刚度失效是指构件的最大变形量超过其许可变形值时发生的一种失效。要使结构或构件不出现刚度失效，就必须满足下列条件：

构件的最大变形量≤构件的许可变形值

（3）稳定失效

本书仅涉及受压杆的稳定失效。处在不稳定平衡状态的压杆，即使杆件的强度和刚度满足要求，但在实际工程使用中，由于种种原因不可能达到理想的中心受压状态，制作的误差、材料的不均匀性、周围物体振动的影响都相当于一种"干扰力"。压杆会因受到干扰而丧失稳定，最终导致受压杆件的失效，即压杆稳定失效。要使压杆不出现稳定失效，就必须满足下列条件：

压杆所受的压力值≤构件的临界压力值

## 1.6 构件应力与强度的基本计算方法

### 1.6.1 强度失效和强度条件

**1. 构件的极限应力和许可应力**

工程中称材料到达危险状态时的应力值为极限应力，记作 $\sigma^0$。为了保证构件的正常使用，即各构件不发生断裂以及不产生过大的变形，就要求工作应

力要小于极限应力 $\sigma^0$。

通过材料的力学试验，我们已经知道脆性材料没有屈服阶段，并且从加载到破坏变形很快，因此可用强度极限 $\sigma_b$ 作为极限应力 $\sigma^0$，即 $\sigma^0 = \sigma_b$；而塑性材料在其屈服阶段将产生较大的塑性变形，为了保证构件的正常使用，应取它的屈服点 $\sigma_s$ 作为材料的极限应力 $\sigma^0$，亦即 $\sigma^0 = \sigma_s$。

对于屈服点不十分明确而塑性变形又较大的材料，我们取名义屈服应力（或称屈服强度）$\sigma_{0.2}$ 作为材料的极限应力 $\sigma^0$。名义屈服应力是指材料产生 0.2% 的塑性变形所对应的应力值。

由于极限应力值是在实验室条件下测得的，它与在工程中使用构件的实际情况相比有一定的误差，比如实际构件的受载情况、实际构件的材料均匀程度、材料的锈蚀等。为了保证安全，我们给材料以必要的强度储备，将 $\sigma^0$ 除以一个大于 1 的安全因数 $n$，得到材料的许可应力 $[\sigma]$。

即：
$$[\sigma] = \sigma^0 / n \quad (n>1)$$

对于脆性材料：
$$\sigma^0 = \sigma_b$$

对于塑性材料：
$$\sigma^0 = \sigma_s \text{ 或 } \sigma^0 = \sigma_{0.2}$$

在常温静载下，塑性材料的安全因数一般取 1.4~1.8，脆性材料的安全因数取 2~3。

**2. 强度条件**

为了保证构件正常、安全使用，必须使工作应力满足下列不等式，即：

$$\sigma \leqslant [\sigma]$$

该不等式称为构件的强度条件。式中 $\sigma$ 是工作应力，$[\sigma]$ 是许可应力。

## 1.6.2 平面图形的几何性质

平面图形的几何性质是指根据截面尺寸经过一系列运算所得的几何数据，例如面积。构件的承载能力与这些几何数据有直接关系。

将一塑料尺分别平放于两个支点上（图1-66a）和竖放于两个支点上（图1-66b），然后加相同的力 $F$，显然前一种放置方式下的塑料尺发生的弯曲变形要远大于后一种放置方式下的塑料尺所发生的弯曲变形。其差异仅是由于截面放置方式不同造成的，这就说明构件的承载能力与截面几何数据有直接关系。下面介绍几种有关的截面几何性质。

*1. 截面形心和一次面积矩*

（1）截面形心的定义

截面形心是指截面的几何中心。一般用字母 $C$ 表示，其坐标分别记作 $y_C$、$z_C$，例如，圆截面的形心位于圆心，矩形截面的形心位于两对角线的交点处。通常，截面图形的形心与匀质物体的重心是一致的。

（2）截面的一次面积矩定义

截面的一次面积矩（也称静矩）是指面积与它

图 1-66
塑料尺受弯示意图

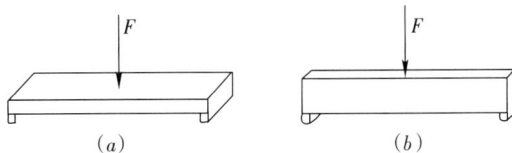

*(a)*

*(b)*

的形心到 $y$ （$z$） 轴的距离 $z_C$ （$y_C$） 的乘积，即：

$$S_y = z_C A \qquad (S_x = y_C A) \qquad (1-28)$$

式中，$A$ 是整个图形的面积，$z_C$ （$y_C$） 是整个图形的形心坐标。显然，截面的一次面积矩与坐标轴有关，对不同的坐标轴其数值不同。截面的一次面积矩的量纲为 [ 长度 ]$^3$，其值可以是正的，可以是负的，也可以为零。当 $S_y$ 为零时，由于面积 $A$ 不为零，只有 $z_C$ 为零，这意味着 $y$ 轴通过形心，是一根形心轴；反之，$y$ 轴是一根形心轴，则 $z_C$ 为零，从而 $S_y$ 为零。这个性质称为面积一次矩的形心轴定理，即：截面图形对于某坐标轴的一次面积矩为零的充要条件是该坐标轴过截面图形的形心。

（3）一次面积矩计算公式

对任意的截面图形，由于面积和形心坐标不容易确定，只能将其分割计算，然后积分求和。图 1-67 所示截面图形，将其分割成 $n$ 块 （$n \to \infty$），取其中一微小面积记作 $\mathrm{d}A$。$\mathrm{d}A$ 的形心到 $y$ 轴的距离为 $z$，事实上因 $\mathrm{d}A$ 很微小，故可视为一点。$\mathrm{d}A$ 与 $z$ 的乘积称为该微面积对 $y$ 轴的一次矩，记作 $\mathrm{d}S_y$，即：

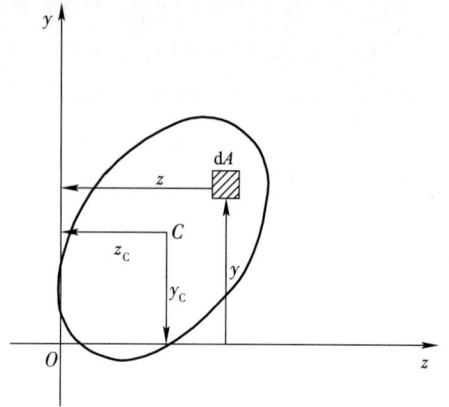

$$\mathrm{d}S_y = z\mathrm{d}A \qquad (1-29)$$

图 1-67
面积矩计算

对上式两边关于整个图形积分，得到整个图形关于 $y$ 轴的一次矩，记作 $S_y$，即：

$$S_y = \int A\mathrm{d}S_y = \int Az\mathrm{d}A \qquad (1-30)$$

上式整个平面图形关于某个坐标轴的一次矩等于该图形各部分对同一坐标轴的一次矩之和。工程中，构件的截面图形往往由几个简单图形组成，因此上式的无限项求和积分式可转变为按简单图形分割计算的有限项求和式，即：

$$S_y = \sum z_i \Delta A_i \qquad (1-31)$$

式中，$i = 1$、$2$、$3$、$\cdots$；$\Delta A_i$ 为简单图形的面积；$z_i$ 为简单图形的形心坐标。将以上两式中的 $y$、$z$ 互换，即得截面关于 $z$ 轴的一次面积矩的计算式，即：

$$S_z = \int A\mathrm{d}S_z = \int Ay\mathrm{d}A \qquad (1-32)$$

$$S_z = \sum y_i \Delta A_i \qquad (1-33)$$

（4）截面形心的计算公式

设图 1-67 所示截面图形的形心坐标为 $y_C$、$z_C$，面积为 $A$。注意到工程中的构件，其截面图形往往由几个简单图形组成，则由面积的一次矩定义得：

$$S_y = z_C A = \sum z_i \Delta A_i \qquad (1-34)$$

$$z_C = \frac{\sum z_i \Delta A_i}{A} \qquad (1-35)$$

将上式中的 $z$ 换成 $y$，即得形心坐标弦的计算式为：

$$y_C = \frac{\sum y_i \Delta A_i}{A} \qquad (1-36)$$

**2. 常用图形的一次矩与形心坐标的计算**

【例 1-20】 图 1-68 所示矩形截面宽为 $b$，高为 $h$，试求该矩形截面阴影部分所围面积关于 $z$、$y$ 轴的一次矩。

【解】 由于阴影部分面积 $A_0$ 和形心坐标弦 $y_{C1}$、$z_{C1}$ 是可以直接计算得到的，即：

$$z_{C1} = 0 \qquad y_{C1} = \frac{3h}{8}$$

$$A_0 = \frac{bh}{4}$$

图 1-68
例 1-20 图

从而

$$S_y = A_0 z_{C1} \qquad (z_{C1} = 0)$$
$$S_z = A_0 y_{C1} = \frac{h}{4} b \frac{3h}{8} = \frac{3}{32} bh^2$$

【例 1-21】 求图 1-69 所示的截面图形的形心坐标计 $z_C$、$y_C$。

【解】 该图形由两个矩形组成，分别记作①、②，写出有关数据：

$$A_1 = 200\text{mm} \times 30\text{mm}$$

$$A_2 = 170\text{mm} \times 30\text{mm}$$

$$y_{C1} = 185\text{mm}，\ y_{C2} = 85\text{mm}$$

$$z_{C1} = 100\text{mm}，\ z_{C2} = 100\text{mm}$$

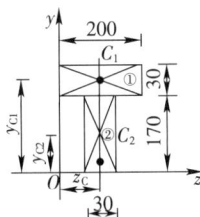

图 1-69
例 1-21 图

$$z_C = \frac{\sum z_i \Delta A_i}{A} = \frac{z_{C1} A_1 + z_{C2} A_2}{A_1 + A_2}$$

$$= \frac{100 \times 200 \times 30 + 100 \times 170 \times 30}{200 \times 30 + 170 \times 30}$$

$$= 100\text{mm}$$

$$y_C = \frac{\sum y_i \Delta A_i}{A} = \frac{y_{C1} A_1 + y_{C2} A_2}{A_1 + A_2}$$

$$= \frac{185 \times 200 \times 30 + 85 \times 170 \times 30}{200 \times 30 + 170 \times 30}$$

$$= 139\text{mm}$$

**3. 截面二次矩**

（1）截面二次矩的定义

将图 1-70 所示曲边截面图形分割成 $n$ 块（$n \to \infty$），取其中一微小面积，记作 $dA$。事实上因 $dA$ 很微小，故可视为一点。$dA$ 到 $y$ 轴的距离为 $z$，则 $dA$

图 1-70
曲边截面图形分割（左）
图 1-71
矩形截面（右）

与 $z^2$ 的乘积，称为该微面积关于 $y$ 轴的二次矩（也称惯性矩），记作 $\mathrm{d}I_y$，即：

$$\mathrm{d}I_y = z^2\mathrm{d}A \tag{1-37}$$

对上式两边关于整个图形积分，得到整个图形关于 $y$ 轴的二次矩，记作 $I_y$，即：

$$I_y = \int_A \mathrm{d}I_y = \int_A z^2\mathrm{d}A \tag{1-38}$$

将式中 $y$、$z$ 互换，即得整个图形关于 $z$ 轴的二次矩，记作 $I_z$，即：

$$I_z = \int_A \mathrm{d}I_z = \int_A y^2\mathrm{d}A \tag{1-39}$$

显然，截面二次矩与坐标轴有关，对于不同的坐标轴其数值不同。截面二次矩的量纲为 [ 长度 ]$^4$，其值恒大于零。

（2）简单图形的截面二次矩

①矩形截面。图 1-71 所示矩形截面关于形心轴 $z_C$ 的二次矩为：

$$I_{zC} = \frac{bh^3}{12} \tag{1-40}$$

截面关于形心轴 $y_C$ 的二次矩为：

$$I_{yC} = \frac{bh^3}{12} \tag{1-41}$$

②圆形截面。设圆截面的直径为 $d$，圆截面关于任意一根过圆心的形心轴的二次矩均相等，为：

$$I_{zC} = I_{yC} = \frac{\pi d^4}{64} \tag{1-42}$$

（3）截面二次矩的平行移轴公式

一般来说，截面图形的二次矩只能使用积分式求得，但在已知截面图形关于形心轴的二次矩时，可以使用截面二次矩的平行移轴公式来求截面图形关于平行于形心轴的任一轴的二次矩。截面二次矩的平行移轴公式为：

$$I_z = I_{zC} + a^2 A \tag{1-43}$$

式中，$z_C$ 轴是形心轴，$I_{zC}$ 是截面图形关于形心轴 $z_C$ 的二次矩，$z$ 轴是 $z_C$ 轴的平行轴；$I_z$ 是截面图形关于 $z$ 轴的二次矩，$a$ 是两平行轴 $z_C$、$z$ 之间的距离，$A$ 是截面面积。

（4）截面二次矩的计算

**【例1-22】**试求图 1-72 所示矩形截面（400×600）关于底边轴 $z$ 的二次矩（截面惯性矩）$I_z$，图中尺寸单位为 mm。

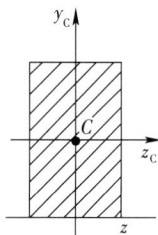
图 1-72
例 1-22 图

**【解】**两轴间距离 $a = h/2 = 300\mathrm{mm}$，截面积 $A = bh$，截面关于形心轴 $z_C$ 的二次矩：

$$I_{zC} = \frac{bh^3}{12}$$

得

$$I_z = I_{zC} + a^2 A = \frac{bh^3}{12} + \left(\frac{h}{2}\right)^2 bh = \frac{bh^3}{3}$$

$$= \frac{400 \times 600^3}{3} = 288 \times 10^8 \mathrm{mm}^4$$

## 1.6.3 轴向拉（压）杆的应力与强度

### 1. 轴向拉（压）杆横截面上的应力

取两根材料相同而粗细不同的杆件，在相同的轴向力作用下，随着力的逐渐增大，较细的杆件会先发生破坏，而较粗的杆件则安然无恙。这说明虽然两杆内力相同，但由于横截面积不同，其强度也不同，杆件的强度与截面大小有关。

为了说明这个问题，让我们观察一个简单的小实验：取一较易伸长的橡胶块，在其表面画上与轴线平行的纵向直线和垂直于轴线的横向封闭周线，封闭周线所围平面显然是横截平面，见图 1-73（$a$）。然后加上荷载 $F$，使杆件发生轴向变形，如图 1-73（$b$）所示。

观察杆件表面所画直线，可以发现：

（1）横向封闭周线仍是一个平面，两封闭周线仍垂直于纵向直线。这说明封闭周线所围平面仍是横截平面，即"变形前后，横截平面不变"。这就是通常所说的"平面假设"。

（2）纵向直线伸长。横向直线缩短，两横向封闭周线仍保持平行，这说明，若将杆件视为一捆材料丝，则每根材料丝的轴向变形是一样的，亦即所受的力的大小是一样的。由此可知，截面各点的应力是正应力，且大小相等。即，轴向拉、压变形时，截面上各点的正应力沿截面均匀分布。

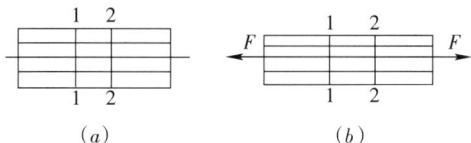
（$a$）　　　　　　　（$b$）

图 1-73
杆件受拉

其计算公式为：

$$\sigma = \frac{F_N}{A} \qquad (1-44)$$

式中，$\sigma$ 为工作应力，拉为正、压为负；$F_N$ 为杆截面轴力；$A$ 为横截面面积。

【例 1-23】 图 1-74（a）所示三角托架，已知 $F$=10kN，夹角 $\alpha$=30°，杆 $AB$ 为圆截面，其直径 $d$=20mm，杆 $BC$ 为正方形截面，其边长 $a$=100mm。试求各杆的应力。

【解】

（1）计算内力

注意力 $F$ 作用于 $B$ 结点，$AB$、$BC$ 杆均为二力杆。

取 $B$ 结点为研究对象画受力图，如图 1-74(b) 所示（两杆轴力均设为拉力）。

由 $\sum y = 0$ $\qquad\qquad -F_{NBC}\sin30° - F = 0$

$\qquad\qquad\qquad\qquad\qquad -0.5F_{NBC} - 10 = 0$

解得 $\qquad\qquad\qquad\qquad F_{NBC} = -20\text{kN}$ （压）

由 $\sum x = 0$ $\qquad\qquad -F_{NAB} - F_{NBC}\cos30° = 0$

解得 $\qquad F_{NAB} = -F_{NBC}\cos30° = -(-20) \times 0.866 = 17.32\text{kN}$ （拉）

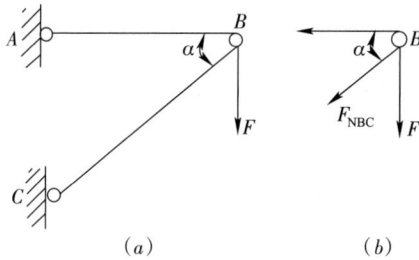

图 1-74
例 1-23 图

（a）　　　　　　　　（b）

（2）求各杆应力值

$$\sigma_{AB} = \frac{F_{NAB}}{A_{AB}} = \frac{F_{NAB}}{\frac{\pi}{4}d^2} = \frac{17.32 \times 10^3 \times 4}{3.14 \times 20^2} = 55.16\text{MPa}$$

$$\sigma_{BC} = \frac{F_{NBC}}{A_{BC}} = \frac{F_{NBC}}{a^2} = \frac{-20 \times 10^3}{100^2} = 2\text{MPa}$$

**2. 轴向拉压杆的强度计算**

轴向拉压杆的强度条件为：

$$\sigma_{max} = \frac{F_N}{A} \leqslant [\sigma] \qquad (1-45)$$

式中，$\sigma_{max}$ 是杆件的最大工作应力；$[\sigma]$ 是材料的许可应力；$F_N$ 是危险截面上的轴向内力；$A$ 是危险截面的面积。

根据强度条件式，我们可以解决有关强度的三类问题。

（1）强度校核，其表达式为：

$$\frac{F_N}{A} \leqslant [\sigma] \qquad (1-46)$$

判断工作应力是否在许可范围内。

（2）确定截面尺寸，其表达式为：

$$A \geqslant \frac{F_N}{[\sigma]} \qquad (1-47)$$

先确定满足强度条件所需的截面面积，进而再确定截面尺寸。

（3）确定允许荷载，其表达式为：

$$F_N \leqslant [\sigma] A \qquad (1-48)$$

先确定强度条件所允许的最大内力值，再根据外力与内力的关系确定所允许的最大荷载值。

**【例 1-24】** 图 1-75 所示变截面柱子，力 $F$=100kN，柱段①的截面面积 $A_1 = 240\text{mm} \times 240\text{mm}$，柱段②的截面面积 $A_2$=240mm × 370mm，许可应力 $[\sigma]$ = 4MPa，试校核该柱子的强度。

**【解】**

（1）求各段轴力

由截面法得：
$$F_{N1} = F = 100\text{kN} \text{（压）}$$
$$F_{N2} = 3F = 300\text{kN} \text{（压）}$$

（2）求各段应力

$$\sigma_1 = \frac{F_{N1}}{A_1} = \frac{100 \times 10^3}{240 \times 240} = 1.74\text{MPa}$$

$$\sigma_2 = \frac{F_{N2}}{A_2} = \frac{300 \times 10^3}{240 \times 370} = 3.38\text{MPa}$$

（3）进行强度校核

由于柱段②的工作应力大于柱段①的工作应力，所以取 $\sigma_2$ 进行校核。

$$\sigma_2 = 3.38\text{MPa} < [\sigma] = 4\text{MPa}$$

该柱子满足强度条件。

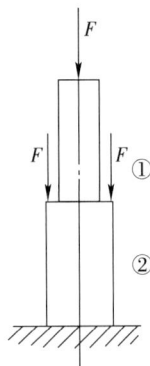

图 1-75
例 1-24 图

## 1.6.4 应力集中

等截面直杆发生轴向拉压变形时，横截面上的应力是均匀分布的。但如果构件上有切口、油孔、螺纹、带有过渡圆角的轴肩等，在这些部位处尺寸会发生突变。理论分析与实验表明，在这些部位处的应力分布是不均匀的，如图 1-76 所示。在这些部位附近的局部区域内，应力数值急剧增加，在工程中这种现象称为应力集中现象。

应力集中的区域内应力状态比较复杂，当最大应力在弹性范围内时，通常采用应力集中系数 $\alpha_K$ 来表示应力集中的程度。设 $\sigma_0$ 为截面削弱后的平均应力，$\sigma_{max}$ 为最大局部应力，则 $\alpha_K = \sigma_{max}/\sigma_0$。应力集中系数 $\alpha_K$ 是一个大于 1 的系数，它与截面尺寸变化的激烈程度有关，截面尺寸变化越激烈，应力集中程度就越严重，从而 $\alpha_K$ 也就越大。所以当截面尺寸需要变化时，我们应尽量使其缓慢过渡，以减小应力集中的影响。

脆性材料与塑性材料对应力集中的敏感程度是不一样的，由于脆性材料在整个破坏过程中变形始终很小，所以当脆性材料开孔处的 $\sigma_{max}$ 达到 $\sigma_b$（材料的强度极限）时，虽然周围的应力还比较小，杆件仍会在小孔边缘处出现裂缝而破坏。但对于塑性材料而言，由于它在整个破坏过程中将产生较大的塑性变形，当孔周围的应力达到 $\sigma_s$（材料的屈服点）时，应力将不再增大，而是向相邻材料传递荷载，依次使相邻材料的应力达到屈服点，最终使整个截面上的应力达到屈服点，这就是塑性材料的应力重分布特性，它避免了杆件的突然破坏，使材料的承载能力充分发挥，也减小了应力集中的危害性。

图 1-76
应力集中

# 习　题

1.1　将身体吊悬在单杠上，两手臂用什么姿势握住单杠最省力？为什么在吊环运动中的十字支承是高难度动作？

1.2　力在直角坐标轴上投影的大小和坐标原点位置有无关系？和坐标轴的方向有无关系？如果两个力在同一坐标轴上的投影相等，这两个力的大小是否一定相等？

1.3　在什么情况下，力在一个轴上的投影等于力本身的大小？在什么情况下，力在一个轴上的投影等于零？

1.4　用手拔钉子拔不出来，为什么用羊角锤一下就能拔出来？手握钢丝钳，为什么不要很大的握力即可将钢丝剪断？

1.5　已知 $F_1=F_2=200N$，$F_3=F_4=100N$，各力的方向如图 1-77 所示。试求各力在 $x$ 轴和 $y$ 轴上的投影。

1.6　试分别画出图 1-78 所示物体的受力图。假定所有接触面都是光滑的，图中凡未标出自重的物体，自重不计。

1.7　设一平面任意力系向某一点简化得到一合力。若另选简化中心，问该力系能否简化为一力偶？为什么？

1.8　如图 1-79 所示，设一平面任意力系 $F_1$、$F_2$、$F_3$、$F_4$ 分别作用于矩形

图 1-77
习题 1.5 图（左）
图 1-78
习题 1.6 图（右）

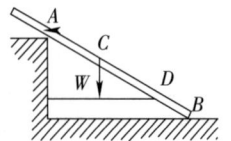

钢板的 $A$、$B$、$C$、$D$ 四个顶点，且各力之大小与各边长成比例，试问该力系的简化结果是什么？

1.9 一平面任意力系向 $A$ 点简化的主矢为 $F_{RA}$，主矩为 $M_A$，如图 1-80 所示，试求该力系向距 $A$ 点为 $d$ 的 $B$ 点简化所得主矢 $F_{RB}$ 和主矩 $M_B$ 的大小和方向？

1.10 设力 $F_R$ 为 $F_1$、$F_2$、$F_3$ 三个力的合力，已知 $F_R$=1kN，$F_3$=1kN，力 $F_2$ 的作用线垂直于力 $F_R$，力 $F_1$ 的方位如图 1-81 所示。求力 $F_1$ 和 $F_2$ 的大小和指向。

1.11 水平力 $F$ 作用在刚架的 $B$ 点，如图 1-82 所示（不计刚架重量）。求支座 $A$ 和 $D$ 处的约束力。

1.12 什么是几何可变体系和几何瞬变体系？这两种体系为何不能用于工程结构？

1.13 试对图 1-83 所示各刚架进行几何组成分析。

1.14 试对图 1-84 所示各桁架进行几何组成分析。

1.15 试对图 1-85 所示各拱结构进行几何组成分析。

1.16 指出下列概念的区别：

（1）拉伸图与应力应变图。

（2）屈服点与强度极限。

（3）线应变与伸长率。

（4）强度失效与刚度失效。

1.17 应力的常用单位是什么？应变是否有单位？

1.18 低碳钢单向拉伸试验所采用的标准试件有哪几种？其标距如何取值？

图 1-79
习题 1.8 图

图 1-80
习题 1.9 图

图 1-81
习题 1.10 图

图 1-82
习题 1.11 图

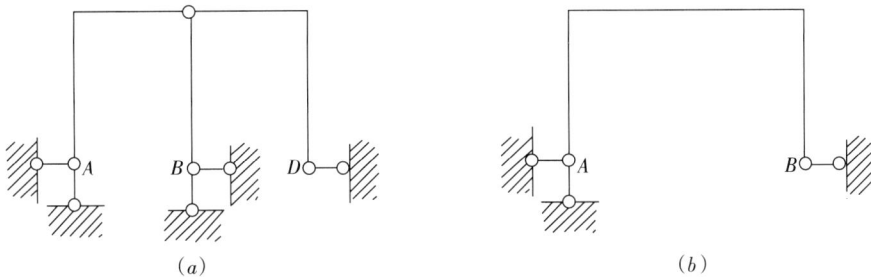

(a)

(b)

图 1-83
习题 1.13 图

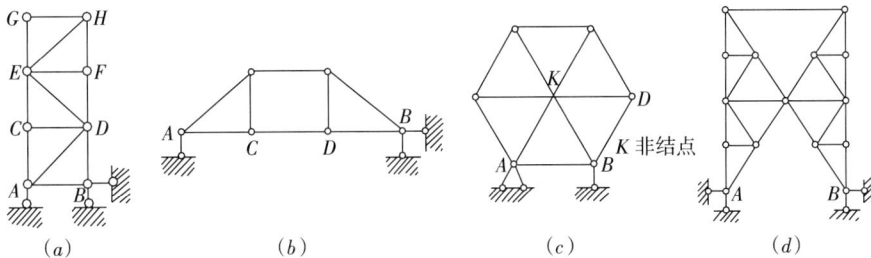

(a)

(b)

(c)

(d)

图 1-84
习题 1.14 图

1.19 低碳钢的拉伸试验过程可分为哪四个阶段？试作出其应力—应变图，并标出各阶段的特征应力值。

1.20 试阐述剪应力互等定理，并用图表示。

1.21 试阐述什么是应力集中。

1- 习题参考答案

(a)

(b)

图1-85

习题 1.15 图

山墙　　　　　　　　　预制板　大梁　横墙
纵墙

■ **本章提要**

　　本章主要介绍混合结构的优缺点和应用范围、混合结构房屋的墙体布置和楼盖布置方案，简述各墙体布置方案的布置方式和优、缺点，详细介绍混合结构房屋墙体的具体要求。

## 2.1 混合结构的优缺点和应用范围

混合结构房屋采用砖墙和钢筋混凝土屋面、楼面承重,是我国有史以来使用时间最长、应用最普遍的结构体系。究其原因,主要是取材方便、造价低廉、施工简单、保温隔热效果较好,所以至今仍具有很大的生命力。其建筑层数可达到6~7层。在多层建筑结构体系中,多层砖房约占85%,它广泛应用于住宅、学校、办公楼、医院等建筑。

### 2.1.1 混合结构房屋的主要优点

(1)混合结构房屋的主要承重结构(墙体)材料为各种砌体(砖或砌块),这些材料在任何地区都很容易就地取材,充分保证了材料来源。

(2)多层混合结构房屋的纵横墙体布置一般容易达到刚性方案的构造要求,故混合结构房屋的刚度较大。

(3)在混合结构房屋中,钢筋混凝土材料主要用于楼(屋)盖部分,这样可以节省钢筋混凝土材料,有较好的经济性能指标。据资料统计表明,其经济指标大致如表2-1所示。

材料经济指标                         表2-1

|  | 混合结构 1m² 建筑面积所用工料 | 对比相同层数的钢筋混凝土结构所用工料 |
|---|---|---|
| 钢材 | 8~10kg | 20~28kg |
| 水泥 | 80~90kg | 100~140kg |
| 木材 | 约 0.023m³ | 约 0.026m³ |
| 砖 | 200~250 块 | 90~120 块 |
| 劳动力 | 约 3 工日 | 约 4 工日 |

### 2.1.2 混合结构房屋的主要缺点

(1)砖砌体的强度较低,故利用砖墙承重时,房屋层数会受到限制,由于抗震性能差,在地震区使用也会受到一定限制。

(2)混合结构的更大缺点在于墙体砌筑工程繁重、施工进度慢,不能满足建设形势发展速度的需要。

### 2.1.3 混合结构房屋的应用范围

目前国内混凝土结构和钢结构建筑逐渐普及应用,但住宅、办公楼等民用建筑仍可用混合结构建造。在工业厂房建筑及钢筋混凝土框架结构的建筑中,砌体往往用来砌筑围护墙。砌体结构还用于建造其他各种构筑物,如烟囱、小型水池、料仓、地沟等。由于砖质量的提高和计算理论的进一步发展,5~6层高的房屋采用以砖砌体承重的混合结构非常普遍。地下渠道、挡土墙也常用石材砌筑。但由于无筋砌体的抗压性能突出,决定了其结构构件的尺寸很大,从经济性上限制了其房屋的高度，其应用也在逐渐减少。

近年来出现的大型墙板和砌块结构是墙体改革的开端。大型墙板和砌块是工业化程度较高的一种形式，尤其是大型墙板，几乎是全装配化的结构体系，要实现装配化，必须要有建筑设计标准化、构件生产工业化、施工技术机械化的配合。当前由于条件所限，大型墙板和砌块结构还处于摸索试验阶段。墙体改革趋势的另一个反映是框架轻板结构的出现。所谓轻板，就是采用加气混凝土板、合成纤维板、石膏板、塑料板等作为墙体（非承重墙）材料。非承重墙采用轻板建筑会使墙体重量大大减少，结构自重的减轻对结构的意义是非常重大的。另外，轻板安装容易，也可减少装修工程量。但必须考虑的是，墙体重量的减轻会带来隔声效果的弱化，要在轻质墙体上达到正常的隔声效果，需要采用隔声材料，它相对于混合结构来说比较昂贵。

必须指出，由于我国可耕地面积十分紧张，而烧砖取土会破坏大片农田且消耗大量能源，为此，国家建设主管部门专门成立了墙体改革小组，致力于改变此种局面。十余年来，我国工程技术人员和科研人员开发研究了多种建筑结构体系，如上面提到的框架轻板结构。因此，传统的砖混结构将逐步受到限制，发展新型墙体材料、改进混合结构体系是今后的发展方向。

## 2.2　混合结构房屋的墙体布置

因为砖混结构的承重结构由砖墙和钢筋混凝土楼盖组成，故设计时要注意墙体布置和屋盖、楼盖梁板布置两个方面。本节讨论墙体布置方面。

### 2.2.1　混合结构房屋的墙体布置

按照墙体的承重体系，其布置大体可分为下列几种方案。

1. 横墙承重方案

横墙承重方案（图 2-1）的受力特点是：主要为横墙支承楼板，横墙是主要承重墙，纵墙主要起围护、隔断和维持横墙稳定的整体性作用，故纵墙是自承重墙（内纵墙可能支承走廊板重量，但荷载较小）。

横墙承重方案的优点是横墙较密、房屋的横向刚度大，故整体刚度好。由于外纵墙是非承重墙，故外纵墙立面处理比较方便，可以开设较大的门窗洞口。其缺点是横墙间距很密、房间布置灵活性差，故多用于宿舍、住宅和小型办公楼等居住建筑。

2. 纵墙承重方案

纵墙承重方案（图 2-2）的受力特点是：板荷载传给梁，由梁传给纵墙。纵墙是主要承重墙，横墙只承受小部分荷载，横墙的设置主要是为了满足房屋的刚度和整体性需要，它的间距可以较大。

纵墙承重方案的优点是房间的空间可以较大、平面布置比较灵活、墙面积小。其缺点是房屋的刚度较差、纵墙受力集中，故纵墙较厚或要加壁柱、构

図 2-1
横墙承重方案（左）
图 2-2
纵墙承重方案（右）

造柱。这种方案适用于使用上要求有较大空间或隔墙位置可能变化的房屋，如教学楼、实验楼、办公楼、医院等。

**3. 纵横墙承重方案**

根据房间的开间和进深要求，有时需要纵横墙同时承重，即为纵横墙承重方案（图 2-3）。这种方案的横墙布置随房间的开间需要而定，横墙间距比纵墙承重方案小，所以房屋的横向刚度比纵墙承重方案有所提高，其性能介于横墙承重方案和纵墙承重方案之间。

**4. 内框架承重方案**

房屋有时由于使用要求，往往采用钢筋混凝土柱代替内承重墙，以取得较大的空间。例如，沿街住宅底层为商店的房屋可以采用内框架承重方案。这种结构既不是全由框架承重，也不是全由砖墙承重。

内框架承重方案特点是：

（1）由于横墙较少，房屋的空间刚度较差。此外，墙的带形基础和柱的单独基础在沉降量方面不易一致，钢筋混凝土柱和砖墙的压缩性能不一样，结构容易产生一定的内应力。房屋层数较多时，这一问题应在设计上给予注意。

（2）以柱代替内承重墙在使用上可以取得较大的空间，故内框架承重方案一般用于教学楼、医院、商店、旅馆等建筑。

上述几种方案，在实际工程设计中究竟采用哪一种为宜，应根据各方面具体条件综合考虑，有时还应通过对几种方案的比较来确定。

图 2-3
纵横墙承重方案

在矩形平面的房屋中，由于平面体型简单，上述几种墙体布置方案都可以较容易地明确表示出来，但是，对于平面形状比较复杂的房屋，往往需要在房屋的不同区段或在平面的不同轴线上采用不同的承重方案。

### 2.2.2 混合结构房屋的墙体布置注意事项

墙体除需注意一般构造要求和满足高厚比要求外，为了保证房屋的整体性和空间刚度，以及防止可能的开裂，设计方案在布置墙体时须注意以下几点。

#### 1. 横墙间距的大小

横墙间距的大小关系到房屋构造方案。因刚性方案的房屋产生的侧移极小，对墙体引起的内力极小，这样比较经济，故对横墙的间距要求应服从刚性方案对横墙间距的限制，以保证房屋符合刚性构造方案的要求。具体限制值见《砌体结构设计规范》GB 50003—2011。根据规范规定的限制值，一般多层房屋混合结构均容易达到刚性构造方案的要求。同时，最好能够做到横墙间距小于 1.5 倍的建筑物宽度，如此在地基不均匀沉降时还可增强墙体的抗裂性能。

#### 2. 纵墙宜尽可能贯通

纵墙宜尽可能贯通，如此有利于增强墙体的抗裂性能，同时对减少不均匀沉降也有较好的效果。

#### 3. 墙体要适当加设壁柱或构造柱

因为砖砌体的弯曲抗拉强度很低，当墙体受力产生弯矩较大时，下列情况应加壁柱：

（1）墙体厚度小于等于 240mm，且大梁跨度大于 6m 时，梁支承处的墙体应加壁柱；

（2）承受吊车荷载的墙体或以承受风荷载为主的山墙应加壁柱。

#### 4. 墙体要适当设伸缩缝

材料具有热胀冷缩的性质，不同材料的线膨胀系数不同，砌体的线膨胀系数为 $0.5 \times 10^{-5}/℃$；钢筋混凝土的线膨胀系数为 $1.0 \times 10^{-5}/℃$。在混合结构房屋中，楼（屋）盖搁在墙上，两者共同工作，相互受到温度影响，但由于两者膨胀系数不同，因而相互受到约束。当外界温度上升时，屋盖伸长比墙体伸长大得多，形成两者之间互相作用的剪应力，剪应力又引起主拉应力，当剪应力或主拉应力超过砖砌体的极限强度时，在楼盖下面的外墙将会产生水平裂缝和包角缝，或者在顶层靠房屋两端的窗洞处会产生"八字"裂缝（图2-4）。房屋长度越长，温度变化引起的拉力越大，墙体开裂越严重。为了防止温度开裂，当房屋达到一定长度时应设置伸缩缝，把屋盖、楼盖、墙体断开分成几个长度较小的独立单元。《砌体结构设计规范》GB 50003—2011 对砌体房屋温度伸缩缝的最大间距有明确规定：一般现浇钢筋混凝土楼（屋）盖，如有保温层或隔热层者，伸缩缝间距为 50mm；如无保温层或隔热层者，伸缩缝间距为 30mm，而伸缩缝宽度可为 20~50mm。

**5. 墙体要适当设置沉降缝**

当房屋建于土质差别较大的地基上，或房屋相邻部分的高度、荷重、结构刚度、地基基础的处理方法等有显著差别时，为了避免房屋开裂，用沉降缝将建筑物（连同基础）完全断开，或将两个单元体之间隔开一定距离，其

图 2-4
温度应力引起的外墙裂缝

间可设置能自由沉降的连接体或简支悬挑结构。采用沉降缝时，缝宽一般大于50mm，房屋层数越多，缝宽应越大，最大可达 120mm 以上。

## 2.3　混合结构房屋的楼盖布置

钢筋混凝土楼盖根据施工方法的不同，可分为装配式和现浇式两种。现浇楼盖的整体性、耐久性和抗震性均较好，且其灵活性较大，能适应不同荷载和各种平面形式结构，特别是房屋有局部不规则部分时。其缺点是造价较高、施工工期长，且施工质量不如在加工厂制作的预制构件那样稳定。而装配式楼盖与现浇楼盖相比具有许多优点，如造价低、施工进度快、构件质量好，并有利于建筑工业化。为提高混合结构房屋的整体性，自 2002 年以来，在混合结构房屋中，一般采用现浇楼盖。

### 2.3.1　装配式楼盖的选型

装配式钢筋混凝土楼盖是由许多预制楼板直接铺放在砖墙或楼面大梁上形成的。常用的预制板的形式有实心平板、空心板和槽形板三种。一般情况下，房屋采用空心板，走道采用实心平板。目前，装配式楼盖的主要构件，如实心平板、空心板、槽形板等，可以采用非预应力构件或预应力构件，这些构件一般不需自行设计，各地都有本地的通用构件图集，可直接选用。在应用通用构件图集时，必须注意其编制依据和适用范围，有时要进行适当的计算。

装配式楼盖的结构平面布置与建筑平面和墙体布置密切相关。所以在进行建筑平面设计和确定墙体布置时，应考虑楼盖的结构平面布置。装配式楼盖结构平面布置的方案通常有横墙承重方案、纵墙承重方案、纵横墙承重方案以及内框架承重方案四种。

设计时究竟选用哪一种结构平面布置方案，应结合工程实际进行分析考虑。从结构经济合理方面考虑，应尽量使楼板有较小的跨度，如此荷载引起的弯矩较小，可以节省钢材的用量。此外，还应考虑到施工方便，尽量减少构件的类型。同时，在建筑平面设计时，其平面尺寸亦应符合 300mm 的基本模数要求，以便与预制板的标准尺寸相配合。

预制板的发展方向是加大板宽，如施工条件许可，做成整室顶板更好，与大型混凝土墙板配合，即形成"大板建筑"。不过其预制加工过程较复杂，

需要预留管道孔洞，且安装时需要大型起重设备和可靠的支座连接。

## 2.3.2 现浇楼盖的选型

现浇整体式楼盖的结构形式有单向板肋梁楼盖和双向板肋梁楼盖两种。当楼板是两对边支承，或四边支承且板长边／板短边大于3时，则为单向板。单向板肋梁楼盖计算简便、结构简单、施工方便。

当楼板是四边支承且板长边／板短边小于2时，则为双向板；当楼板是四边支承且板长边／板短边大于2小于3时，宜按照双向板计算。双向板肋梁楼盖与单向板肋梁楼盖相比，梁较少，并且每一区格成正方形或接近正方形，因而顶棚平整、外形较美，适用于房屋的门厅部分或公共建筑物的楼盖。其缺点是配筋构造较为复杂，施工不方便。

现浇式楼盖结构平面布置就是在建筑平面上进行梁、板的布置。无论是单向板肋梁楼盖还是双向板肋梁楼盖，梁板布置都应符合经济跨度的原则，以保证楼盖设计的经济合理。

楼盖是混合结构的一个重要组成部分。由于水泥、钢筋和木材三大材料主要用在楼盖上，占房屋总造价的30%~40%，楼盖梁、板布置是否经济合理，对于工程造价的高低有着决定性意义。

楼盖上的梁、板都属于受弯构件，受弯构件的内力（弯矩 $M$，剪力 $V$）与所受的荷载和构件的跨度有关。当荷载一定时，内力就随跨度的变化而变化。当荷载为均布荷载时，剪力 $V$ 随跨度 $L$ 的增长而增长，而弯矩 $M$ 则随跨度 $L$ 的二次方而增长。跨度的变化对弯矩产生二次方的影响特别值得注意，跨度的增大意味着材料的需要量随跨度的增大而几倍地增长。因此，跨度过大将造成设计上的不经济。所以，梁板必须控制在经济跨度范围内才能得到合理的经济效果。

梁、板的经济跨度为：

单向板：2~3m；双向板：3~5m；次梁：4~7m；主梁：5~8m。

设计时，在满足使用要求的情况下，应将梁、板的跨度尽可能控制在上述经济跨度内。

## 2.3.3 现浇楼盖的组成及传力途径

现浇肋梁楼盖是最常用的楼盖之一。当楼盖中的板为单向板时，则称为单向板肋梁楼盖；当板为双向板时，则称为双向板肋梁楼盖。肋梁楼盖一般由板、次梁和主梁三种构件组成，如图2-5所示。

单向板肋梁楼盖荷载传递途径为：

板→次梁→主梁→柱（或墙体）→基础→地基。

双向板肋梁楼盖荷载传递途径为：

板→梁→柱（或墙体）→基础→地基。

肋梁楼盖的传力途径与计算简图，如表2-2所示。

图 2-5
现浇肋梁楼盖组成示意图

**肋梁楼盖传力途径与梁板计算简图**　　　　　　　　　表 2-2

| | 单向板肋梁楼盖 | 双向板肋梁楼盖 |
|---|---|---|
| 结构布置平面 | 板带的荷载范围　　主梁的集中荷载范围　主梁　次梁　柱　次梁的荷载范围　次梁跨度　次梁计算宽度　b=1m | $L_2$　$L_1$　$L_2/L_1<3$ |
| 板的计算简图 | $q$　$L_1$ $L_1$ $L_1$ $L_1$ $L_1$ $L_1$　取 1m 宽板带为计算单元 | $q$　$A$　$L_2$　$L_1$　A区隔板计算简图 |
| 均布力下梁计算简图 | $q×L_1$　$L_2$ $L_2$ $L_2$ $L_2$ | $q×L_1$　$L_1$ $L_1$ $L_1$ $L_1$ |
| 集中力下梁计算简图 | $P$ $P$ $P$ $P$　次梁传来荷载　$L_1$ $L_1$ $L_1$ $L_1$ $L_1$ $L_1$ | $L_2$ $L_2$ |

当梁为多跨连续梁且每跨跨度相等或相差不大于 10% 时，所受荷载为均匀、三角形或梯形等形式。该建筑物允许按塑性内力重分布方法计算时，其弯矩及剪力计算可按如下方法进行：

跨中弯矩：边跨中：$M_1 = kql^2$ （2-1）

中跨中：$M_2 = M_3 = kql^2$ （2-2）

支座弯矩：第一内支座：$M_B = kql^2$ （2-3）

中间支座：$M_C = M_D = kql^2$（图 2-6） （2-4）

$k$ 值大小可根据计算截面位置及荷载形式从表 2-3 查得。

梁端最大剪力 $V$ 计算公式如下：

边跨外端：$V_A = 0.8R_0$ （2-5）

边跨内端：$V_{BA} = 1.2R_0$ （2-6）

1　　2　　3　　3　　2　　1
A　　B　　C　　D　　E　　F　　G
L　　L　　L　　L　　L　　L

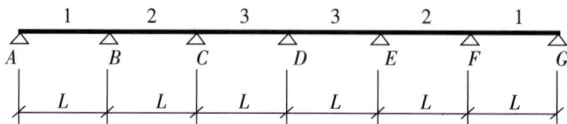

图 2-6
支座弯矩

中间跨两端：$Q_{BC} = Q_{CB} = R_0$ $\hspace{4cm}$ (2-7)

$$R_0 = \frac{(1-\alpha)}{2}ql \hspace{3cm} (2-8)$$

**k 值取值表** $\hspace{2cm}$ 表 2-3

| 荷载形式 | $\alpha$ | 边跨中 | 第一内支座 | 中跨中 | 中间支座 | 荷载类型 |
|---|---|---|---|---|---|---|
| | 0.00 | 1/11 | -1/11 | 1/16 | -1/15 | 均布 |
| | 0.25 | 1/12 | -1/12 | 1/17 | -1/17 | 梯形 |
| | 0.30 | 1/13 | -1/13 | 1/18 | -1/18 | 梯形 |
| | 0.35 | 1/14 | -1/14 | 1/19 | -1/19 | 梯形 |
| | 0.40 | 1/15 | -1/15 | 1/20 | -1/20 | 梯形 |
| | 0.45 | 1/16 | -1/16 | 1/21 | -1/21 | 梯形 |
| | 0.50 | 1/17 | -1/17 | 1/24 | -1/24 | 三角形 |

### 2.3.4 现浇楼盖中梁、板尺寸要求

对于钢筋混凝土受弯构件来说，由于钢材强度比较高，抗弯所需要的截面高度往往较小就能满足，而这种截面能引起较大的挠度，过大的挠度将会导致截面开裂并影响正常使用。由于极限挠度和极限裂缝常常发生在强度破坏到达之时，所以挠度必须控制在跨度的 1/300~1/200 以内（具体应根据有关规定），而挠度计算通常是为了检查其是否超过允许的最大挠度值。

对于普通现浇楼盖的梁、板结构，除非构件有意识地采用小截面，一般在设计中很少考虑挠度，以避免繁琐的挠度计算，也就是说对截面尺寸要有一定的控制。如果截面尺寸够大且能保证刚度足够时，产生的挠度将控制在要求的限值以内。所以，只要选用的截面尺寸不小于一定限值，即可认为构件刚度足够，不必进行挠度计算。

现浇整体式楼盖中，梁、板截面根据满足刚度要求的高跨比条件，同时结合建筑物的使用要求来考虑，常用的截面尺寸可参照下列数值确定。

单跨简支板：单向板 $h \geqslant l/30$ 且大于 60mm，双向板 $h \geqslant l/40$ 且大于 80mm；

多跨连续简支板：单向板 $h \geqslant l/40$ 且大于 70mm，双向板 $h \geqslant l/50$；

悬臂板：$h \geqslant l/12$；

次梁截面：$h = l/(11{\sim}15)$，$b = h/(2{\sim}3)$；

主梁截面：$h = l/(8{\sim}12)$，$b = h/(2{\sim}3)$；

悬臂梁：$h \geqslant l/6$，$b = h/(2{\sim}3)$。

## 2.4 混合结构在房屋建筑中的地位与展望

混合结构由于有较好的经济指标和优点，所以广泛用于多层民用与工业

建筑上。在中华人民共和国成立初期到 20 世纪 60 年代的基本建设时期，混合结构在房屋建筑中占极大比例。近年来，由于城市的建设用地日渐紧张，为了节省建设用地，小高层发展较快。当前高层房屋的研究课题主要是对各类高层建筑结构的合理选型。根据我国的国情，在广大城镇中五、六层的多层房屋仍占大多数，其中，砖混结构仍是我国建筑中建造量最大、造价最低的结构形式。砖混结构是传统的结构形式，以砖作墙体结构经历了两千多年的考验，其在防寒、隔热、隔声、耐风雨侵袭和化学稳定性等建筑物理性能上都是比较优越的。这类多层房屋，一方面是要发展工业化生产的新体系（如砌块体系、大板体系、大模体系、框架轻板体系等）；另一方面还要改善传统的砖混结构，提高砖的质量，以充分利用人力和地方资源。对于新技术的发展与应用，必须以能够取得最好的经济效果为前提，不应以损害经济效益与降低建筑质量为代价，因而，工业化新体系的发展必须稳步前进。鉴于当前大多数工业化建筑的造价与水泥用量都比砖混建筑高出百分之十到百分之几十，所以，不能忽视砖混结构在房屋建筑中的地位。在地震区，还要加强研究抗震措施，以提高砖混结构的抗震能力。由于我国的经济形势及国情，砖混结构在相当长的时间内，即使是在地震区也还是一种主要的结构体系。

# 习　题

2.1　简述混合结构的优缺点。

2.2　简述混合结构房屋的墙体布置有哪几种方案。

2.3　简述单向板肋梁楼盖荷载传递途径。

2.4　简述板、梁、柱的截面尺寸如何确定。

2- 习题参考答案

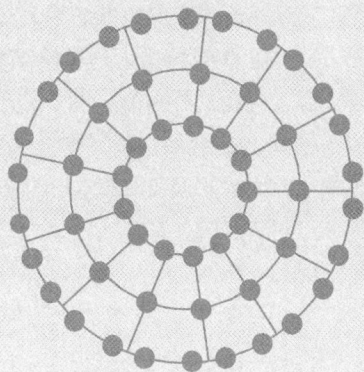

建筑结构选型（第二版）

■ **本章提要**

　　本章介绍了框架结构的特点、类型及适用范围，分别叙述了框架结构的组成、框架结构的布置、柱网尺寸及构件截面尺寸和无梁楼盖结构等内容，并列举了一些典型的工程实例。

**3　框架结构体系**

## 3.1 框架的结构特点

框架结构体系是以梁、柱组成的框架作为竖向承重和抗水平作用的结构体系。其优点是在建筑上能够提供较大的空间、平面布置灵活，因而适用于多层工业厂房以及民用建筑中的多高层办公楼、旅馆、医院、学校、商店和住宅等。其缺点是框架结构抗侧刚度较小，在水平荷载作用下位移大，抗震性能较差，故亦称框架结构为"柔性结构"。因此这种体系在房屋高度高的工程中和地震区使用会受到限制。图3-1为一些框架结构的平面形式。

框架是由梁和柱刚性连接形成的骨架结构。国外多用钢材作为框架材料，国内主要为钢筋混凝土框架。钢筋混凝土框架设计时，要求构造上把节点造成刚接，刚节点的处理要有足够数量的钢筋。满足一定的构造要求，便可认为是刚节点。

由于框架结构的节点是刚节点，对杆件的转动具有约束作用，使结构成为几何不变体，合理地发挥了各杆件的承载作用。框架结构体系是六层以上的多层与高层房屋的一种理想的结构形式。

框架结构的优点是强度高、自重轻、整体性和抗震性好。由于它不靠砖墙承重，建筑平面布置灵活，可以获得较大的使用空间，所以它的应用极为广泛。

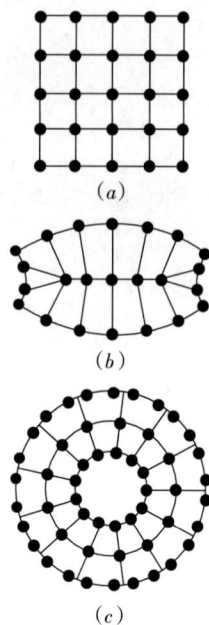

(a)

(b)

(c)

图 3-1
框架结构的平面形式

## 3.2 框架结构的类型

### 3.2.1 按施工方法分类

框架结构按施工方法的不同，可分为全现浇式、半现浇式、装配式和装配整体式四种。

**1. 全现浇式框架**

全现浇式框架结构是指承重构件梁、板、柱均在现场绑扎钢筋、支模、浇筑、养护而成的结构，其整体性和抗震性都非常好。但也存在缺点，即现场工程量大、模板耗费多、工期较长。近年来，随着施工工艺及技术水平的发展和提高，如定型钢模板、商品混凝土、泵送混凝土、早强混凝土等工艺的逐步推广应用，这些缺点正在逐步克服。全现浇式框架是框架结构中使用最广泛的，大量应用于多高层建筑及抗震地区。

**2. 半现浇式框架**

半现浇式框架结构是指梁、柱为现浇，板为预制的结构。由于楼板采用预制，减少了混凝土浇筑量、节约了模板、降低了成本，但其整体性及抗震性不如全现浇式框架。其应用也较少。

**3. 装配式框架**

装配式框架结构是指梁、板、柱均为预制，然后通过焊接拼装连接成整体的结构。这种框架的构件由构件预制厂预制，在构件的连接处预埋钢连接件，现场进行焊接装配。其具有节约模板、工期短、便于机械化生产、改善劳动条件等优点，但构件预埋件多、用钢量大、房屋整体性差，不利抗震，因此在抗震设防地区不宜采用。

#### 4. 装配整体式框架

装配整体式框架结构是指将预制的梁、板、柱安装就位后，焊接或绑扎节点区钢筋，通过对节点区浇筑混凝土，使之结合成整体的结构，故兼有现浇式和装配式框架的一些优点，但节点区现场浇筑混凝土施工复杂。其应用较为广泛。

### 3.2.2 按承重方式分类

框架结构按承重方式不同，可分为全框架结构、内框架结构和底层框架结构三种。

#### 1. 全框架结构

全框架结构房屋的楼（屋）面荷载全部由框架承担，外墙仅起围护作用，它具有较好的整体性和抗震性。

#### 2. 内框架结构

内框架结构房屋内部由梁、柱组成的框架承重，外部由砖墙承重，楼（屋）面荷载由框架与砖墙共同承担。这种框架称为内框架或半框架，也称多层内框架砖房。这种房屋由于钢筋混凝土与砌体材料的弹性模量不同，两者的刚度以及在荷载作用下的变形不协调，所以房屋的整体性和总体刚度都比较差，抗震性差，震害较多层砖砌体房屋严重。有抗震要求的房屋不宜采用。

#### 3. 底层框架结构

底层框架砖房是指底层为框架—抗震墙结构，上层为承重砖墙和钢筋混凝土楼板的混合结构房屋。这种结构是因为底层建筑需要较大平面空间而采用框架结构，上层为节省造价，仍用混合结构。这类房屋上刚下柔，抗震性差，但其具有较好的经济性以及在上层房间中不凸柱等美观要求，这种结构在中小城镇中对底层为商用门面上部为住宅的多层建筑使用仍非常广泛。

## 3.3 框架结构的布置、柱网尺寸及构件截面尺寸

### 3.3.1 框架结构的组成

框架结构是由梁和柱连接而成的。梁、柱连接处一般为刚性连接，也可为铰接连接，当为铰接连接时，我们通常叫它排架结构。为使结构受力合理，框架结构一般要求框架梁连通，框架柱在纵横两个方向应由框架梁连接，梁、柱中心线宜重合，框架柱宜纵横对齐、上下对中等。但有时由于使用功能或建筑造型上的要求，框架结构也可做成抽梁、抽柱、内收、外挑、斜梁、斜柱等形式，如图 3-2 所示。

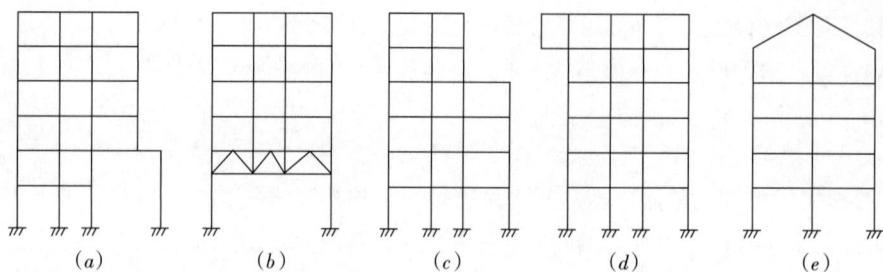

图 3-2
框架结构的梁、柱布置

## 3.3.2　框架结构的布置

框架结构布置包括框架柱布置和梁格布置两个方面。房屋结构布置是否合理，对结构的安全性、实用性及造价影响很大。因此，结构设计者对结构方案的选择尤为重要，要确定一个合理的结构布置方案，需要充分考虑建筑的功能、造型、荷载、高度、施工条件等。虽然建筑千变万化，但结构布置终究有其基本的规律。

**1. 框架柱的布置**

框架结构柱网的布置应满足以下几个方面的要求。

（1）柱网布置应满足建筑功能要求

在住宅、旅馆等民用建筑中，柱网布置应与建筑隔墙布置相协调，一般常将柱子设在纵横墙交叉点上，以尽量减少柱网对建筑使用功能的影响。

（2）柱网布置应规则、整齐、间距适中，传力体系明确，结构受力合理

框架结构全部是由梁、柱构件组成的，承受竖向荷载的同时承受水平荷载，并且框架结构只能承受自身平面内的水平力，因此沿建筑物的两个主轴方向都应设置框架；柱网的尺寸还受到梁跨度的限制，一般使梁跨度在 6~9m 为宜。

（3）柱网布置应便于施工

结构布置应考虑施工方便，以加快施工进度，降低工程造价。设计时应尽量考虑到构件尺寸的模数化、标准化，尽量减少构件规格，柱网布置时应尽量使梁、板布置简单、规则。

**2. 梁格布置**

柱网确定后，用梁把柱连起来，即形成框架结构。实际的框架结构是一个空间受力体系。但为计算分析方便起见，可把实际框架结构看成是纵横两个方向的平面框架。沿建筑物长向的称为纵向框架，沿建筑物短向的称为横向框架。纵向框架和横向框架分别承受各自方向上的水平力，而楼面竖向荷载则依楼盖结构布置方式的不同而按不同的方式传递。

按楼面竖向荷载传递路线的不同，框架的布置方案有横向框架承重、纵向框架承重和纵横向框架共同承重三种。

（1）横向框架承重方案

横向框架承重方案是在横向布置框架承重梁，而在纵向布置连系梁，横向框架处在建筑短向，跨数较少，主框架梁沿横向布置，梁截面加大有利于提高建筑物的横向抗侧刚度。而纵向框架则往往跨数较多，其刚度较大，这样布

置有利于使结构在纵横两个方向的刚度更趋接近，使结构受力合理。因此，宜优先采用横向框架承重方案。

(2) 纵向框架承重方案

纵向框架承重方案是在纵向布置框架承重梁，在横向布置连系梁。纵向框架承重方案的缺点是房屋的横向抗侧刚度

图 3-3
框架的布置方案
(a) 横向框架承重方案；
(b) 纵向框架承重方案；
(c)、(d) 纵横向框架共同承重方案

较差，当为大开间柱网且房屋进深较小时采用。这种方案受力不合理，设计中较少采用。

(3) 纵横向框架共同承重方案

纵横向框架共同承重方案是在两个方向上均需布置框架承重梁以承受楼面荷载。采用现浇板楼盖时，当楼面上作用有较大荷载，或楼面有较大开洞，或当柱网布置为正方形或接近正方形时，常采用这种承重方案。纵横向框架共同承重方案具有较好的整体工作性能，应用也较广泛。

框架的布置方案如图 3-3 所示。

**3. 变形缝的设置**

前面我们已经学习了框架结构的基本布置原则，但在实际设计中我们经常遇到房屋纵向太长、立面高差太大、体型比较复杂的情况，这时我们对建筑就应进行变形缝的设置，使结构受力合理。变形缝有伸缩缝、沉降缝、防震缝三种。

伸缩缝也叫温度缝，其设置主要与结构的长度有关，当未采取可靠措施时，伸缩缝间距不宜超过表 3-1 的限值。

钢筋混凝土结构伸缩缝最大间距（mm）　　　　　　表 3-1

| 结构类别 | | 室内或土中 | 露天 |
|---|---|---|---|
| 排架结构 | 装配式 | 100 | 70 |
| 框架结构 | 装配式 | 75 | 50 |
| | 现浇式 | 55 | 35 |
| 剪力墙结构 | 装配式 | 65 | 40 |
| | 现浇式 | 45 | 30 |
| 挡土墙、地下室墙壁等结构 | 装配式 | 40 | 30 |
| | 现浇式 | 30 | 20 |

注：(1) 装配整体式结构房屋的伸缩缝间距宜按表中现浇式的数值取用；
　　(2) 框架—剪力墙结构或框架—核心筒结构房屋的伸缩缝间距可根据结构的具体布置情况取表中框架结构与剪力墙结构之间的数值；
　　(3) 当屋面无保温或隔热措施时，框架结构、剪力墙结构的伸缩缝间距宜按表中露天栏的数值取用；
　　(4) 现浇挑檐、雨罩等外露结构的伸缩缝间距不宜大于 12mm。

图 3-4
北京民航办公大楼框架结构的柱网布置

对于不具有独立基础的排架、框架结构，当设置伸缩缝时，双柱基础可以不断开。

沉降缝的设置：主要与基础受到的上部荷载及场地的地质条件有关。当上部荷载差异较大，或地基土的物理力学指标相差较大时，则应设沉降缝，沉降缝可用挑梁、搁置预制板、预制梁、设双柱等方法处理。

温度缝与沉降缝的缝宽一般不小于 50mm。

防震缝的设置：主要与建筑平面形状、质量分布、刚度、地理位置等有关；防震缝的设置应力求使各结构单元简单、规则，刚度和质量分布均匀，避免发生地震作用下的扭转效应。

框架结构房屋的防震缝宽度：当高度不超过 15m 时，可采用 70mm；超过 15m 时，房屋设防烈度 6 度、7 度、8 度和 9 度相应每增加高度 5m、4m、3m 和 2m，防震缝宜加宽 20mm。

在多层及高层建筑结构中，在设缝时宜尽可能地将"三缝合一"，应尽量少设缝或不设缝，这样可简化构造、方便施工、降低造价、增强结构整体性和空间刚度。在进行建筑设计时，应通过调整平面形状、尺寸、体型等措施；在进行结构设计时，应通过选择节点连接方式、配置构造钢筋、设置刚性层等措施；在施工方面，应通过分阶段施工、设置后浇带、做好保温隔热层等措施，来防止由于温度变化、不均匀沉降、地震作用等因素引起的结构或非结构构件的损坏。

图 3-4 为北京民航办公大楼框架结构的柱网布置图，该结构共 15 层，高 60.8m，为装配整体式钢筋混凝土框架结构。由于竖向荷载差异较大、房屋长度过长以及根据抗震要求，整个结构设两条缝，分成三个结构单元，其柱网和梁格的布置也都规则、整齐、统一。

### 3.3.3 框架结构的柱网尺寸及构件截面尺寸

1. 框架结构的柱网尺寸

框架结构的柱网布置应力求做到简单和符合模数要求。

（1）多层厂房的柱网尺寸

柱距：一般采用 6m。

跨度：按柱网形式划分，有下列两种类型：

内廊式柱网——常用跨度为 6.0+2.4+6.0（m）或 6.9+3.0+6.9（m）；

等跨式柱网——常用跨度有 6m、7.5m、9m、12m 四种（从经济考虑不宜超过 9m，一般最常用 6m）。

（2）多层民用房屋的柱网尺寸

因民用房屋种类繁多、功能要求各有不同，柱网尺寸的适宜范围为：

柱距：3.3~6m（在旅馆建筑时，它往往等于两个客房的宽度，故常为 6~8m）；

跨度：6~12m（从经济考虑不宜超过 9m）。

无论是工业用房还是民用房屋，布置柱网时均应考虑当建筑物长度较大时需设置伸缩缝，以避免温度应力引起开裂，伸缩缝间距详见《混凝土结构设计规范》GB 50010—2010。因为伸缩缝将房屋上部结构断开，分成独立的结构单元，所以在缝的两侧应各自设置框架。

**2. 构件截面尺寸**

框架结构是由梁与柱相互刚接而成。框架结构的承载能力主要依赖梁与柱的强度，框架房屋的刚度与梁柱的构件刚度直接相关，所以在框架结构设计时应考虑房屋强度与刚度的需要。框架横梁及柱的截面尺寸可参照下列数值确定。

框架横梁截面高度：$h = （1/8-1/2）L$（$L$ 为横梁跨度）

横梁截面宽度：$b = （1/2-1/3）h$

框架横梁截面 $= （0.5-0.7）M_0$（$M_0$ 为按简支梁计算的跨中弯矩）

框架柱截面 $= （1.2-1.4）N$（$N$ 为轴向压力）

# 3.4 框架结构的运用与建筑艺术技巧的配合

框架结构既可用于多层建筑，也可用于高层建筑，它有很多优点，已普遍应用于工程中。如果能够运用和发挥框架结构的优势来塑造富有艺术的建筑造型，就可在建筑与结构两方面同时收到良好的效果。

下面讨论几个有关框架结构运用与建筑艺术技巧有效配合的问题。

## 3.4.1 框架悬挑与建筑艺术的有效结合

连续梁端部适当悬挑有利于减少跨中弯矩，把建筑底层以上的室内空间向周边延伸，这是现代建筑中比较多用的一种设计手法（图 3-5）。这种方法的设计思想起源于：意图实现以〝底层收进〞使立向上下形成强烈对比的愿望。采用悬挑框架梁，不必打断柱子的竖向连续性以取得底层收进，这样不仅对结构有利，而且扩大了建筑使用面积，同时室内空间艺术处理也有新意。

有些建筑物把底层的楼盖悬挑出很厚的周边雨篷（图 3-6），这样可使高

图 3-5
室内空间向周边延伸

图 3-6
周边雨篷

图 3-7
均布荷载下框架悬挑
的外伸长度

约L/3　L　L　约L/3

层建筑立面给人以高中有宽，耸而不危，周边开阔、舒坦的感觉。这种多层次空间处理也是现代建筑中常用的一种设计手法。上面两种设计手法都是框架悬挑的巧妙运用。

框架悬挑的外伸长度要讲究局部与整体的比例关系，悬挑的长度不能单从建筑美学的比例来考虑，还要从力学结构的经济合理来考虑。从力学结构的角度来说，悬臂外伸越长（跨中弯矩减少），悬臂的挠度也就越大（因挠度随跨长的四次方而增长），故悬挑太长就可能会造成受力不合理和经济浪费。所以，经济合理的悬臂外伸长度应与悬臂弯矩和内梁跨中弯矩的大小差不多（这样悬臂支座与内梁跨中的配筋数量将比较接近）。

影响弯矩大小的因素有荷载情况、内梁跨度和外伸长度之间的多种关系。所以，外伸长度应为多少不能绝对地一概而论。一般在均布荷载作用情况下，外伸长度不应大于 1/2 内跨长度，也不宜小于 1/4 内跨长度，比较合适的是约为 1/3 内跨长度左右，且一般小于 2.1m（图 3-7）。

框架的悬挑最好是框架的两端同时挑出，这样结构上可以维持框架外形的对称而减少侧移，而且最好是纵横两向框架同时悬挑，这样框架角柱的受力和建筑造型更能达到合理协调。

建筑上"幕墙"的做法与悬挑类似，建筑效果主要是为了获得完全通透的整片玻璃立面，但结构效果却不如悬挑。因"幕墙"离开柱轴线不远，而且"幕墙"材料也很轻，它可以直接挂在楼板上面而不需要框架横梁悬挑外伸的处理。

### 3.4.2　在复杂的平面体型上进行简单的框架柱网布置

框架柱网布置越简单、规则、整齐，对结构就越有利，经济效果就越好。但是，从建筑角度出发，高层建筑常常采用周边复杂的形式以提高建筑艺术效果。因此，在复杂的建筑平面形式上，力求简单的框架柱网布置，这是一个重要的建筑、结构配合问题。图 3-8 中列出了几种典型的房屋平面形式及其柱网布置方法。

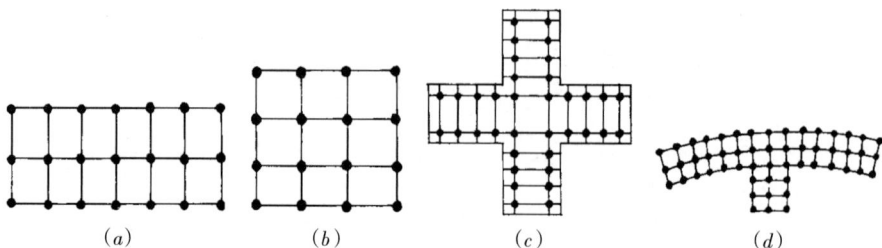

(a)　(b)　(c)　(d)

图 3-8
框架柱网布置方式
(a) 横向框架结构；
(b) 纵横向框架结构；
(c) 双向横向框架结构；
(d) 弧形横向框架结构

## 3.5 框架结构的适用层数和高宽比要求

### 3.5.1 框架结构房屋最大适用高度

根据国内外大量震害调查和工程设计经验，为了达到既安全又经济合理的要求，多层与高层钢筋混凝土房屋高度不宜太高。在水平荷载作用下，框架的变形或弯矩与框架的层数密切相关，框架层数越多，产生的水平位移越大，框架的内力也随层数的增加而迅速增长。当框架超过一定高度后，水平荷载产生的内力远远超过竖向荷载产生的内力，这时水平荷载对设计起主要控制作用，而竖向荷载对设计已失去控制作用，框架结构的优越性就不能表现出来。层数越多，框架柱的截面也就越大，甚至达到不合理的地步。对于框架的适用层数正是从这个意义上提出的。

首先，从强度方面来看，由于层数和高度的增加，竖向荷载和水平荷载（风力、地震作用）产生的内力都要相应加大，特别是水平荷载产生的内力增加得更快。因此，当高度达到一定数值后，在框架内将产生相当可观的内力。其次，从刚度方面来看，框架结构本身柔性较大，随着房屋高度的增加，高宽比也逐渐增大，在水平荷载作用下，水平位移成为重要的控制因素。因此，当层数较高时，如果要满足强度和刚度的要求，框架下部的梁、柱截面尺寸就会增大到不经济甚至不合理的地步。

综合以上的讨论和分析可见，框架结构是一种柔性的结构体系，随着房屋高度的增加，侧向力作用的效应更为显著。在水平荷载作用下，房屋层数越多，框架结构"抗侧刚度小，水平位移大"的弱点越明显，对框架越不利。框架结构的合理层数为6~15层，最经济的层数是10层左右，一般高宽比为3~5，同时与房屋最大适用高度与烈度、场地类别等因素有关。我国《高层建筑混凝土结构技术规程》JGJ 3—2010规定，框架结构最大适用高度应不超过表3-2的数值。

房屋最大适用高度（m）　　　　　　　　　　　　　表3-2

| 结构体系 | 烈度 | | | |
|---|---|---|---|---|
| | 6度 | 7度 | 8度 | 9度 |
| 框架结构 | 60 | 55 | 45 | 25 |

注：（1）房屋高度指室外地面至主要屋面高度，不包括局部突出屋面的电梯机房、水箱、构架等；
　　（2）表中框架不含异形柱框架结构。

表3-2所列房屋最大适用高度是指Ⅰ、Ⅱ和Ⅲ类场地上规则的现浇钢筋混凝土结构，对平面和竖向均不规则的结构或Ⅳ类场地上的结构，应适当降低房屋最大适用高度。

### 3.5.2 框架结构抗震等级

在同样地震烈度下，不同结构类型的钢筋混凝土房屋有不同的抗震要求。

例如，次要抗侧力结构的抗震要求可低于主要抗侧力结构，如框架—抗震墙结构中的框架，其抗震要求可低于框架结构中的框架。再如，多层房屋的抗震要求可低于高层房屋，因为前者的地震反应小，延性要求可低于后者。《建筑抗震设计规范》GB 50011—2010根据房屋设防烈度、结构类型和房屋高度，将框架结构和框架—抗震墙结构划分为四个抗震等级，并规定不同抗震等级的结构应符合相应的计算和构造措施。框架抗震等级可查表3-3。

**框架结构的抗震等级** 表3-3

| 结构体系与类型 | | 设防烈度 | | | | | | |
|---|---|---|---|---|---|---|---|---|
| 框架结构 | 烈度 | 6 | | 7 | | 8 | | 9 |
| | 高度（m） | ≤ 30 | > 30 | ≤ 30 | > 30 | ≤ 30 | > 30 | ≤ 25 |
| | 框架 | 四 | 三 | 三 | 二 | 二 | 一 | 一 |
| | 剧场、体育馆等大跨度公共建筑 | 三 | | 二 | | 一 | | 一 |

### 3.5.3 规则结构与不规则结构

地震震害调查表明，在抗震设计中，对不规则结构如未采取妥善处理，则会给建筑带来不利影响甚至造成严重震害。区别规则结构和不规则结构的目的是为了在抗震设计中予以区别对待。对不规则结构的不利部位，应采取有效措施，以提高其抗震能力；对规则结构则应按规范的一般规定进行设计。

根据理论分析和设计经验，框架结构和框架—抗震墙结构，平面、立面尺寸和刚度沿房屋平面和高度变化符合下列各项要求时，结构扭转效应和鞭梢效应都较小，同时，楼层屈服强度系数沿房屋高度分布也比较均匀。因此，可以认为是规则结构。

**1. 结构平面布置要求**

（1）平面宜简单、规则、对称，减少偏心。

（2）平面长度不宜过长，突出部分长度 $l$ 不宜过大（图3-9），$L$、$l$ 等值宜满足表3-4的要求。

**$L$、$l$ 的限值** 表3-4

| 设防烈度 | $L/B$ | $l/B_{max}$ | $l/b$ |
|---|---|---|---|
| 6、7度 | ≤ 6.0 | ≤ 0.35 | ≤ 2.0 |
| 8、9度 | ≤ 5.0 | ≤ 0.30 | ≤ 1.5 |

图3-9
建筑平面

（3）不宜采用角部重叠的平面图形或
细腰形平面图形。

2. 结构竖向布置要求

（1）竖向体系宜规则、均匀、对称，
避免过大的外挑和内收。

（2）结构上部楼层收进部位到室外面
的高度 $H_1$ 与房屋高度 $H$ 之比大于 0.2 时，
上部楼层收进后的水平尺寸 $B$ 不宜小于下
部楼层水平尺寸的 0.75 倍，如图 3-10 （$a$）、（$b$）所示；当上部结构楼层相对
于下部楼层外挑时，下部楼层的水平尺寸 $B$ 不宜小于上部楼层水平尺寸 $B_1$ 的 0.9
倍，且水平外挑尺寸不宜大于 4m，如图 3-10 （$c$）、（$d$）所示。

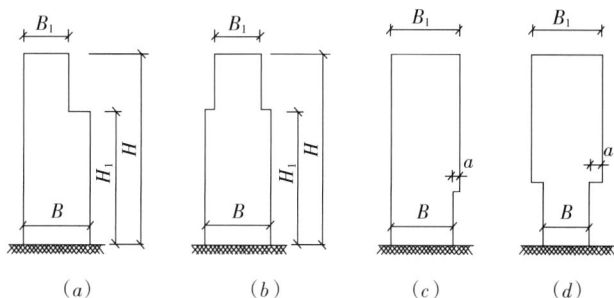

图 3-10
结构竖向收进和外挑
示意图

当不能满足上述各项要求时，应调整建筑平、立面尺寸和刚度沿房屋平
面和高度的分布，选择合理的建筑结构方案，避免设置防震缝。因为规范规定
的防震缝宽度，有时仍难免会使相邻结构局部碰撞而造成装修损坏，防震缝宽
度过大，还会给建筑立面处理和抗震构造带来较大困难。

## 3.5.4 框架结构的布置要求

在抗震设防区，框架体系房屋的建筑体型以及结构布置应注意如下要求：

（1）房屋的平面、立面宜简单、规则。平面和立面不规则的体型，在水
平荷载作用下，由于体型突变，受力比较复杂，因此建筑体型在平面及立面上
应尽量避免部分突出及刚度突变。若不能避免，则应在结构布置上局部加强。
立面有局部突出和刚度突变的建筑，应考虑其在地震作用下突变部分的影响。
震害调查表明，房屋顶部突出结构，包括女儿墙以及屋顶的烟囱、水箱、电梯
间等部位，在地震时破坏率最大，这主要是由于地震作用下的鞭梢效应。因此，
房屋顶部不宜有局部突出和刚度突变，若不能避免，凸出部分应逐步收小，使
刚度不发生突变，并需作抗震验算。同时，抗侧力结构的布置应尽可能使房屋
的刚度中心与地震力合力作用线接近或重合，且刚度均匀、不应过分悬殊，如
过分悬殊则会使房屋产生扭转变形，并在框架柱中产生由于扭矩而引起的附加
内力。在地震烈度较高时，即使通过计算增加柱的配筋，仍有可能使一些构件
破坏，特别是非结构构件，如填充墙、门窗等。

（2）楼、电梯间不宜布置在结构单元的两端和拐角部位。在地震作用下，
由于结构单元的两端扭转效应最大，拐角部位受力更是复杂，而各层楼板在楼、
电梯间处都要中断，致使受力不利，容易发生震害。如果楼、电梯间必须布置
在两端和拐角处，则应采取加强措施。

（3）各层楼板应尽量设置在同一标高上，尽可能不采用复式框架。框架
因楼板中断，柱的刚度又相差过大，且结构刚度沿高度分布不均匀，容易引起
震害。

（4）房屋高低层不宜用牛腿相连，宜用缝分开。由于高低层相连，高度

和自重相差悬殊，震动时频率不同，必然互相推拉挤压，使牛腿连接处产生很大的应力集中，在反复的拉力、压力作用下，容易引起牛腿破坏。

## 3.6 无梁楼盖结构

无梁楼盖结构是一种类似的框架结构。顾名思义，这种楼盖没有梁，因而它具有板底平整、室内净高可有效利用、便于管道在室内顶棚架设等优点，所以它被广泛用于冷藏库、仓库，也可用于商场和多层工业厂房等建筑中。

无梁楼盖与有梁楼盖的主要不同点在于：钢筋混凝土板直接支承在柱上，没有次梁或主梁，板的厚度则较有梁楼盖的厚。柱的上端与板整体连接处尺寸加大，形成"柱帽"，作为板的支座（图 3-11）。

图 3-11
无梁楼盖和柱帽形式

### 3.6.1 现浇无梁楼盖结构

无梁楼盖除整体浇制外，也可做成装配式结构，还可采用升板法施工。本节将简单介绍现浇无梁楼盖结构。

无梁楼盖结构由板、柱帽及柱子组成。

无梁楼盖的柱网通常布置成正方形或矩形。正方形的区格比较经济，跨度很少超过 6m，当采用矩形柱网时，长跨与短跨的比值一般不大于 1.33。楼盖四周边可支承在墙上或边柱的圈梁上，或悬臂伸出边柱以外。采用伸出柱外的方法，能使边区格的弯矩值与中区格接近，因而可节省混凝土和钢筋的用量。此外，还能使柱帽的形式一致，方便施工。常用的柱帽型式及构造见图 3-12。柱子与板直接通过柱帽连接，如图 3-12 （*a*）所示，适用于较轻荷载；柱帽上部再加宽或设柱帽顶板，如图 3-12 （*b*）、（*c*）所示，适用于楼盖承受较大荷载的情况。

无梁楼盖的静力分析，通常是将楼板在纵横两个方向上假想地划分为两种板带，即"柱上板带"和"跨中板带"。前者可视为弹性的柔软支座，后者

$c=(0.2\sim0.3)L$　$L$ 为板的跨度

（a）　　　　　　　　　（b）　　　　　　　　　（c）

图 3-12
柱帽形式和构造处理

支承于其上。

无梁楼盖板的厚度：当采用图 3-12（a）的柱帽形式，板厚不宜小于 1/35~1/32 跨度；当采用图 3-12（b）和（c）的柱帽形式，板厚不宜小于 1/40~1/35 跨度。一般板厚为 160~200mm。

柱子的尺寸由计算确定，当楼盖荷载较大时，层高与柱子截面宽度比值不宜大于 1/10，当楼盖四周的板不伸出边柱外时，在周边应设圈梁。圈梁可支承外墙或兼作过梁用途，抗扭主筋不宜小于 $4\phi12$。

图 3-13
冷库平面图

## 3.6.2　无梁楼盖结构实例

上海水产供销公司冷库位于上海杨浦区军工路，东临黄浦江。主库的外包尺寸为 34.54m×52.54m，层高为（4.61+3.68×3+4.88+6.90）m，柱距 6m×6m，建筑面积为 10888m²，共 6 层。底层为速冻间，二到四层为冷藏库，五层为冰库，六层为制冰间。其平面见图 3-13 及图 3-14，剖面见图 3-15。

该冷库结构采用预制装配整体式无梁楼盖，在预制楼板装配后浇筑混凝土形成叠合板。该工程场地土质软弱，因上部结构荷载较大，故采用桩基。钢筋混凝土方桩断面为 450mm×450mm，长为 2.4~6m，桩尖进入上海地区灰绿色粉质黏土层约 1m。通过测试，桩的单桩承载力为 90t，每个桩台下用 7 根桩，共用桩 378 根。

图 3-14
冷库柱网平面图

图 3-15
冷库剖面图

　　冷库设计一般多采用现浇无梁楼板结构。这种传统做法施工时需要大量模板，同时逐层浇捣施工周期长，为此提出用预制装配式结构。在冷库工程中采用预制装配式结构是个新课题，低温和冷桥是冷库中的主要问题，而装配式结构有许多拼缝是渗冷的关键。为解决拼缝冷桥问题，选用半预制、半现浇的装配整体式结构。选用的预制构件包括：

　　（1）柱子：采用方柱，外形和尺寸见图 3-16（a）。下端做成锥台体，安装时插入基础（或柱帽）杯口。上端做成扩大的承台，用以支承柱帽，上端柱筋伸入柱帽杯口内，部分伸出钢筋与上层柱锥体上的预埋件焊接。

　　（2）柱帽：外形的底部为方形倒锥台，在顶部扩大成折线形柱帽顶板，中留空腔成杯口以便上层柱的底部锥台插入。柱帽的剖面尺寸见图 3-16（b）。

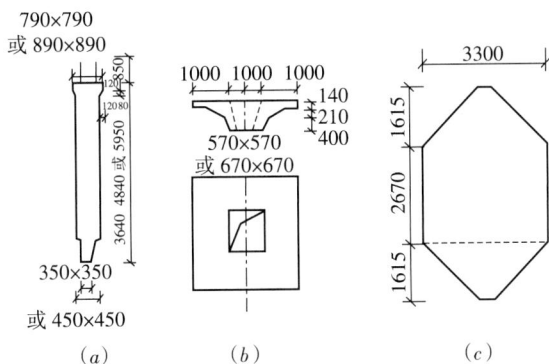

790×790
或 890×890

1000 1000 1000

3300

350×350
或 450×450

570×570
或 670×670

140
210
400

1615
2670
1615

(a)        (b)        (c)

图 3-16
柱和柱帽的外形和尺寸

（3）预应力六（五）角形板：楼板中央区格采用六角形板，四周边区格采用五角形板，厚度为 750mm，其外形和尺寸见图 3-16（c）。

（4）顶层制冰车间：顶层制冰车间为常温车间，采用的吊车梁、二铰拱屋架和槽形瓦均为一般预制构件。以上预制构件都在制品厂加工，混凝土的强度等级为 C40。

安装顺序：吊装设备除柱子采用履带式吊车外，其他均由一台 2~6t 的塔吊安装。由于平面尺寸长，中央部分构件无法安装，因此将平面分成两个区域，中间留出一个开间作为吊车通道，待两区的构件全部吊装完毕，最后才安装中间的构件。

构件吊装的顺序为：将柱底插入基础杯口，柱子校正垂度后，即进行固定。吊装柱用水平尺对柱帽上口抄平并用垫片垫平，随即用电焊与柱顶焊接以承受平面铺板时的倾覆力矩。在安装六（五）角形板前，对柱帽四角用水平仪复校一次并立水泥柱标志，标志间则用砂浆填满，吊好六（五）角形板，待一个柱网间四块板的拼缝基本平齐，即将六（五）角形板四角伸出筋与柱帽用电焊临时固定。拼缝若有不平，用螺栓和垫板将相邻的板关紧，然后灌缝。接着将上层柱插入柱帽，校正就位后将下柱伸出的钢筋与上柱底部预埋件焊接。用 C40 混凝土浇满柱帽空腔，待全部预制构件（包括屋架和槽瓦）吊装完毕后配置楼板抗弯矩钢筋，浇捣 650mm 厚 C30 混凝土后浇层，使之与预制六（五）角形板形成装配整体式无梁楼盖，从而堵住冷桥通道。

（5）围护结构的处理：一般围护结构均采用封闭式砖墙。为了消除冷桥，一方面砖墙必须和冷库楼板脱开，另一方面又要防止临空砖墙失稳，必须给墙设置横向支承点。习惯做法是在楼板上设置少量连杆与墙相连，尽量减少冷桥影响。冷库使用时库内温度下降，平均温度可达 40~50℃，模板收缩使墙体向内移动，但靠近墙角一段会受到垂直方面砖墙的约束不能内移，会产生温度应力集中的现象。通常将角部做成圆弧以缓和应力集中，但即使这样做，这一段温度应力的计算还是比较复杂，一般在砖缝内配置钢筋网片来解决。据此，如墙体能在角上断开，使墙体能自由平移，则应力集中现象自然消失。因此，在四个墙角设置伸缩缝，并在缝内连续贴油毡、在角缝处设"膨胀环"，外用柔性油膏将缝封闭，且通过计算将砖墙厚度改为 240mm。

（6）经济效果：该工程全部预制构件实际吊装期为 54 天，最快速度为 7 天一层，平均速度为 9 天一层。结构施工期要比全现浇快得多，结构的经济指标也是好的。

# 习 题

3.1　简述框架结构的优点。

3.2　框架结构柱网的布置应满足哪几个方面的要求？

3.3　简述如何提高框架结构的抗震性能。

3.4　简单绘制无梁楼盖柱帽的形式。

3— 习题参考答案

■ **本章提要**

　　本章介绍剪力墙结构的特点、类型及其适用范围。主要介绍剪力墙结构体系的种类，框架剪力墙结构、剪力墙结构、框支剪力墙结构和筒体结构的结构刚度、变形特点和适用情况，简要对比各种结构体系的适用高度、适用建筑类别和经济指标。

## 4.1 剪力墙结构的概念

### 4.1.1 概述

剪力墙结构比框架结构或框剪结构更具良好的整体刚度，其适应高度或层数更具优势。一般，全剪力墙结构可应用于16~40层的房屋。根据剪力墙结构的特点，这种体系广泛应用于分间较多、隔墙固定的旅馆、公寓、住宅等民用房屋。

框支剪力墙结构适用于底层需大空间而上部仍为小空间的旅馆、公寓、住宅等民用房屋，但从结构受力上应解决好框支层与剪力墙标准层的刚度过渡关系。

剪力墙作为抗侧力构件用于高层建筑中，其主要效能在于提高房屋的抗侧刚度。随着房屋高度的增加，所需的抗侧力刚度也相应增长。为了满足高层房屋对刚度的要求，必须运用剪力墙组成的新型结构体系。当前，剪力墙结构体系主要有框架—剪力墙结构、剪力墙结构、框支剪力墙结构和筒体结构四大类。

本章对剪力墙结构体系和框支剪力墙结构体系的布置原则及主要构造要求作了较为详细的介绍，并列举了几个已建的工程实例，供学习时参考和分析。

了解有关剪力墙的特点、类型、适用范围、结构布置及主要构造要求对于指导具体工程实践是很有实际意义的。

图 4-1
剪力墙墙片

### 4.1.2 剪力墙的概念和结构作用

房屋层数和高度增加到一定程度（一般当房屋层数超过25层以上）时，水平荷载对房屋的影响将更大，如果采用框架—剪力墙体系，则需要设置的剪力墙数量会大幅度增加，以至整个房屋中剩下的框架寥寥无几。为简化设计和施工起见，宜全部采用剪力墙结构。

剪力墙一般为刚度较大的钢筋混凝土墙片（图4-1）。此墙片在水平力作用下的工作犹如悬臂的深梁（图4-2）。由于深梁的抗弯惯性矩大，其抗侧刚度与抗剪能力均大大高于框架柱。这种墙片为整个房屋提供了很大的抗剪强度和刚度，所以一般称这种墙片为"抗剪墙"或"剪力墙"。

图 4-2
水平力作用下的墙片

## 4.2 剪力墙结构体系的类型、特点和适用范围

### 4.2.1 剪力墙的分类

1. 按施工工艺分

（1）大模现浇剪力墙结构体系。

（2）滑模现浇剪力墙结构体系。

（3）全装配大板结构体系。

（4）内浇外挂剪力墙结构体系。

在我国目前已建成的高层剪力墙建筑中，高层住宅占绝大多数。在上述四种施工工艺中，大模现浇剪力墙结构体系的施工工艺及机械设备相对较简单，又有较好的技术经济指标，比较适合我国国情，有很好的发展前景。据统计，在北京、上海、天津的高层剪力墙住宅中，大模体系已经占据主导地位，北京内浇外挂体系应用也较多。

在高层建筑结构体系的选型中，应充分考虑工程的施工条件和具体的施工工艺等因素。

**2. 按剪力墙的整体性（墙体开洞大小）分**

（1）实体剪力墙（图 4-3a），当剪力墙未开洞或开洞较小时，剪力墙的整体工作性能较好，整个剪力墙犹如一个竖向放置的悬臂杆，剪力墙截面内的正应力分布在整个剪力墙截面高度范围内呈线性分布或接近线性分布。

（2）双肢剪力墙（图 4-3b），墙面上开有一排洞口的墙称为双肢墙。

（3）联肢剪力墙（图 4-3c），当剪力墙沿竖向开有一列或多列较大的洞口时，这时剪力墙则是由一系列连梁约束的墙肢所组成的联肢墙。

（4）壁式框架（图 4-3d），剪力墙开洞面积很大，连系梁和墙肢的刚度均比较小，整个剪力墙的受力与变形接近于框架，几乎每层墙肢均有一个反弯点，这类剪力墙称为壁式框架。

（5）框支剪力墙（图 4-3e），框支剪力墙是指在框支剪力墙结构（在转换层的位置）上部布置的剪力墙，一般多用于下部要求大开间，上部为住宅、酒店且房间内不能出现柱角的综合高层房屋。框支剪力墙结构抗震性能差、造价高，应尽量避免采用。但它能满足现代建筑不同功能组合的需要，有时在结构设计时又不可避免地使用此种结构形式，对此应采取措施积极改善其抗震性能，尽可能减少材料消耗，以降低工程造价。

（6）错洞剪力墙（图 4-3f），墙面上开有错行或错列洞口的剪力墙称为错洞剪力墙。

（7）带小墙肢的剪力墙（图 4-3g），墙肢与其余部分墙体尺寸相比较较小的称为带小墙肢的剪力墙。

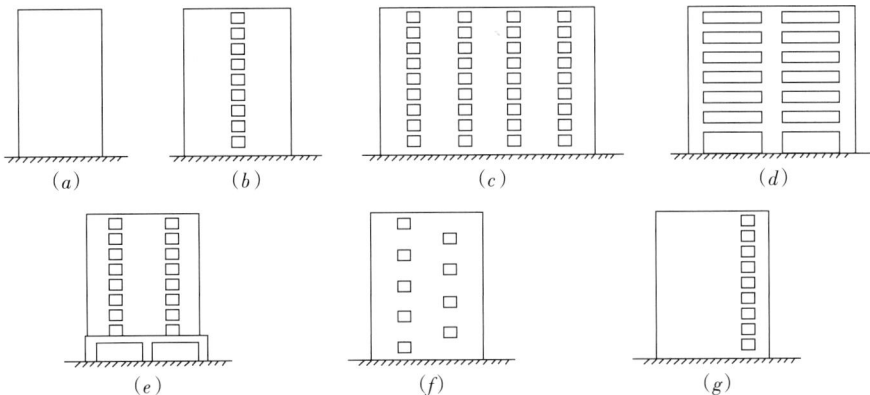

图 4-3

各型剪力墙示意图

（a）实体墙；

（b）双肢墙；

（c）联肢墙；

（d）壁式框架；

（e）框支墙；

（f）错洞墙；

（g）带小墙肢的剪力墙

为满足底部大空间的建筑要求，可将底部剪力墙改为框架，常称为底部大空间剪力墙结构。图 4-4 为大连市友好广场高层住宅的结构布置，该建筑为 15 层，采用大模板施工。

在进行底部大空间剪力墙结构布置时，应控制建筑物沿高度方向的刚度变化不要突变太大。一般作法是将部分底部剪力墙改为框架，增加落地剪力墙的厚度，把落地剪力墙布置成筒状或"工"字形等来增加结构底部的总抗侧刚度，使结构转换层上下刚度较为接近。

联肢剪力墙及壁式框架一般用于外墙；带小墙肢的剪力墙用于内墙；框支墙一般用于上部为住宅、旅馆，下部为大空间公共建筑的情况。

首层平面

标准层平面

9×5400=48600

图 4-4
底部大空间剪力墙结构布置

## 4.2.2 剪力墙体系的特点

**1. 剪力墙结构体系的优点**

（1）结构整体性强、抗侧刚度大、侧向变形小，在承载力方面的要求易得到满足，适用于较高的建筑。

（2）集承重、抗风、抗震、围护与分隔为一体，经济合理地利用了结构材料。

（3）抗震性能好，具有承受强烈地震裂而不易倒的良好性能。

（4）用钢量较省。

（5）与框架结构体系相比，施工相对简便、快速。

**2. 剪力墙结构体系的缺点**

（1）墙体较密，使建筑平面布置和空间利用受到限制，较难满足大空间建筑功能的要求。

（2）结构自重较大，加上其抗侧刚度较大、自振周期较短，会产生较大的地震作用。

## 4.2.3 剪力墙结构体系的适用范围

剪力墙结构对于需要很多隔墙的高层住宅公寓及高层旅馆的标准层十分适用。为了适应下部设置大空间公共设施的高层住宅、公寓和旅馆建筑的需要，可以使用框支剪力墙体系，即在底层或 1~3 层把部分剪力墙改换为框架，其余剪力墙仍落至基础，使与其相接层次的刚度不发生太大突变。

对抗震要求较高的房屋，采用框支剪力墙结构宜经过专门的试验研究。

# 4.3 剪力墙的形状和位置

剪力墙结构体系主要依靠剪力墙抵抗水平侧向力。只有正确选择剪力墙的形状，恰当地布置剪力墙的位置，才能真正收到理想的抗侧效果。

### 4.3.1　剪力墙的形状

　　根据建筑需要，剪力墙的形状并无任何限制，但由于剪力墙对水平荷载的反应与它的形状及方向有很大关系，因此，除截面为"—"字形的以外，结合建筑分隔或专门从受力角度考虑，常将剪力墙设计为"L"形、"Z"形、"T"形、"I"形、"["形以及封闭型的"口"形、"△"形、"○"形（图4-5）。

图 4-5
剪力墙截面的形式

### 4.3.2　剪力墙布置的位置

　　（1）剪力墙在平面上应沿建筑物主轴方向布置。当建筑物为矩形、"T"形和"L"形平面时，剪力墙应沿两个主轴方向布置；建筑物为"△"形、"Y"形、"十"字形平面时，剪力墙应沿主轴方向布置；对于"○"形平面，则可沿径向布置成辐射状（图4-6）。

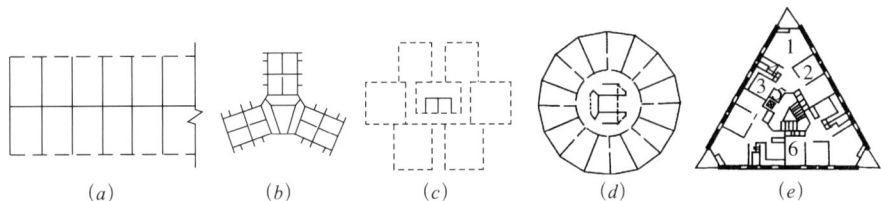

图 4-6
剪力墙在平面上的布置

　　（2）剪力墙片应尽量对直拉通，否则，不能视为整体墙片。当两道墙错开距离 $d \leqslant 3b_w$（$b_w$ 为墙厚度）时，或当墙体在平面上为转折形状且其转角 $\alpha \leqslant 15°$ 时，才可近似当作整体平面的剪力墙对待（图4-7）。

图 4-7
内外墙错开或转折时的要求
（a）墙体错开时；
（b）墙体转折时

图 4-8
纵向剪力墙布置图（左）
图 4-9
鱼骨式剪力墙平面布置图（中）
图 4-10
在受力复杂处加密剪力墙（右）

（3）剪力墙结构的平面形状力求简单、规则、对称，墙体布置力求均匀，使质量中心与刚度中心尽量接近。

（4）剪力墙结构应尽量避免竖向刚度突变。墙体沿竖向宜贯通全高，墙的厚度沿竖向宜逐渐减薄，在同一结构单元内宜避免错层及局部夹层。

（5）全剪力墙体系宜把剪力墙布置均衡。横向剪力墙的间距从经济考虑不宜太密，一般不小于 6~8m。纵向剪力墙一般设为二道、二道半、三道或四道（图 4-8）。

（6）对有抗震要求的建筑，应避免抗震性能不良的鱼骨式平面布置（图 4-9）。

（7）当建筑平面形状任意时，在受力复杂处，剪力墙应适当加密（图 4-10）。

（8）剪力墙宜设于建筑物两端、楼梯间、电梯间及平面刚度有变化处，同时以能纵横向相互连在一起为有利，这样对增大剪力墙刚度很有好处。

（9）剪力墙的平面布置有两种方案，分别为横墙承重方案和纵横墙共同承重方案。

横墙承重方案：横墙间距即为楼板的跨度，通常剪力墙的间距为 6~8m，较经济。

纵横墙共同承重方案：楼板支承在进深大梁和横向剪力墙上，而大梁又搁置在纵墙上，形成纵横墙共同承重方案。

在实际工程中以横墙承重方案居多，有时也采用纵横墙共同承重的结构方案。

（10）当建筑使用功能要求有底层大空间时，可以使用框支剪力墙，但一般均应有落地剪力墙协同工作。

（11）框支剪力墙与落地剪力墙协同工作体系中，以最常见的矩形建筑平面为例，落地横向剪力墙数量占全部横向剪力墙数量之百分比率：非抗震设计时不少于 30%，抗震设计时不少于 50%。

（12）落地剪力墙的间距 $L$ 应满足的条件：

非抗震设计时：$L \leqslant 3B$，$L \leqslant 36m$（$B$ 为楼面宽度）

抗震设计时：$L \leqslant 2B$，$L \leqslant 24m$（底部为 1~2 层框支层时）

（13）上下层剪力墙的刚度比 $\gamma$ 宜尽量接近于 1。非抗震设计时，$\gamma$ 不应大于 3；抗震设计时，$\gamma$ 不应大于 2。

（14）框支剪力墙托梁上方的一层墙体不宜设置边门洞，且不得在中柱上方设门洞。落地剪力墙尽量少开窗洞，若必需开洞时宜布置在墙体的中部。

（15）转换层楼板混凝土强度等级不宜低于 C30，并应采用双向上下层配筋。楼板开洞位置尽可能远离外侧边，大空间部分的楼板不宜开洞，与转换层相邻的楼板也应适当加强。

（16）框支梁、柱截面尺寸：框支梁宽度 $b_b$ 不宜小于上层墙体厚度的 2 倍，且不小于 400mm。框支梁高度 $h_b$：当进行抗震设计时不应小于跨度的 1/6；进行非抗震设计时不应小于跨度的 1/8，也可采用加腋梁。框支柱的截面宽度 $b_c$ 宜与梁宽 $b_b$ 相等，也可比梁宽 $b_b$ 大 50mm。非抗震设计时 $b_c$ 不宜小于 400mm，框支柱截面高度 $h_c$ 不宜小于梁跨度的 1/15；进行抗震设计时 $b_c$ 不宜小于 450mm，$h_c$ 不宜小于梁跨度的 1/12，柱净高与截面长边尺寸之比宜大于 4。

（17）框支梁、柱的混凝土等级均不应低于 C30。

（18）对于底层为大空间、上层为鱼骨式剪力墙的结构，当建筑总高度不超过 50m，抗震烈度为 7~8 度时，纵横方向的落地剪力墙与框支剪力墙宜采用图 4-11 所示的平面布置方式。图 4-11（a）表示在一个结构单元（一般不宜超过 60m）中，落地剪力墙纵横向集中为简体，布置在结构单元的两端；图 4-11（b）表示当结构单元较长时，可在中部加一道落地剪力墙，如结构单元再加长时，如图 4-11（c）所示那样，在中间设一个落地简体。

图 4-11
落地剪力墙（简）与框支剪力墙的平面布置

# 4.4　剪力墙的主要构造

## 4.4.1　剪力墙的材料要求

剪力墙的混凝土强度等级不应低于 C20。

剪力墙的配筋：剪力墙厚度小于 200mm 者，可单层配筋；剪力墙厚度大于等于 200mm 者，应两层配筋。山墙及相邻第一道内横墙、楼梯间或电梯间墙及内纵墙等都应双层配筋。

## 4.4.2　剪力墙的厚度要求

按一、二级抗震等级设计时，剪力墙厚度不应小于楼层高度的 1/20，且不应小于 160mm；按三、四级抗震等级和非抗震设计时，剪力墙厚度不应小于楼层高度的 1/25，且不应小于 160mm。有边框即嵌在框架梁柱间时，剪力墙厚度不应小于墙体净高的 1/30，且不应小于 120mm。

## 4.4.3　剪力墙所适应的最大高度和高宽比

钢筋混凝土结构的最大适应高度和高宽比应分为 A 级和 B 级（B 级高度高层建筑结构的最大适用高度和高宽比可较 A 级适当放宽，其结构抗震等级、有关构造措施应按规范规定严格执行）。

A 级、B 级高度钢筋混凝土乙类和丙类高层剪力墙结构体系适用的最大高度分别于表 4-1、表 4-2 中列出。表中对全部落地剪力墙及部分框支剪力墙给出了不同高度数值的限制，可以看出，部分框支墙的最大高度限制比无框支墙更严格。

A 级高度剪力墙建筑结构体系适用的最大高度 (m)　　表 4-1

| 结构体系 | 非抗震设计 | 抗震设防烈度 | | | |
|---|---|---|---|---|---|
| | | 6 度 | 7 度 | 8 度 | 9 度 |
| 全部落地剪力墙 | 150 | 140 | 120 | 100 | 60 |
| 部分框支剪力墙 | 130 | 120 | 100 | 80 | 不应采用 |

B 级高度剪力墙建筑结构体系适用的最大高度 (m)　　表 4-2

| 结构体系 | 非抗震设计 | 抗震设防烈度 | | |
|---|---|---|---|---|
| | | 6 度 | 7 度 | 8 度 |
| 全部落地剪力墙 | 180 | 170 | 150 | 130 |
| 部分框支剪力墙 | 150 | 140 | 120 | 100 |

A 级、B 级高度钢筋混凝土乙类和丙类高层剪力墙结构体系的高宽比限值不宜超过表 4-3、表 4-4 的数值。

A 级高度剪力墙结构体系建筑高宽比限值　　表 4-3

| 非抗震设计 | 抗震设防烈度 | | |
|---|---|---|---|
| | 6 度、7 度 | 8 度 | 9 度 |
| 6 | 6 | 5 | 4 |

B 级高度剪力墙结构体系建筑高宽比限值　　表 4-4

| 非抗震设计 | 抗震设防烈度 | |
|---|---|---|
| | 6 度、7 度 | 8 度 |
| 8 | 7 | 6 |

## 4.4.4　剪力墙墙体上开洞的基本要求

剪力墙墙体上开洞的位置和大小会从根本上影响剪力墙的分类及其相应的受力状态与变形特点。设计中要求建筑、结构、设备等专业协作配合，合理布置墙体上的洞口，避免出现对抗风、抗震不利的洞口位置，对于较大的洞口应尽量设计成上下洞口对齐成列布置，使能形成明确的墙肢和连梁，尽量避免上下洞口错列的不规则布置。

（1）如由于建筑使用功能要求，上下洞口不能对齐成列而需要错开时，应根据《高层建筑混凝土结构技术规程》JGJ 3—2010 的规定进行应力分析及截面配筋设计。

对于错洞墙工程，实践中常采取下列措施：

①一般错洞墙。当必须采用错洞墙时，洞口错开距离不宜小于 2m，如图 4-12（a）所示。

②叠合错洞墙。抗震设计及非抗震设计中均不宜采用叠合错洞墙，当必须采用时，应按图 4-12（b）所示的暗框式配筋。

③底层局部错洞墙。当采用这种形式的剪力墙时，其标准层洞口部位的竖向钢筋应延伸至底层，并在一、二层形成上下连续的暗柱，二层洞口下设暗梁，并加强配筋。底层墙截面的暗柱应伸入二层，如图 4-12（c）所示。

图 4-12
错洞剪力墙
（a）一般错洞墙；
（b）叠合错洞墙；
（c）底层局部错洞墙

（2）对于宽墙肢（即剪力墙的截面高度过大），一般当其截面高度大于 8m 时可开门窗洞（若建筑使用功能许可）或开结构洞（若建筑使用功能在该部位不需要开洞），事后再行堵砌，如图 4-13 所示，将一道剪力墙分为若干较均匀的墙肢。各墙肢可以是整体墙、小开口墙、联肢墙或壁式框架，各墙肢的高宽比均不宜小于 2。

（3）洞口位置距墙端要保持一定的距离，以使墙体受力合理并有利于配筋构造，可按图 4-14 所示要求来保证洞口位置距墙端保持必要的距离。

（4）门窗洞口的设置中应避免出现宽度 $B<3b$（$b$ 为墙肢厚度）的薄弱小墙肢，研究表明，这种薄弱小墙肢在地震作用下会出现早期破坏，即使加强纵向配筋及箍筋也很难避免。

上述剪力墙开洞与不开洞相比，不仅受力效能不同，而且计算方法也不一样。总之，剪力墙以不开洞比开洞好；少开洞比多开洞好；开小洞比开大洞好；单排洞比多排洞好；洞口靠中比洞口靠边好。

图 4-15（a）表示实体剪力墙，原抗剪强度为 100%。图 4-15（b）系三联单独剪力墙，它的抗剪强度仅等于实体墙的 11%。如将洞口改成图 4-15（c）所示的形式，抗剪强度可提高至 23%；如果开成图 4-15（d）所示的形式，使上、下层洞口错开，剪力墙能起一定的整体作用，它的抗剪强度就可提高到实体墙的 70%。若将洞口沿竖向成列布置，而使上下洞口之间的连梁有足够尺寸，同样可以保证抗剪强度的要求。

图 4-13
宽墙肢留结构洞

图 4-14
洞口位置距墙端的最小距离

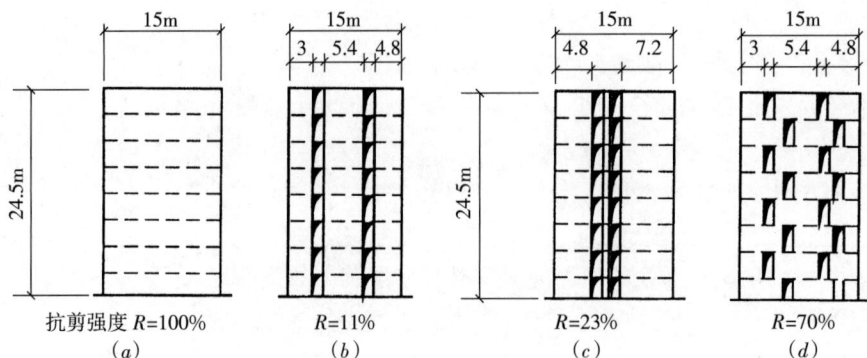

图 4-15
同洞口位置对剪力墙
抗剪强度的影响

抗剪强度 R=100%　　　R=11%　　　R=23%　　　R=70%
(a)　　　　　　(b)　　　　　(c)　　　　(d)

图 4-16 (a) 所示实体剪力墙，原抗剪强度为 100%。图 4-16 (b) 所示无连梁的两段剪力墙，其抗剪强度仅等于实体墙的 18%。如采用有连梁的剪力墙，如图 4-16 (c) 所示，当连梁截面高度为 36cm 时，其抗剪强度可增至 50%；若将连梁高度增加到 72cm，其抗剪强度则可达到 92%。

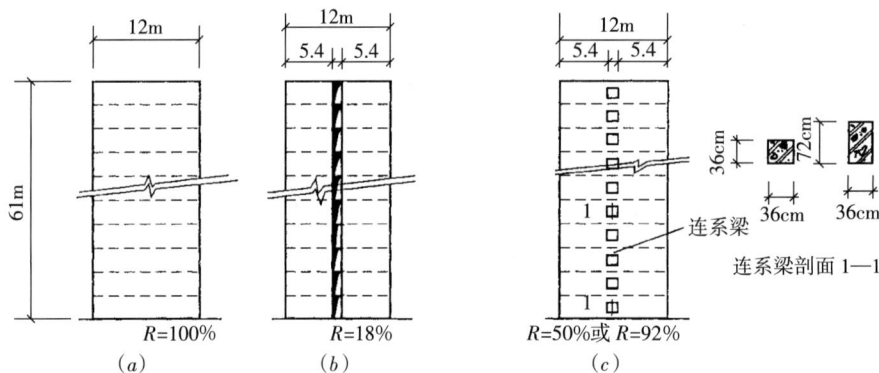

连系梁剖面 1—1

图 4-16
连梁对剪力墙抗剪强度的影响

R=100%　　　R=18%　　　R=50%或 R=92%
(a)　　　　　(b)　　　　　(c)

## 4.4.5　框支剪力墙

属剪力墙结构的一种特殊形式，对于上部为小开间的住宅、旅馆而下部为大空间的公共福利设施、商贸娱乐设施的高层建筑，往往由于建筑功能的需要而采用框支剪力墙结构。采用剪力墙结构体系的高层建筑可能在底部一层甚至三层范围内因使用上的要求需要做成大空间，迫使一些剪力墙不能全部直通到底，而由底部框架、梁柱来支撑上部的剪力墙，这样就形成框支墙了。这种底部具有大空间的框支剪力墙结构体系，在实用上已经较广泛采用，在科学试验上亦积累了一些成果，其震害特点为：由于底层的竖向荷载和水平荷载全部由底层框架来承受，其主要特点是侧向刚度在底层楼盖处发生突变。从已有的框支剪力墙震害资料表明：这种结构在地震作用下往往由于上下刚度突变，底层框架刚度太弱、强度不足、侧移过大、延性不足而出现破坏，甚至导致结构倒塌，这类结构的震害是严重的。

归纳设计中常遇的一些问题，分述总结如下：

(1) 框支墙与落地墙的比例。在地震区，一般要限制框支墙的总榀数不超过全部横墙榀数的 50%，即框支墙占墙体总数的比例宜控制在 1/2 以内。

（2）增加落地剪力墙的厚度（但不宜超过原墙厚的 2 倍），提高落地剪力墙与框架柱的强度等级，减少洞口尺寸，控制落地剪力墙的间距不宜大于建筑物宽度的 2.5 倍；把落地剪力墙组合布置成筒状或"工"字形等来增加结构底部的总抗侧刚度。

（3）避免在框支楼盖顶处发生刚度急剧突变，为了保证刚度的变化能顺利地传递和转变，必须对框支楼盖层的设计作特殊要求，如板厚不宜小于 180mm，采用现浇钢筋混凝土且强度等级不宜低于 C30，并应采用双向上下配筋，配筋率不宜低于 0.25%；楼板的外侧边可利用纵向框架梁或底层外纵墙加强。楼板开洞位置距外侧边应尽量远些，在框支墙部位，楼板不宜开洞。

（4）根据建筑使用功能，也可将底层框架扩展为 2~3 层，刚度随层高逐渐变化，使刚度逐渐减弱而避免突变。

（5）在框架的最上面一层设置设备层，作为刚度的过渡层（即转换层），使结构转换层上下刚度较为接近。

（6）框支梁、柱截面的确定。框架梁柱是底部大空间部分的重要支承，它主要承受垂直荷载及地震倾覆力矩，其断面尺寸要通过内力分析，从结构强度、稳定和变形等方面确定。框架梁高度一般可取 1/8~1/6 梁跨；框架柱截面应符合轴压比 $N/f_cbh \leq 0.6$，$N$ 为地震力及竖向荷载作用组合的计算轴力，$f_c$ 为柱混凝土轴心受压设计强度。

另外，在结构上还有若干措施，如在剪力墙肢端增设暗柱，以及规定一些最小配筋率及搭接长度等，其结构加强措施视具体情况酌情处理和采用，在此不再赘述。

综上所述，框支剪力墙在竖向布置时为防止刚度突变应采取各种措施，使其大空间底层的层刚度变化率 $\gamma$ 接近于 1，不宜大于 2；不宜在地震区单独使用框支剪力墙结构，即需要时可采用框支剪力墙与落地剪力墙协同工作结构体系，如图 4-17 所示。

图 4-17
框支剪力墙与落地剪力墙协同工作结构体系

## 4.4.6 工程实例

1.广州白云宾馆剪力墙结构（图 4-18）

该建筑共 33 层，其中地下室 1 层，建筑高 106.6m，横向布置钢筋混凝土剪力墙，纵向走廊的两边亦为钢筋混凝土剪力墙，墙厚沿高度由下往上逐渐减小，混凝土强度等级也随高度而降低，见表4-5。

图 4-18
广州白云宾馆标准层平面

广州白云宾馆剪力墙情况　　　　　　　　表 4-5

| 横向剪力墙 | | | 纵向剪力墙 | | |
|---|---|---|---|---|---|
| 层数 | 混凝土强度等级 | 墙厚（mm） | 层数 | 混凝土强度等级 | 墙厚（mm） |
| 29 以上 | C20 | 160 | 24 层以上 | C20 | 200 |
| 25～28 | C20 | 160 | | | |
| 21～24 | C20 | 180 | 21～24 | C20 | 250 |
| 17～20 | C25 | 200 | 17～20 | C25 | |
| 13～16 | C25 | 230 | 9～16 | C25 | 270 |
| 9～12 | C25 | 260 | | | |
| 5～8 | C30 | 290 | 1～8 | C30 | 300 |
| 1～4 | C30 | 320 | | | |

楼盖采用现浇钢筋混凝土梁板结构。地下室为现浇钢筋混凝土箱形基础，并采用大型钻孔灌柱桩，直径为 1m，锚入岩层 50~100cm。

该建筑的计算顶点水平侧移值为 96mm，约为建筑总高度的 1‰，层间相对位移 $\delta/h<1/960$，$h$ 为层高；钢筋用量为 66kg/m$^2$，水泥用量为 306kg/m$^2$。

2. 北京西苑饭店剪力墙结构（图 4-19）

该饭店建成于 1984 年，主楼建筑面积为 62500m$^2$，749 间客房，标准层平面为"L"形，系剪力墙结构。

凡未注明剪力墙均为 300mm 厚

图 4-19
北京西苑饭店标准层平面（未注明尺寸单位均为 mm）

(a)

(b)

图 4-20
北京粮食公司高层商
店住宅
(a) 一层平面；
(b) 标准平面

该楼剪力墙间距为 4m，客房采用预应力叠合板楼盖结构并将标准层客房锯齿形外墙做成复合预制板外墙。墙板一端伸出环形钢筋与现浇剪力墙浇成整体，由剪力墙每层向外悬挑。山墙为 400mm 厚复合剪力墙（外层为 100mm 厚配筋陶粒混凝土外墙板，内浇 300mm 厚现浇墙）。

西苑饭店自第四层开始为标准层，剪力墙每 4m 一道，三层以下为公共层，墙间距为 8m。因而在三层顶板处需设承托上部 20 层荷载的大梁，在设计中将四、五层的墙加厚为 300mm，将两层高的墙（5.8m 高）作为托墙梁，按深梁计算，这样既节省了材料，又争取了空间。

此饭店顶层塔楼设置的旋转餐厅由中心混凝土筒向周围悬挑伸出，中心筒为不等边八角形，而餐厅外墙面要形成一个等边八角形，因此其在各个方向的悬挑长度不完全相等（为 6.7~10.3m）。

3. 北京粮食公司高层商店住宅框支剪力墙结构（图 4-20）

该高层商店住宅于 1984 年建成，建筑面积为 12950m²，共 17 层，其中地下室 2 层，采用剪力墙结构，标准层平面为通常的一字型。内外剪力墙均用陶粒混凝土。

在底层做框支剪力墙，使标准层中间的 6 道横向剪力墙不落地形成框架，形成较大空间作商店、营业厅用。将两个营业厅之间的一道落地横墙加厚到 500mm，中柱截面为 600mm×800mm，框支梁截面为 500mm×900mm，内部剪力墙厚 240mm，四周外墙厚 280mm，底层均采用普通钢筋混凝土。一层的楼板则加厚至 200mm，以增加交接层的楼板刚度，使楼板不产生较大变形。

4. 德国不来梅扇形单身职工大楼剪力墙结构（图 4-21）

该大楼每层 9 户，除两端 2 户为二室户外，其余均为一室户，但其起居、用餐、卧室均有适当的位置，空间开敞。每户的一个凹阳台和通长的窗户，也起到扩大室内空间的作用。

在扇形一侧布置一个主要楼梯、两部电梯和一个消防疏散楼梯组成交通

图 4-21
德国不来梅扇形大楼
平面
1—起居室；2—起居室
兼卧室；3—卧室；
4—厨房；5—浴室；
6—储存间

中心，该交通中心光线敞亮，并附有室外花园露台，空间富有变化。

结构上采用现浇钢筋混凝土承重剪力墙与隔热混凝土外墙，与钢筋混凝土楼板组成一个整体。该建筑无论是平面还是立面，均以其鲜明的特征给人留下深刻的印象。

# 习　题

4.1　剪力墙结构一般适用于何高度以上的建筑，一般广泛用于何种功能的建筑？

4.2　剪力墙按墙体开洞大小（剪力墙的整体性）分，有哪几类剪力墙结构形式？

4.3　何谓框支剪力墙？在应用时为不使刚度突变一般应作何考虑？

4.4　归纳叙述剪力墙结构体系的特点，并对这种体系的适用范围作进一步解释。

4.5　剪力墙在建筑平面布置的原则有哪些？竖向布置主要考虑何种因素？采取的措施是什么？

4.6　剪力墙的各种构造要求主要是为了考虑哪些因素？在设计哪个阶段应着重详细考虑？

4.7　框支剪力墙结构与全剪力墙结构相比，哪个的抗震性能更为良好？

4— 习题参考答案

建

筑

结

构

选

型 （第二版）

■ **本章提要**

　　本章主要介绍高层建筑的定义和特点、高层建筑的发展历史、高层建
筑在我国的发展状况及其采用的结构体系。简要介绍高层建筑的发展趋势、
高层建筑结构的特点、类型，阐述高层建筑结构选型的一般原则。

## 5.1 高层建筑的发展概况

### 5.1.1 20世纪50年代以前的高层建筑

高层建筑是近代经济发展和科学技术进步的产物。城市人口集中、用地紧张以及商业竞争的加剧，促进了近代高层建筑的出现和发展。世界上第一幢近代高层建筑是美国芝加哥家庭保险（Home Insuranee）公司大楼，共10层，55m高，建于1884~1886年。该楼采用铸铁框架承重的结构，标志着一种区别于传统砌体结构的新结构体系的诞生。

从1884年到19世纪末，高层建筑已经发展到采用钢结构体系，建筑物的高度越过了100m，1898年建成的纽约Park Row大厦（30层，118m高）是19世纪世界最高的建筑。

1931年建成的"摩天大楼"——纽约帝国大厦，是高层建筑发展第一阶段的典型代表。它有102层，高381m，采用逐渐阶梯形内收成为塔尖的古典风格。该工程所用的钢材强度不是很高，用钢量为190kg/m²。它保持世界上最高建筑物的纪录长达41年之久。

钢筋混凝土高层建筑于20世纪初开始兴建，世界上最早的钢筋混凝土高层建筑Ingalls大楼（16层，64m）1903年在美国辛辛那提市建成。

由于第二次世界大战的影响，高层建筑在20世纪30~40年代暂停了十余年。

### 5.1.2 20世纪50~70年代高层建筑的发展

20世纪50年代初，玻璃、铝合金等新型外墙材料开始使用，形成了该时期现代主义的新建筑风格，并迅速取代了上一个时期的古典主义风格，成为这一时期高层建筑的主流。现代主义的新建筑风格是以简单的几何形体、大面积的金属和玻璃墙为代表的"玻璃盒子"作为现代化的标志。典型作品是纽约的利华大厦和联合国大厦。这一时期高层建筑的发展具有以下几个特点。

**1. 高层建筑迅速增加，层数和高度都有大幅度的突破**

到1979年，已建成的200m以上的高层建筑有50幢以上，其中大部分在美国。1972年，原纽约世界贸易中心大厦建成（110层，412m，图5-1），打破了帝国大厦保持了41年的381m的纪录，而用钢量仅为160kg/m²。1974年，芝加哥建成了当时世界上最高的西尔斯大厦，110层，高443m，加上天线达500m（图5-2）。

同一时期，欧洲建成了波兰华沙的Palac Kulturyi Nauki一号大楼（47层，241m）。

日本于1964年废除了建筑物高度不得超过31m的限制，于1968年首次建成了36层的霞关大厦，以后陆续兴建了超过100m高度的多幢高层建筑。

图5-1
原纽约世界贸易中心大厦（已经被撞倒塌）

图 5-2
西尔斯大厦
(a) 结构布置;
(b) 立面

在非地震区，这一时期，中国香港建成了 65 层的合和中心（216m），成为当时亚洲最高的钢筋混凝土高层建筑。

**2. 结构体系新颖多变，建筑材料丰富多彩**

在 20 世纪 50~70 年代，除了传统的框架、框架—剪力墙和剪力墙体系以外，新的结构体系得到了广泛应用。其中，框架—筒体结构、筒中筒结构和成束筒结构成为突破新高度的主要结构手段。原世界贸易中心（412m）采用了筒中筒结构，西尔斯大厦（443m）采用了成束筒结构，芝加哥约翰·汉考克大厦（344m，图 5-3）采用了桁架筒结构。

悬挂结构、悬挑结构在旅馆和办公建筑中应用也越来越多，其中著名的有南非约翰内斯堡标准银行（悬挂结构，37 层，图 5-4）、德国慕尼黑广播中心（悬挂结构，17 层，图 5-5）等。同一时期，巨型框架结构和巨型桁架结构

芯筒

悬挑桁架

吊杆

吊杆    芯茼

*(a)*    *(b)*

预应力吊杆    钢筋混凝土芯筒

预应力吊杆

钢筋混凝土芯筒

楼面

*(a)*    *(b)*

图 5-3
芝加哥约翰·汉考克
大厦（上左）
图 5-4
南非约翰内斯堡标准
银行大楼结构示意图
（上右）
*(a)* 结构平面；
*(b)* 结构立面

图 5-5
德国慕尼黑广播中心
（下）
*(a)* 结构平面；
*(b)* 结构剖面

也开始应用，如新加坡 54 层的华侨银行（图 5-6）。

在建筑材料方面，这一时期除了钢结构高层建筑继续发展以外，建成的高达 74 层、262m 的芝加哥水塔广场大厦采用了钢筋混凝土结构。当时最高的、全部采用轻混凝土的建筑是美国休斯敦贝壳广场大厦（50 层，218m，图 5-7），它也是在这一时期建成的。此外，钢—钢筋混凝土混合结构也得到了迅速发展。

3. **高层建筑结构抗震设计水平大幅度提高**

对于高层建筑结构的抗震设计，美国在西海岸以加利福尼亚为中心进行了广泛深入的研究，颁布了一系列抗震设计的法规，建成了地震区最高的钢筋混凝土建筑——洛杉矶的加利福尼亚联合银行大厦（62 层，262m）。在大洋另

转换层桁架梁
柱
支承筒
标准层平面
(a)

转换层桁架梁
支承筒
柱
(b)

图 5-6
新加坡华侨银行大楼
结构示意图
(a) 结构平面；
(b) 结构剖面

钢筋混凝土框筒柱    玻璃幕墙
钢筋混凝土墙筒
1830
22×1830=40260
32×1830=58560
密肋楼板

图 5-7
美国休斯敦贝壳广场
大厦平面图

一边，日本在冲破 31m 的限制高度后，全力进行了钢结构和型钢混凝土结构的抗震设计方法研究，建成了大批 100m 以上的高层建筑。

## 5.1.3 20 世纪 80 年代的高层建筑

进入 20 世纪 80 年代，受后现代主义思潮的影响，高层建筑的风格又有了新的变化，建筑物的体型由单纯追求"简洁就是美"转向多样化，在色彩、线条、质感上更为丰富多变。

这一时期，美国的高层建筑在高度上尚未有突破，仅处于一个酝酿期。当时,几座高度超过 500m 的建筑物正在规划设计中，如纽约的电视城（509m）、凤凰塔（515m），一旦建成，高度将突破 500m 大关。在这一时期，美国建成了最高的钢筋混凝土建筑——芝加哥沃克大街 1 号大楼（80 层，295m，图 5-8）

和沃克大街311号大楼（65层，296m）。

在20世纪80年代，亚洲地区的高层建筑却得到非常迅速的发展，日本东京都府大厦（48层，高243.3m，图5-9）是当时日本最高的建筑。新加坡建成的海外联合银行大厦（63层，高280.1m）是当时仅次于我国香港中国银行大厦的亚洲第二高建筑物。

在我国台湾和香港地区，高层建筑发展也十分迅速。

除了上述各种结构体系以外，美国还建成了One Mellon银行大厦，采用了应力蒙皮结构，将航空和造船工业的技术引入建筑结构领域。蒙皮结构是在纵、横肋（柱、梁）上蒙上一层薄金属板（蒙皮），形成共同工作体系。蒙皮主要在面内受力（正应力和剪应力），相当于连续分布支撑（图5-10）。由于作为蒙皮的钢板在平面内有很大的拉、压和剪切强度，所以，应力蒙皮结构有很好的承载力和刚度，而重量却很轻。图5-10（b）为除去蒙皮后的结构布置，竖向骨架（纵肋）为外柱，柱距3m。为了形成有效蒙皮，窗口面积仅为墙面面积的25%。外蒙皮厚度：下部楼层为8mm，上部楼层为5mm。

图5-8
芝加哥沃克大街1号大楼

图5-9
日本东京都府大厦
(a) 立体；
(b) 平面；
(c) 结构布置

图中标注文字：
- 纵肋（垂直肋）
- 蒙皮（钢板）
- 横肋（水平肋）
- (a)
- 46 层以上核心部支撑
- 角部加强柱
- 48 层转换大梁
- 17 层及 35 层刚性桁架及刚性板
- (b)
- 边蒙皮
- 中间蒙皮
- 边蒙皮
- 中间蒙皮
- 边蒙皮
- 悬臂角部构件（每层 8 个）
- 短边
- 斜边
- 长边
- (c)

图 5-10
美国 One Mellon 银行大厦
(a) 应力蒙皮结构局部示意图；
(b) One Mellon 银行中心上部楼层骨架（已除去表面蒙皮）；
(c) One Mellon 银行中心平面示意图（表示蒙皮与骨架的关系）

## 5.1.4　20 世纪 90 年代的高层建筑

进入 20 世纪 90 年代，高层建筑虽然在高度上未有新的突破，但各国都在应用各种高强、轻质的建筑材料，采用先进的结构理论和高效的计算机技术及应用新型施工技术方面不断创新。美国、日本等国家都在研究设计 500m 以上高度的建筑。21 世纪初已出现高度超过 500m 的高层建筑。

1993 年，日本建成了横滨标志大厦，地下 3 层，地上 73 层，高度 296m，是当时日本最高的建筑物。

随着层数与高度的增长，钢筋混凝土建筑物的层数已超过 80 层，为减小墙、柱截面尺寸，高强混凝土、钢管混凝土和型钢混凝土都得到了广泛应用。美国西雅图 58 层的双联广场大厦，其 65% 的竖向荷载由中央四根直径 3m 的钢管混凝土柱支承，钢管厚 30mm，充填 C135 高强混凝土，其余荷载由周边 14 根小钢管混凝土柱承受。C80 以上强度等级混凝土在美国也得到广泛应用。

20 世纪 90 年代，亚洲成为经济发展最快的地区，陆续建成高度超过 200m、300m 的建筑物。进入 20 世纪 90 年代后期，亚洲地区高层化更为迅速，日本先后建成了大阪世界贸易中心、东京花园塔楼等超高层建筑，新加坡 UOB 广场大厦已达 62 层。日本是传统钢结构高层建筑国家，进入 20 世纪 90 年代，采用混凝土建造了不少高层建筑（主要用于住宅），层数为 20~40 层，采用框架或框架—剪力墙结构。1995 年，马来西亚吉隆坡建成了世界最高的建筑——彼得罗纳斯大厦。我国在 1997 年也建成了当时世界第三高楼——上海金茂大厦（88 层，420m）。

## 5.1.5　目前国外高层建筑的发展趋势

1. 高强混凝土、钢管混凝土和型钢混凝土的应用

进入 20 世纪 90 年代，值得注意的发展趋势是：原来从高层钢结构起步的

美国和日本，钢筋混凝土高层建筑迅速发展起来。尤其是日本，以前基本上都采用钢结构，现在大力发展钢筋混凝土结构，除进行基本构件和结构的抗震研究外，钢筋混凝土高层建筑正在推广应用，最高已达 40 层。其主要原因是：钢筋混凝土结构整体性好、刚度大、位移小、舒适性佳；钢筋混凝土结构耐腐蚀、耐火，维护方便。另外，即使是在美国和日本，钢筋混凝土结构的造价还是低于钢结构。

日本大阪市建成了梅田大厦（图 5-11），这是抗震设计最典型的连体结构。它在两座高层建筑顶部设置了钢结构的屋顶花园。梅田大厦为钢结构，连接体部分在地面组装后整体提升、安装就位。梅田大厦的设计进行了三维空间结构的详细分析。类似的立面开洞、连体建筑逐渐增多，如法国巴黎太平洋大厦、法国里昂站前开发大厦、奥地利多瑙市双塔大厦等。

图 5-11
日本大阪梅田大厦

### 2. 复杂体型的高层建筑不断兴建

近年来，复杂体型的高层建筑不断出现，其中，立面开洞和连体建筑是新出现的形式。图 5-12 为巴黎德方斯大门，它由两座高 110m 的办公楼连接而成，门宽 110m，连体部分为三层高的预应力混凝土箱形大梁。该建筑未考虑抗震设计，地震设防建筑采用这类结构难度要大得多。日本是多台风、多地震国家，自 20 世纪 60 年代建造高层建筑以来，一直是采用对称、均匀的平面和上、下均匀的立面。但进入 20 世纪 90 年代以后，情况有所改变，复杂体型的建筑也日益增多。

图 5-12
巴黎德方斯大门

1995 年建成的马来西亚吉隆坡的彼得罗纳斯大厦（即石油大厦，或称城市中心大厦）由两座姊妹楼组成，塔高 95 层，450m，于1996 年完工。总建筑面积为 67 万 m²，地下5 层，平面尺寸为 46.2m×46.2m，上层逐渐内收，内收时采用斜柱，避免出现托梁。核心筒和柱、墙采用 C80 混凝土，核心筒尺寸为 23m×23m，至上部收为 22m×18m。墙厚由底部的 750mm 收至顶部的 350mm。外柱尺寸由 2400mm 收至 1200mm。设计时，考虑到50 年一遇的 3s 阵风，10m 高度处的设计风速为 35m/s，结构自振周期为 9s。楼面为钢梁（跨度 12.8m）、压型钢板组合楼面。在 40~43 层处有一个钢结构的人行天桥，并从 29 层向上加了"人"字形的钢斜撑。

3. 新结构体系广泛采用

进入 20 世纪 90 年代，无论是钢结构还是钢筋混凝土结构都出现了大量的、非常规则的结构形式，以满足建筑艺术和建筑功能的多样化要求。图 5-13 为日本东京世纪大厦，钢结构，采用了大"K"形支撑。

(a)　　　　(b)

图 5-13
日本东京世纪大厦
(a) 剖面；
(b) 立面

## 5.1.6 减轻自重的途径

### 1. 选用合理的楼盖结构形式

楼盖重量约占高层建筑总重量的 40%，选用合理的楼盖结构形式，恰当地确定楼盖结构的截面尺寸，是减轻高层建筑总重量的有效途径。

根据已有的资料分析表明：现浇平板、现浇梁和平板、现浇密肋楼板、预制预应力空心板及预制预应力双 T 板的混凝土折算厚度以现浇密肋楼板为最小，为 128mm/m²，这不仅意味着混凝土用量最省，而且自重最轻。在钢材用量方面，预制预应力空心板最省，为 9.6kg/m²。根据《高层建筑混凝土结构技术规程》JGJ 3—2010 的规定，抗震设计的框架—剪力墙结构高度不超过 50m，当设防烈度为 6~7 度时，可采用装配整体式楼盖；8~9 度时，宜采用现浇楼盖结构，楼盖每层宜设置钢筋混凝土现浇层。现浇层厚度不应小于 50mm，并应双向配置直径不小于 6mm、间距不大于 200mm 的钢筋网，钢筋应锚固在梁或剪力墙内。按此规定，采用装配式楼盖所减轻的自重会被现浇配筋面层增加的重量所抵消，这样就显示不出预应力楼板在减轻重量上的优越性。

### 2. 尽量减轻墙体的重量

高层建筑中，墙体有承重墙体与非承重墙体之分，在满足结构层间侧移及顶点侧移控制及强度、延性要求的前提下，墙体的厚度要适当。在满足结构抗震设防要求的基础上，宜尽量减轻墙体的重量。

对于抗震设防烈度在 8 度以下的高层建筑，墙体厚度可参考下列规定进行粗估：

(1) 剪力墙（抗震墙）体系。取墙的厚度（cm）约等于 $0.9N$。对于抗震等级为一级的墙体，墙厚不应小于 160mm 或层高的 1/20；二、三级抗震墙，墙厚不应小于 140mm 或层高的 1/25。

(2) 框架—剪力墙结构体系。取墙的厚度（cm）约等于 $1.1N$，但不应小于 160mm，或层高的 1/20。

(3) 筒中筒结构体系。取内筒墙的厚度（cm）约等于 $1.2N$，但不应小于 250mm。

其中，$N$ 为所考虑墙体截面的所在高度以上的建筑层数。

在高层建筑框架结构体系中，四周的围护墙及内部的隔断墙均属于非承重构件，是采用轻质材料最适合的部位，对减轻建筑自重十分有利。

20 世纪 70 年代建成的北京外交公寓，围护墙采用加气混凝土块填芯、预制钢筋混凝土挂板，内隔墙采用加气混凝土块，其标准层自重仅 $10.8kN/m^2$。天津市外贸谈判大楼，围护墙采用加气混凝土块填芯、预制钢筋混凝土复合挂板，内隔墙采用轻钢龙骨石膏板，使该大楼标准层自重减少到 $9.5kN/m^2$ 左右。据统计，采用石膏板作隔墙，其自重仅为砖墙的 10%，可减轻建筑自重约 1/3，室内有效使用面积比砖墙增加约 8%~10%。

3. 采用轻质高强的结构材料

前面阐述的主要是针对非承重墙采用轻质材料的效益，由于它为每层自承重，所以对材料强度要求不高。对于承重构件，为减轻自重就应当采用轻质高强材料。在传统建筑材料中，钢材符合既轻质又高强的条件，在国外高层建筑中多采用钢结构体系。鉴于我国的国情和条件，绝大部分高层建筑都采用钢筋混凝土结构体系。

## 5.1.7 高强混凝土在高层建筑中的应用

### 1. 高强混凝土的特性

高强混凝土的脆性大，应力—应变曲线下降段陡。为保证其延性，应控制其轴压比 $\mu_N$ 或提高配箍率 $\rho_A$。由于采用高强混凝土的主要目的是要减少柱的截面尺寸，所以不宜将轴压比 $\mu_N$ 控制过严。提高延性的主要途径是增加配箍量，美国、新西兰、欧洲（CEB）大体上都采用这种方法。

图 5-14 表示了混凝土的应力—应变曲线，一般以极限位移 $\Delta u$ 与屈服位移 $\Delta y$ 的比值作为延性标准。一般要求延性达到 3。

图 5-14
等效屈服位移和极限位移的确定

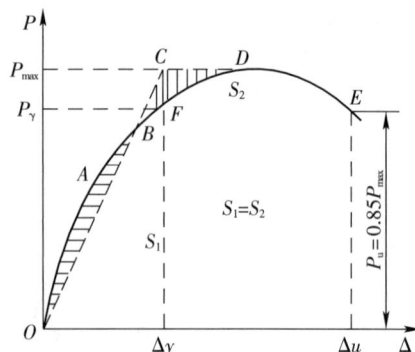

## 2. 采用高强混凝土的效益

高层建筑层数多、高度大，承受的荷载也大。所以，在高层建筑结构中采用高强混凝土有很重要的意义：

（1）采用高强混凝土将减小构件的截面。梁截面高度减小可压低层高；柱截面尺寸减小将增大使用面积。如果每层梁高压低 0.1m，30 层就可以多出一层而无须加大总高度；如果柱截面面积减小，使结构面积从占楼房面积的 5% 降到 4%，则 5 万 m² 的建筑物将多 500m² 的有效使用面积，而且建筑布局更美观、更方便。

（2）采用高强混凝土将节约大量的水泥和钢材。辽宁省工业技术交流馆为 18 层框剪结构，原设计全部混凝土强度等级为 C30，后将 1~12 层柱的混凝土强度等级提高到 C60，最后节省钢筋 15.4t、混凝土 115m³，节约 10 万元。

## 3. 高强混凝土在高层建筑结构设计中的一些问题

（1）控制轴压比 $\mu_N$

高强混凝土（C60 及以上）与一般混凝土相比更有脆性破坏的倾向，为保证必要的延性，柱的截面尺寸还不能太小，所以柱的轴力要控制得更低一些，尽量减少出现小偏心受压的受力情况。但是考虑到采用高强混凝土的实际效益，主要还是通过配箍率来提高延性而不再降低轴压比 $\mu_N$，以使截面尺寸不要过大。因此，在实际工程中，$\mu_N$ 按表 5-1 的数值来控制。

考虑地震作用组合的框架柱轴压比 $N/f_{cA}$ 限值　　　　　表 5-1

| 类别 | 抗震等级 | | |
|---|---|---|---|
| | 一级 | 二级 | 三级 |
| 框架柱 | 0.7 | 0.8 | 0.9 |
| 框支柱 | 0.6 | 0.7 | |

（2）适当提高配箍率 $\rho_v$

为提高高强混凝土的延性，就要加强对混凝土的约束，提高 $\rho_v$ 是有效的措施。在早期的工程中，C60 混凝土的体积配箍率按下式考虑：

$$\rho_{v60} = \rho_{v40} \frac{f_{c60}}{f_{c40}} \tag{5-1}$$

式中　$\rho_{v60}$，$\rho_{v40}$——分别为 C60 和 C40 混凝土的体积配箍率；

　　　$f_{c60}$，$f_{c40}$——分别为 C60 和 C40 混凝土的强度。

用 C60 混凝土时，体积配箍率约增大 50%，箍筋用量增加较多，施工也比较困难。根据近几年的工程经验，其配箍率可以适当调整，C60 混凝土的配箍率可以按表 5-2、表 5-3 选用。

| 抗震等级 | 设计轴压比 | | | | | | | | |
|---|---|---|---|---|---|---|---|---|---|
| | 0 | 0.2 | 0.3 | 0.4 | 0.5 | 0.6 | 0.7 | 0.8 | 0.9 |
| 一级 | 0.6 | 0.8 | 0.9 | 1.0 | 1.1 | 1.4 | 1.7 | — | — |
| 二级 | 0.4 | 0.6 | 0.7 | 0.8 | 0.9 | 1.2 | 1.5 | 1.9 | — |
| 三级 | 0.2 | 0.4 | 0.5 | 0.6 | 0.7 | 1.0 | 1.3 | 1.7 | 2.0 |

C60 级混凝土框架柱加密区的复合箍筋最小体积配箍百分率（%）　　　表 5-2

C60 混凝土柱的体积配箍率　　　表 5-3

| 抗震等级 \ $\mu$ | ≤ 0.3 | 0.4 | 0.5 | 0.6 | ≥ 0.65 |
|---|---|---|---|---|---|
| 一级 | 1.0 | 1.2 | 1.4 | 1.7 | 2.0 |
| 二级 | 0.8 | 1.0 | 1.2 | 1.4 | 1.7 |
| 三级 | 0.6 | 0.8 | 1.0 | 1.2 | 1.4 |

（3）处理好梁柱节点区

在实际工程中，柱往往采用高强混凝土，而梁采用一般混凝土，因此，施工时应采取措施以保证节点区的强度不低于柱子本身的强度。

常用的办法是将节点区的混凝土与梁的混凝土分别搅拌、分别浇灌。由于高强混凝土非常黏稠，明显不同于一般混凝土，因此施工时不会混淆。

如果梁端 $2h_{b0}$ 区段范围内也浇筑高强混凝土，则梁端截面可按高强混凝土考虑，使梁端负钢筋截面面积减少，便于施工。

（4）与柱相连的剪力墙

框架柱采用高强混凝土后，与柱相连的剪力墙如果仍采用普通混凝土，施工则非常困难，一个整层高的墙、柱分界面很难留出。所以，剪力墙可以适当减薄厚度，也采用高强混凝土。这样全部竖向结构处于同一强度等级，既便于设计，也便于施工。

（5）梁柱交界处不同强度混凝土的分界

在梁柱节点，柱和核心区的高强混凝土应先浇灌，然后浇灌梁、板的普通混凝土，不留施工缝。分界线定在距柱边 1.5~2 倍梁高处，采取插木条临时挡住先浇灌的混凝土，当后浇混凝土落入后，即抽出木条，通过振捣形成整体。将节点区的高强混凝土向梁中央延伸一段距离（1.5~2 倍梁高）对改善梁端的延性很有好处。一方面，在计算梁端负弯矩配筋时，考虑到该截面为高强混凝土，从而可以减少受拉纵筋用量；另一方面，可降低梁端截面受压区高度 $x$ 值，$x$ 值越小，梁端塑性铰的延性越强，对抗震越有利。按美国规范（AC 1318—77）计算可见，梁截面的曲率延性比大致与混凝土的抗压强度成正比，与受拉筋配筋率成反比。所以梁端采用高强混凝土，不仅能提高梁端抗剪能力、增强梁端延性，也能减少柱核心区的剪力，改善梁纵筋在核心区中的锚固性能。

（6）多层柱的设计

高层建筑中的柱截面往往连续几层不变，因此柱的轴压比各层是变化的，表5-1和表5-2将轴压比和配箍率的关系分得很细，这就有利于人们在设计时分层按实际轴压比确定用箍量。在一层之内，也不是所有柱子的轴压比都一样，其可以分别取不同的箍筋，这样做可以节约钢箍用量，施工并不困难。

（7）多层框支柱的设计

目前，上部为剪力墙、下部几层采用框支柱的高层建筑越来越多，而且框支层数增多、底盘增大。如丹东商场共27层，底部框支8层，这种结构的抗震等级多属于二类，对下部几层的框支柱，表5-1要求轴压比上限为0.6，如都按 $\mu_N$=0.6 设计，柱截面仍然很大，最终改为仅将转换层和其下的相邻层的柱子按 $\mu_N$=0.6 设计，以下各层仍按 $\mu_N$=0.7 设计。由于底部框支部分本身是由框剪体系组成，高层部分有一定的剪力墙落地，大底盘中又增设一定数量的剪力墙，柱子只是在转换层和与之相邻层的受力较复杂，对变形要求应更严一些，然后将力过渡到受力比较稳定的框剪体系中，此时剪力主要由剪力墙承担，柱子所受剪力不大，变形要求可放松。因此，对于框支层数大于3层的柱子，只要在转换层和相邻层按框支柱设计，再下面的柱子仍可按框架柱设计。

（8）型钢配筋高强混凝土柱设计

当柱子的轴力大于10000kN时，高强混凝土型钢配筋常会取得好的效果。加型钢后，柱轴力扣除型钢承担的部分，其余由混凝土承担，其可使柱截面明显缩小。如沈阳农贸大厅，该建筑柱轴力达11000kN，按C30混凝土设计，柱截面为1200mm×1200mm；第二次改为按C50混凝土设计，柱截面为1000mm×1000mm。由于底部两层为汽车可进出的贸易大厅，柱间净距仍过小，最后改为C50型钢钢筋混凝土柱，截面减小到650mm×650mm，柱网尺寸由最初的9.2m×7.8m减小到8.4m×7m。

（9）箍筋的构造处理

①箍筋的形式以井字形套箍最为有利。同样的含箍率，"井"字形套箍与正方形箍比，延性比可提高30%~40%。

②采用Ⅱ级钢或冷轧螺纹钢等高强度钢箍。相比Ⅰ级钢，其对柱子的约束效果明显增强，使柱子的强度和延性提高。

③箍筋的间距缩小，效果则更好。日本混凝土柱箍筋加密区的净距最小为50mm，英国混凝土柱的箍筋往往将两根箍重合在一起使用。当用箍量较大而又不想用更大直径的箍筋时，可以将箍距改为70~80mm。

④必要时，在加密区采用焊接箍筋，单面搭接焊的焊缝长度为10d（图5-15）。

⑤将纵向钢筋的间距缩小到150mm以下，以便与加密的箍筋配合对截面核心混凝土构成密方格网式的强力约束，从而提高柱子的延性。

（10）柱子纵筋的最小配筋率

高层框剪结构中的柱子，当截面尺寸由轴压比控制时，分析结果大多为

图 5-15
焊接箍筋

构造配筋，柱纵筋采用最小配筋率。试验表明，柱子的屈服位移角随纵筋配筋率线性增大。考虑到高强混凝土的特点，为使柱子的变形能力增大，建议适当提高纵筋配筋率。与一般混凝土相比，C60 混凝土约提高 0.2%，C50 混凝土约提高 0.1%。

（11）后期强度的利用

用高效减水剂配制的高强混凝土，早期强度增长快，后期强度增长也较好，半年强度较 28d 强度可增长 15% 左右，一年强度可增长 20%~30%。这个增长百分率虽较普通混凝土低些，但增长绝对值很大，而高层建筑的施工工期长，遇到相应设防烈度的地震时间更长，因此可以考虑在设计柱子时利用其后期强度，如取 56d 或 90d 强度作为设计强度等。但应注意，利用后期强度一般指轴压比按后期强度计算，截面验算仍按 28d 强度，但相应柱子的配箍率应按后期强度的对应要求加以提高。

图 5-16
采用加腋扩大梁端截面宽度

（12）节点核心区设计

节点的混凝土宜与柱子的强度等级一样，配箍率不小于柱端加密区的配箍。关于节点核心区的抗剪验算，清华大学等单位的试验表明，可按《混凝土结构设计规范》GB 50010—2010 进行。对节点的增强，除验算外，更主要的是应从构造上采取措施，保证梁宽不小于柱宽的 1/2，以增强梁对柱的约束；宜使外墙适当外移，采取加挑梁的结构布置方案，使节点处于四面均有梁（包括挑梁）的约束之中。在试点工程中大多采用这一布置方案。个别工程柱子宽达 1m，为避免梁宽加大过多，通常采取梁端水平方向加腋的方法（图 5-16）。

（13）在大荷载情况下采用钢管高强混凝土柱

采用高强混凝土柱，有可能会进一步扩大柱网尺寸、减小截面尺寸，可以在建筑功能上提供更大的自由。在大荷载情况下，为保证必要的承载力和延性，可以在混凝土柱外包以钢管，形成钢管混凝土柱。

在钢管混凝土柱中，钢管对其内部混凝土的约束作用使混凝土处于三向受压状态，提高了混凝土的抗压强度；钢管内部的混凝土又可以有效地防止钢管发生局部屈曲。研究表明，钢管混凝土柱的承载力高于相应的钢管柱的承载力和混凝土柱的承载力之和。钢管和混凝土之间的相互作用使钢管内部混凝土的破坏由脆性破坏转变为塑性破坏，构件的延性明显改善，耗能能力大大提高，具有优越的抗震性能。此外，采用钢管混凝土柱还可以方便施工，大大缩短工期，提高钢管的抗火、防火和耐腐蚀性能。

## 5.2 高层建筑结构的侧移控制

### 5.2.1 关于划分高层建筑的层数或高度的界限

对于多少层数、多大高度的建筑才算高层建筑，目前世界各国尚无统一的划分标准和界限。一般来讲，当建筑物的高度导致它在规划、设计、施工、设备及消防配置等方面与多层建筑有显著不同时，常将其划分为高层建筑。表 5-4 列出我国相关规范的规定。

我国相关规范对高层建筑起始层数与起始高度的规定　　　　　表 5-4

| 我国有关规范 | 划分为高层建筑的 | |
| --- | --- | --- |
| | 起始层数 N | 起始高度 H (m) |
| 《高层建筑混凝土结构技术规程》JGJ 3—2010 | N ≥ 10 | H > 28 |
| 《建筑设计防火规范》GB 50016—2014（2018 年版） | — | H > 24 住宅 H > 27 |
| 《住宅设计规范》GB 50096—2011 | N =7~11 为中高层住宅 | |
| | N ≥ 12 为高层住宅 | |

联合国教科文组织所属世界高层建筑委员会曾提出高层建筑可划分为四类，如表 5-5 所示。

世界高层建筑委员会对高层建筑的分类　　　　　表 5-5

| 高层建筑的类别 | 层数 | 高度 (m) | 高层建筑的类别 | 层数 | 高度 (m) |
| --- | --- | --- | --- | --- | --- |
| 1 类高层建筑 | 9~16 | <50 | 3 类高层建筑 | 26~40 | <100 |
| 2 类高层建筑 | 17~25 | <75 | 4 类高层建筑 | > 40 | > 100 |

近年来，随着科学技术的发展，高层建筑的高度有了大幅度的增长，出现了超高层建筑，目前世界各国对超高层建筑的划分高度及层数也没有统一的规定。一般来说，目前国际上把高度在 100m 以上或层数在 30 层以上的高层建筑称为超高层建筑。日本把 30 层以上的旅馆、办公楼及 20 层以上的住宅规定为超高层建筑。国内超高层建筑的划分和国际上基本相同。

## 5.2.2　高层建筑结构设计的主要特点

### 1. 水平荷载在高层建筑结构设计中起控制作用

在多层建筑中，控制结构设计的因素是以重力为代表的竖向荷载；而在高层建筑中，即使重力荷载仍对结构设计具有重要影响，但起控制作用的是水平荷载（风荷载和地震作用）。通常在竖向荷载作用下，竖向构件中的轴力 N 随结构高度 H 呈线性关系增长，而水平荷载作用下的结构底部弯矩 M 则是随结构高度 H 的二次方关系而急剧增长（图 5-17）。

因此，在高层建筑结构体系选型中，必须采用可靠的抗侧力结构体系来有效抵抗水平荷载的作用。

### 2. 侧向位移在高层建筑结构设计计算中必须加以限制

随着建筑高度 H 的增大，水平荷载作用下结构的侧向位

图 5-17
建筑物高度与内力及位移的关系

$\Delta = f(H^4)$

$M = f(H^2)$

$N = f(H)$

内力或位移

H

移急剧增大。结构顶点侧移 $\Delta$ 与建筑高度 $H$ 呈四次方关系（图 5-17）。

3. 轴向变形在高层建筑的侧移中占有重要份额

在水平荷载作用下，高层框架的柱轴力较大，由柱子轴向变形产生的侧移也较大，它在高层框架的侧移中往往占有重要份额，在设计计算中不容忽视，否则就会使侧移的计算结果产生很大的误差。

以一栋三跨 12 层的框架结构为例，在水平荷载作用下，柱轴向变形所产生的侧移可以是梁、柱弯曲变形所产生侧移的 40%，故在顶层最大侧移中，柱轴向变形产生侧移所占的比例相当大。

以 20 层的双肢剪力墙结构为例，在水平荷载作用下的内力和水平侧移的计算结果如图 5-18 所示。由图可见，不考虑剪切变形影响的误差不是很显著，而不考虑轴向变形影响的误差是非常明显的。

高层建筑的层数越多，轴向变形的影响越大。《高层建筑混凝土结构技术规程》JGJ 3—2010 规定，对 50m 以上或高宽比大于 4 的结构，宜考虑柱和墙肢的轴向变形。

图 5-18
双肢剪力墙内力、位移的计算结果比较
($a$) 连梁剪力 $V_L/h$；
($b$) 水平位移 $y$；
($c$) 墙肢轴力 $N$；
($d$) 墙肢弯距 $M$

以上三点是高层建筑结构设计最主要的特点，这也是进行高层建筑结构体系选型的主要理论基础。

### 5.2.3 非地震区高层建筑结构体系

**1. 风荷载作用在非地震区高层建筑结构设计中起控制作用**

在非地震区，起控制作用的水平荷载是风荷载。风是由于大自然中空气大范围流动而形成的。风荷载是作用在建筑物表面的一种直接作用，它可以表现为作用在建筑物表面的压力或吸力，并与建筑物的体型、高度、表面积及地形地貌等因素有关。

在风荷载作用下，高层建筑可能出现：①层间位移过大，导致高层建筑的承重构件（梁、柱、墙等）或非承重构件（填充墙等）出现不同程度的损坏；②摆动幅度过大，会让在高层建筑中居住和工作的人感到不舒服。

所以，高层建筑的抗风设计不仅要使结构在强度、变形方面满足要求；而且还要将结构在风荷载作用下产生的振动控制在人对不适感的容许限度范围之内。前者的目的是保证结构的安全，防止结构开裂、损坏、倾覆和丧失稳定；防止非结构构件（如填充墙、幕墙、室内装修）因位移过大而损坏。后者的目的是保证高层建筑中人居住和工作的舒适性与安全感。

**2. 风荷载作用下钢筋混凝土高层建筑层间位移及顶点位移的限制**

《高层建筑混凝土结构技术规程》JGJ 3—2010 规定：风荷载作用下按弹性方法计算的高层建筑楼层层间位移与层高之比 $d/h$ 不宜超过规范规定的限值。

《高层建筑混凝土结构技术规程》JGJ 3—2010 还规定：风荷载作用下按弹性方法计算的高层建筑结构顶点位移 $\Delta$ 与总高度 $H$ 之比 $\Delta/H$ 不宜超过规范规定的限值。

**3. 高层建筑风振不适感的控制**

（1）人体对风振的感受

在强风作用下，高层建筑会产生顺风向振动、横风向振动和扭转振动，使在高层建筑中居住和工作的人感到不舒服，从而影响人们的工作和休息。现有的资料表明，满足侧移限值要求的高层建筑不一定能满足风振舒适度的要求。1970 年，美国波士顿建成一栋高层建筑，在 $0.98kN/m^2$ 的风压作用下，尽管结构顶点的位移角（$u/H$）被控制在 1/700 的限值以下，但楼内的居民仍然感到不舒适。可见用顶点位移角限值来控制高层建筑的侧移并不能概括人体对运动的反应和耐受程度。

风工程学者根据大量的试验研究掌握了衡量人体对风振不适感的规律和尺度，他们认为：加速度（线加速度和角加速度）是衡量人体对高层建筑风振感受的最好尺度，而振幅和周期又是表征加速度大小的重要指标。

（2）人体对风振反应的分级

①按振幅和周期分级。研究发现，人的不同性别、年龄、体型、姿势、

人体方位、视觉与听觉意向等因素都会对人们对风振的反应有影响，研究者通过试验最后得到平均感觉与忍受限值的结果。图 5-19 是 F.K.Chang 提出的关于人体风振反应按振幅和周期的分级曲线。左图中的曲线是以结构自振周期 $T$ 为横坐标、结构风振的峰值振幅为纵坐标绘制的。图中的分级标准是：A. 无感觉；B. 有感觉；C. 令人烦躁；D. 令人非常烦躁；E. 无法忍受。

图 5-19
人体风振反应曲线
（$a$）人体风振反应按振幅和周期分级；
（$b$）人体风振反应按加速度分级

②按加速度分级。若将图中所示的人体风振反应按振幅和周期分级的曲线转换为按加速度分级，其结果如图 5-19（$b$）所示。

若将结构风振加速度用重力加速度 $g$ 的百分数来衡量，则人体风振反应的分级标准如表 5-6 所示。

**人体风振反应的分级标准**　　　　　　　　　　　表 5-6

| 结构风振加速度 $a$ | $<0.005g$ | $0.005g\sim0.015g$ | $0.015g\sim0.05g$ | $0.05g\sim0.15g$ | $>0.15g$ |
| --- | --- | --- | --- | --- | --- |
| 人体反应 | 无感觉 | 有感觉 | 令人烦躁 | 令人非常烦躁 | 无法忍受 |

（3）我国《高层民用建筑钢结构技术规程》JGJ 99—2015 规定：钢结构高层建筑在风荷载作用下结构顶点的顺风向和横风向的最大加速度不宜大于如下所示的加速度限值：

公寓建筑：$0.2m/s^2$（约 $0.02g$）；

公共建筑：$0.3m/s^2$（约 $0.03g$）。

**4. 强风作用对高层建筑造成的灾害**

迄今为止，尚未见到世界各国关于高层建筑在强风作用下倒塌的事故报道资料，但在国外，尤其在高层建筑众多的美国，强风作用下高层建筑外墙玻璃裂、碎等破坏的事故却常有发生。例如：美国波士顿的汉考克大厦，60 层高，仅在 1972 年夏至 1973 年 1 月期间，由于强风作用造成外墙玻璃破碎所需的维修费用就高达 700 万美元，而且还延误了该大厦的使用期。此外，尚有国外对强台风摧毁高层建筑外墙玻璃的报道。所以，在非地震区（特别是风荷载较大的地区）高层建筑结构体系选型及结构设计中，应对风荷载作用给予足够的重视。

**5.非地震区高层建筑抗风结构体系选型的基本原则**

（1）宜选用有利于抗风作用的高层建筑体型，即选用风压较小的建筑体型形状，比如圆形、椭圆形等流线型体型。

法国巴黎的法兰西大厦，体型为椭圆形，计算表明，其风荷载数值比相应采用矩形平面的体型减少27%。一般来说，圆形平面比同一尺度矩形平面体型约可减少风荷载20%~40%，结构的风振加速度也相应减小。

作用在高层建筑表面单位面积上的风荷载与体型系数有关，对于特殊体型的高层建筑体型系数，尚须进行专门的试验来确定。此外，由下往上逐渐变小的截锥形体型也有利于减少风荷载引起的倾覆力矩，因为顶部尺寸变小，有利于减小顶部较大数值的风荷载。此外，由于外柱倾斜、抗推刚度增大，能使高层建筑侧移值减少10%~15%，有利于减小风振时的振幅和加速度。根据工程计算分析资料，一幢40层的高层建筑，当立面倾斜度为8%时，其侧移值可比棱柱体体型减少约50%。

（2）在高层建筑的一个独立结构单元内，宜使结构平面形状和刚度分布尽量均匀对称，以减轻风荷载作用下扭转效应对结构内力和变形的不利影响。

（3）非地震区钢筋混凝土高层建筑结构体系适用的最大高度应符合表5-7的要求。

**非地震区钢筋混凝土高层建筑结构体系适用的最大高度（m）**　　　表5-7

| 结构体系 | | 非抗震设计 |
|---|---|---|
| 框架 | | 70 |
| 框架—剪力墙 | | 150 |
| 筒体 | 框架—核心筒 | 160 |
| | 筒中筒 | 200 |
| 剪力墙 | 全部落地剪力墙 | 150 |
| | 部分框支剪力墙 | 130 |
| 板柱—剪力墙 | | 110 |

（4）在高层建筑的抗风设计中，不仅要考虑总体风荷载的作用，而且还要考虑局部风荷载对某些部位、某些构件（例如：阳台、雨篷、遮阳板等悬挑构件，或外墙挂板、玻璃幕墙等围护构件）的不利作用，并进行必要的验算。

为了减轻高层建筑在竖向棱角部位的局部风压集中，对于矩形及三角形平面的高层建筑可在其转角部位切角或形成圆角。例如，日本东京的新宿住友大厦和中国香港的新鸿基中心等。

（5）为使高层建筑的风振加速度控制在允许范围以内，应当控制高层建筑的高宽比，使之满足《高层建筑混凝土结构技术规程》JGJ 3—2010 的限位要求。对于我国沿海台风区，对高宽比的控制宜更严一些。

(6) 在设计中，可将高层建筑的某层或某几层形成通透，对风荷载的作用就如同设置了排风口，可使风荷载作用下迎风面的气流从透空层泄出，以减小风荷载对结构的作用。图 5-20 为设置透空层的日本 NEC 大楼，它是通过风洞试验对气流的研究而设计的。这种处理在建筑造型上也取得了很好的效果。

典型建筑物　　　　　　　建议修改的设计

图 5-20
设置透空层的日本 NEC
大楼

## 5.2.4　地震区高层建筑结构体系

### 1. 地震作用的本质特征

在自然界和人类社会中的很多现象都会引起地球震颤，统称地震。但在各种地震中，占地震绝大多数且影响最大、最受工程界关注的是由于地质断层相对位移所引起的构造地震。地震时由于地震波的作用会产生地面运动，并通过房屋基础影响上部结构，使上部结构产生振动，这就是地震作用。地震波会使房屋产生水平振动与竖向振动。由于对建筑的破坏主要是由水平振动造成的，所以通常在结构抗震设计中主要考虑水平地震作用，只有震中附近的高烈度区，或竖向振动会对结构产生严重后果时才在抗震设计中同时考虑竖向地震作用。

地震作用使建筑产生的运动称为该建筑的地震反应，包括位移、速度与加速度。加速度将引起惯性力，所以地震作用本质上是一种惯性力，它属于一种间接作用，它与建筑的动力特性、所在场地的地质条件及地震的频谱特性等因素有关。

### 2. 基本烈度

基本烈度是指一个地区今后一定时间内（一般指 100 年），在一般场地条件下可能遭遇的最大烈度，它是抗震设防的基本依据。

### 3. 建筑重要性分类

为了针对重要性不同的建筑相应采取不同的抗震设防标准，《建筑抗震设计规范》GB 50011—2010 将各种建筑物按其重要性不同划分为甲、乙、丙、丁四类；甲类建筑等级最高，丁类建筑等级最低。

### 4. 抗震设防标准和设防烈度

抗震设防是指对建筑进行抗震设计，包括地震作用、抗震承载力计算、变形控制及采取必要的抗震措施，以达到抗御地震的效果。

抗震设防标准的依据是设防烈度，一般情况下采用基本烈度。

《高层建筑混凝土结构技术规程》JGJ 3—2010 规定：高层建筑抗震设计考虑在 6~9 度范围内设防。其地震作用应按以下规定计算：

甲类建筑应按专门研究的地震动参数（如地面运动加速度峰值、反应谱值或地震影响系数曲线）计算，并且应按提高设防烈度 1 度设计。

乙、丙类建筑当 6 度设防时Ⅰ～Ⅲ类场地上的建筑也需要进行抗震计算；Ⅳ类场地上的较高建筑及 7~9 度设防的建筑，应按本地区设防烈度进行抗震计算。

5. 抗震设防目标

《建筑抗震设计规范》GB 50011—2010 对于建筑抗震设防目标总的指导思想是：在建筑的使用寿命期间，对不同频度和强度的地震，要求建筑具有不同的抵抗能力，具体提出"三水准"的抗震设防目标：

第一水准：当遭受多遇的、低于本地区设防烈度的地震（或称"小震"）作用时，建筑物一般不应受损坏，或不需修理仍能继续使用。

第二水准：当遭受本地区设防烈度的地震作用时，建筑物可能有一定的损坏，经一般修理或不经修理仍能继续使用。

第三水准：当遭受高于本地区设防烈度的罕遇地震（或称"大震"）作用时，建筑物不致倒塌，或发生危及生命的严重破坏。

上述的第一、二、三水准，可归纳为"小震不坏、大震不倒、中震可修"。为达到这个抗震设防目标，《建筑抗震设计规范》GB 50011—2010 规定采取两个阶段的设计方法：

第一阶段设计：按小震作用效应和其他荷载效应的基本组合，验算结构构件的承载能力，以及验算小震作用下结构的弹性变形，以满足第一水准的抗震设防目标要求。

第二阶段设计：在大震作用下验算结构的弹塑性变形，以满足第三水准的抗震设防目标（防止倒塌）要求。

至于对第二水准的抗震设防目标要求，是通过抗震构造措施来加以保证的。

6. 钢筋混凝土高层建筑结构的抗震等级

《高层建筑混凝土结构技术规程》JGJ 3—2010 规定，钢筋混凝土高层建筑结构的抗震设计应根据设防烈度、结构类型和房屋高度采用结构抗震等级。抗震等级的划分体现了对不同结构构造措施的严格程度，并相应地体现了不同的设计计算方法。

钢筋混凝土高层建筑结构的抗震等级中一级要求最严，四级最低。

7. 地震区高层建筑结构体系（或称高层建筑抗震结构体系）选型的基本原则

地震区高层建筑结构体系选型的基本原则实际上属于抗震概念设计范畴，是对震害规律及工程经验的高度概括和总结，它以宏观的概念为指导，正确地解决高层建筑的总体方案（其中主要是高层建筑结构体系的合理选型）、材料使用和构造措施，以达到合理抗震，满足规范对抗震设防的要求。

概念设计比数值设计更为重要，地震区高层建筑结构体系选型的基本原则概括如下：

(1) 当有条件选择建筑场地时，应掌握工程地质和地震活动情况的有关资料，根据工程需要，按《建筑抗震设计规范》GB 50011—2010 对各类地段的划分原则，对建筑场地作出综合评价。

宜选择对抗震有利的地段；避开对抗震不利的地段。当无法避开对抗震不利的地段时，采取适当的抗震措施。

(2) 高层建筑基础的选型应根据上部结构情况、工程地质、施工条件等因素综合考虑确定，宜选用整体性较好的箱形、筏形或交叉梁式基础。当经过经济比较采用天然地基造价较高时，可考虑选用桩基础。

(3) 对高层建筑抗震结构体系的一般原则要求：

①具有明确的计算简图和合理的地震作用传递途径；

②具有多道抗震防线，避免因部分结构或构件破坏而导致整个结构体系丧失抗震能力（或对重力荷载的承载能力）；

③具有必要的强度和刚度、良好的变形能力和吸能能力，结构体系的抗震能力表现在强度、刚度和变形能力恰当地统一；

④具有合理的刚度和强度分布，避免因局部削弱或突变形成薄弱部位，产生过大的应力集中或塑性变形集中。

(4) 地震区钢筋混凝土高层建筑结构体系适用的最大高度应符合规范的要求。

(5) 钢筋混凝土高层建筑结构的高宽比不宜超过规范的限值。

(6) 地震区高层建筑结构的平面布置：

高层建筑的开间、进深尺寸和选用的构件类型应减少规格，符合建筑模数。与非地震区相同，地震区高层建筑的建筑平面也宜选用风压较小的形状，并考虑邻近建筑对其风压分布的影响。

地震区高层建筑结构的平面布置应符合下列要求：平面布置宜简单、规则、对称，减少偏心；平面长度 $L$ 及结构平面外伸部分长度 $l$ 均不宜过长。

(7) 地震区高层建筑结构的竖向布置：

地震区高层建筑的竖向体型应力求规则、均匀，避免有过大的外挑和内收使竖向刚度突变，导致在一些楼层形成变形集中，最终产生严重的震害。

(8) 设缝的一般原则：

在抗震设计中，用防震缝将结构分成若干段，把不规则结构变为规则结构。震害资料表明：设置防震缝的建筑在地震中往往由于防震缝宽度不够而导致相邻两部分建筑发生碰撞破坏；如防震缝宽度留得过大，则又会给其他方面（例如建筑、结构、设备的设计等）带来困难。

国内许多高层建筑结构通过合理的计算模型、构造处理及施工措施，采取不设缝或少设缝的做法，实践表明，这样的做法是成功的。

《高层建筑混凝土结构技术规程》JGJ 3—2010 规定：在设计中，宜调整平面形状和尺寸，采取构造和施工措施，不设伸缩缝、沉降缝和防震缝。当需要设缝时，应将高层建筑结构划分为独立的结构单元。

（9）伸缩缝设置的原则：

①当高层建筑结构未采取可靠措施时，其伸缩缝间距按规范控制。

②当屋面无保温或隔热措施时，或位于气候干燥地区、夏季炎热且暴雨频繁地区的结构，可适当减小伸缩缝的间距。

③当混凝土收缩较大，或室内结构因施工外露时间较长时，伸缩缝间距应适当减小。

④当采用一定的构造措施和施工措施（如施工后浇带等）减少温度和收缩应力时，可增大伸缩缝的间距。

（10）沉降缝设置的原则：

①当建筑物相邻部位荷载悬殊，或地基土层压缩性变化过大，造成较大差异沉降时，宜设置沉降缝将结构划为独立单元。沉降缝的基本要求是相邻单元可自由沉降，并能有效地传递水平力。

②高层建筑与裙房设沉降缝分开时，如二者的基础埋置深度相同，或高差较小，应采取措施保证高层部分的侧向约束。

③高层部分与裙房之间，当采用一定的措施后，可连为整体而不设沉降缝。

④沉降缝和防震缝的宽度应考虑由于基础转动产生结构顶点位移的要求。

（11）防震缝设置的原则：

需要抗震设防的建筑，当必须设缝时，其伸缩缝、沉降缝均应符合防震缝的要求。

（12）地震作用下钢筋混凝土高层建筑层间位移及顶点位移应满足规范的限制。

## 5.2.5 选择有效的房屋形式以控制侧移

### 1. 外柱倾斜的房屋形式

将房屋的外柱倾斜设置，使房屋成为截锥形，这是一种刚劲的形式，能使房屋刚度增大，侧移将可减少 10%~50%，特别是对于高度较高、宽度较窄的房屋结构影响最大。计算结果表明，外柱只要倾斜 8%，就能使一幢 40 层的房屋侧移减少 50%。

现代建筑中，美国芝加哥汉考克中心大楼就是采用外柱倾斜的角锥体房屋形式（图 5-3）。

### 2. 上窄下宽的房屋形式

将外部框架做成上窄下宽，这样做能有效减少侧移。当上窄下宽的变化延伸到房屋的全高时，结构效益最大。芝加哥 60 层的第一个国家银行的外部钢柱从底部向上收小，直到屋顶以下的三分之一处才直通到顶。

### 3. 圆形或椭圆形房屋形式

圆形或椭圆形房屋真正垂直于风向的表面积较少，因此风压值比棱柱体房屋大大减少。国外规范规定，对于圆形房屋的风荷载数值允许比矩形房屋的减少 20%~40%。

**4. 新月形房屋形式**

新月形房屋就像一个竖向的悬臂壳体一样（图 5-21）。新月形壳体形状能有效地增强它抵抗侧向力的刚度，它的作用就像波形的屋面壳体能有效地抵抗重力荷载一样。新月形的壳体形式能有效抵抗对称作用于它的侧向力。但是，当荷载不对称时则效能较差，这时将产生扭转效应，但这种应力可设置大的竖向边梁来抵抗。

图 5-21
新月形房屋形式

## 5.3　结构选型与建筑体型的配合

高层建筑设计中，由于水平荷载起主要控制作用，为了考虑水平荷载，结构上必须采取必要的手段去应对。所以，有些人认为高层建筑设计主要应考虑结构方面的问题，而建筑方面没有多少可以考虑的余地，结构在建筑选型中似乎充当主角的地位，这种看法是不完全正确的。从前面的讨论已经给我们启示，风荷载不仅在建筑高度上显示着它的作用，而且因建筑形状不同，其作用也有很大差别。所以在高层建筑设计中，不能认为结构束缚了建筑，相反，这正好有力地说明了建筑体型与结构选型相互配合的重要性，也说明了建筑师与结构工程师充分合作的必要性。在现代高层建筑设计中，有些建筑反映了建筑师对结构工程师的尊重，以结构的构成来表达建筑的完美形式；有些建筑反映了结构工程师对建筑师的理解，以创造性的结构处理去适应建筑功能的要求。

下面几个国外的建筑实例较好地反映了建筑体型与结构选型的相互配合。

### 5.3.1　美国休斯敦第一城市大厦

休斯敦的第一城市大厦是一幢 49 层的建筑（图 5-22），由于考虑到城市景观，建筑师在建筑立面设置了凹口，而这些凹口破坏了利用建筑主要立面建立风荷载支撑系统的可能性。这个建筑对结构提出的难题是采用中心管筒与外柱协同工作的办法来解决的。建筑平面呈平行四边形，中心的电梯间形成组合的混凝土管筒结构，它们承担来自建筑任何方向的大部分水平风荷载，外部的柱子也参与结构作用。每个打入混凝土中的轻钢支柱只承担垂直荷载，建筑物的端墙在抗风力上只起辅助作用，而设置在各层的隔板能够分担一部分水平风荷载。梁板系统则起到增强钢框架整体连续性的作用。

### 5.3.2　美国迈阿密地铁机关大楼

美国迈阿密地铁机关大楼（图 5-23）体现了建筑师与结构工程师的相互支持。这座建筑平面呈扁六边形，高 152.5m，下部架空，其中包含一个车站。建筑物下部被设计成一个巨大的抵抗弯矩的门形框架结构，它由端墙、窗下墙和 18.3m 高的大梁共同组成，上部

图 5-22
美国休斯敦第一城市大厦

— 刚性框架
— 组合式柱
— 组合式柱核心

662

（a）

（b）

门形框架上
的主体框架

悬臂剪力墙

60英尺高
的大梁

门形框架

窄边的风力

风

宽边的风力

60

内部剪力

图 5-23
美国迈阿密地铁机关
大楼

立面上各层的外墙与柱的荷载都由它来承担。对于风
荷载，建筑物就像地上的一个巨大的悬臂梁一样。当
风吹到建筑物主要立面上时，荷载从立面通过 15cm 厚
的楼板传递到端部的剪力墙上。

### 5.3.3　纽约电话电报公司总部大厦

纽约电话电报公司总部大厦（图 5-24）的结构造
型比较独特，地段狭长，建筑平面是简单的长方形。
这样的平面形式及其 197.3m 的高度，配上一个像高跷
一样的门廊，在结构设计中对抵抗风力来说是个潜在
的难题。由于建筑长轴方向有足够的刚度，因此如何
增强短轴方向的刚度就成为问题的关键。这个设计在
短轴方向采用了四个垂立的钢桁架来增强建筑抵抗风荷载的刚度，并用垂直的
钢桁架每隔八层向两边伸出一组"Ⅰ"形钢板墙搭在前后外墙的柱子上。为了
交通需要，在钢板上开了洞口。在建筑的底部设两个巨大的钢板箱，目的在于
抵抗水平剪力。

加固的杆件

钢板墙

刚性钢管框架

从钢框架到钢
板箱的过渡

承担剪力
的钢板

图 5-24
纽约电话电报公司总
部大厦

## 5.4　多层与高层房屋地下室的设置与基础类型

### 5.4.1　多层与高层房屋地下室的设置

在多层与高层房屋的下面一般都没有地下室，这通常出于两种考虑和
需要。

一种是出于使用要求。国外多层与高层公共建筑和居住建筑往往需要大
面积的停车场和汽车库，为了不与市政建设争地，把它们放在地上显然不如设
于地下合理，故都努力向地下发展。另外，将仓库、机房、配电间等一类附属
用房设于地下可节约地上建筑面积，自然也是合理的。国内目前在高层公共与

居住建筑中也存在停车场问题,在高层住宅中存放自行车问题也较突出。此外,还有人防方面的考虑。所有这些都要求我们着眼于地下,向下发展以争取空间。

另一种,也是更主要的,则是出自结构的考虑和需要,因为设置地下室可以减轻地基压力、提高房屋层数、增强抗倾覆能力并改善房屋的抗震性能。高层建筑的总荷载是相当大的,地基负担很重,有时甚至采用最有效的基础形式也还是难以胜任,所以如何减轻作用于地基上的总荷载具有很现实的意义。如果我们在建筑物下设地下室,从地基中开挖出所需要深度的土方之后,则基底处地基相当于减少了 $\gamma h$ 那么大的压应力($\gamma$ 为土的容量,$h$ 为开挖深度)。我们设想因设地下室从地基中挖去 10m 深的土方(相当于设 3~4 层地下室),基底处每平方米地基上就相当于减少 18t 的压力,如果建筑物标准层的重量为每平方米 1.0t,建筑物就可以在地基强度允许的情况下比不设地下室时多建 18 层,可见以 10m 深的土方换取了 18 层的上部建筑。所以,地下室的设置为解决荷重与地基强度这一矛盾开辟了新的途径。

国外在高层房屋下设 4~6 层地下室的情况很多。我国新北京饭店地下部分为 3 层。高层房屋如同一个悬臂构件一样承受水平外荷载,自然地下部分越深其抗倾覆的嵌固能力越高,从而提高了房屋总体的稳定性。同时,国内外的震害调查都表明,在多层与高层房屋下设地下室可以提高房屋总体刚度、减轻震害。

## 5.4.2 多层与高层房屋的基础类型

基础是建筑物的根基,是建筑物中极为重要的一个组成部分。一幢建筑物如果没有一个坚实可靠的基础,再好的上部结构也不可能正常发挥其作用,甚至可能导致上部结构的破坏与倾斜,因为基础类型选择不当或设计与施工不合理造成的工程事故很常见。基础类型的选择往往比上部结构选型更困难,其影响因素更多,因而也需要更加谨慎。

### 1.单独基础、条形基础和交叉条形基础

单独基础、条形基础和交叉条形基础形式(图 5-25),这几种形式的基础由于它们底面积小,地基所能提供给它的承载能力低,一般多应用于层数较少的多层工业厂房和民用房屋中。

当多层框架房屋的地基条件较好、原载力高、土层均匀时,可以考虑采用单独基础,一般以杯形基础应用较多;当荷载较大或地基比较软弱时,多层框架房屋则采用条形基础,以提高基础的承载能力、刚度和整体性,减少基础的不均匀沉降;当采用一般条形基础仍不能满足强度和刚度要求时,可采用交

| (a) | (b) | (c) | (d) |

图 5-25
常用基础形式
(a) 条形基础;
(b) 交叉条形基础;
(c) 刚性墙单独基础;
(d) 刚性墙条形基础

图 5-26
片筏基础与箱形基础
形式
(a) 倒交梁楼盖片筏
基础；
(b) 倒无梁楼盖片筏
基础；
(c) 箱形基础

叉条形基础，以进一步增加基础底面积和提高基础刚度。

当地基持力层略深或土层分布不均匀时，也可采用刚性墙单独基础（以刚性墙连接各单独基础）或刚性墙条形基础。

**2. 片筏基础与箱形基础**

当房屋层数较多或地基很软弱时，可考虑采用片筏基础和箱形基础（图 5-26）。片筏基础以整个大面积的筏片与地基相接触，因而可以传递很大的上部荷载，它们可以做成倒交梁楼盖的形式，也可以做成倒无梁楼盖的形式，后者板面厚度大、用料多、刚度较差，但施工较方便；前者则折算厚度小、用料省、刚度好，然而施工麻烦、费模板。国外以厚平板式筏片基础应用较多，厚度常达 2~3m，它有利于降低整个房屋的重心并提高其抗倾覆能力，但它也增加了地基负担（3m 厚混凝土重 7.5t/m$^2$），尤其是对软弱地基很不利。当房屋层数较少时，宜采用倒交梁楼盖式片筏基础，此类基础在我国应用较多。

箱形基础是一个由内顶板、底板和内外壁组成的非常刚强的空间盒子，它具有比上述各种基础都大得多的刚度和整体性。如果把地下室的空间也考虑在内，则其混凝土与钢材的用量不一定比片筏基础消耗大，因而在经济上也合理。箱形基础用作高层建筑的基础，无论是在国外还是在国内都是相当普遍的。

**3. 桩基础**

多层与高层房屋也可以采用桩基础（图 5-27）。当上部结构荷载太大且地基软弱，坚实土层距基础底面较深，采用其他基础形式可能导致沉降过大而不能满足要求时，常采用桩基础，或桩基础与其他形式基础联合使用以减少地基变形。另外，对于坚实土层（一般指岩层或密实砾砂层）距基础底面虽深度不大，但起伏不一（易导致沉降不均）的情况采用桩基础是合理的。它能适应土层起伏的变化。

桩基础是以表面摩擦力和桩头压力把上部荷载传给下部土层的，根据摩擦力与桩头压力在所传总荷载中的比例可以分为摩擦桩和端承桩两种。摩擦桩主要是通过表面摩擦力传递并扩散荷载至下部地基；而端承桩则主要通过桩

图 5-27
桩基础示意图

头压力传递荷载至下部地基。摩擦桩适用于软弱土层较深的情况；而端承桩则适用于软弱土层下不深处有坚实土层的情况。

根据施工方法的不同，桩又可以分为预制桩和灌注桩两种。预制桩是将桩预制好再通过打桩机打入地基；而灌注桩则是通过现场机械钻孔或现场打入钢管成孔，然后再浇筑混凝土制作的桩。预制桩出于起吊、运输和贯入时的需要，一般用钢量较大、经济性不好；而灌注桩则可不配筋或仅配很少的构造筋，用钢量很少、造价较低且施工方便。现在国内一些工程中采用灌注桩都很成功。

在具体工程中，选择基础形式时通常要考虑如下因素：

（1）上部结构的层数与荷载情况是决定基础形式的重要因素。层数越多、荷载越大，就要求基础的承载能力越高、总体刚度越大。国外采用 2~3m 厚的片筏就是出于提高基础刚度的一种考虑。

（2）上部结构的结构形式和结构体系也直接影响基础形式的选择。不同的上部结构对地基均匀变形的敏感程度是不同的，上部结构对地基不均匀变形越敏感，越应尽可能提高基础的总体刚度。例如框架—剪力墙体系，剪力墙与框架两者对基础的作用是完全不同的，如基础因刚度不足在上述相差极大的力的作用下发生变形（剪力墙下基础局部变形过大），则将完全改变框架—剪力墙本来的协同工作情况，这对框架是极为不利和危险的（剪力墙将部分卸荷给框架）。为此，剪力墙与框架最好设在同一个刚性基础上。

（3）地基条件，如地基的上层分布、各土层的强度与变形性质、地下水位情况等，是选择基础形式最根本的依据。同样高度与荷载的房屋，由于地基条件的不同可能选用完全不同的基础形式。当软弱土层厚度不深时，采用箱形基础直接坐落在较好的土层上，或采用端承桩是比较合理的；而当软弱土层很深时，则以采用摩擦桩，或者摩擦桩与箱形基础、片筏基础联合使用的形式较为合理。

（4）基础工程无论在工程量、材料消耗和造价上都在多层与高层建筑中占有很大的比例，甚至随房屋高度增加，有使单位建筑面积造价中基础费用提高的趋势。所以，经济是否合理、施工技术是否可能和方便，也是选择基础形式时必须加以重视的重要因素。

## 5.5  转换层在多、高层建筑中的应用

### 5.5.1  高层建筑功能的综合化

在我国高层建筑发展的早期阶段，所设计建造的高层建筑大都为单一用途，例如：高层住宅、高层旅馆、高层办公楼等。后来陆续开始在高层住宅底层设置生活福利设施，近年来开始大量兴建集吃、住、办公、娱乐、购物、停车等为一体的多功能综合性高层建筑，并已成为现代高层建筑的一大趋势（图 5-28）。

高层建筑功能综合化的优点：

（1）将各种使用功能的建筑单元集中布置并上下组合在一起，使用上更

方便省时，为人们提供良好的生活环境和工作条件，适应现代社会高效率、快节奏生活的需要。

（2）集中紧凑的建筑布置、相应集中紧凑的管道线路有利于节约建设投资及减少能源消耗，也有利于物业管理，节约管理费用。

（3）可减少建筑占地面积，节约土地费用。

### 5.5.2 多功能综合性高层建筑结构体系的特点

从建筑使用功能而言，在设计中，通常将大柱网的购物商场、餐厅、娱乐设施设于多功能综合性高层建筑的下层部分，而将较小柱网、较小开间的住宅、公寓、旅馆、办公功能的建筑设于中、上层部分。这种建筑使用功能的特点相应决定了多功能综合性高层建筑结构体系的特点。由于不同建筑使用功能要求不同的空间划分布置，相应地要求不同的结构形式，如何将它们通过合理地转换过渡沿竖向组合在一起，就成为多功能综合性高层建筑结构体系的关键技术。这对高层建筑结构设计提出了新的问题，需要设置一种称为"转换层"的结构形式来完成上下不同柱网、不同开间、不同结构形式的转换，这种转换层广泛应用于剪力墙结构及框架—剪力墙等结构体系中。

图 5-28
多功能综合性高层建筑

### 5.5.3 转换层的类型及其工程实例

按照不同的结构转换功能，转换层可分为以下三种类型：

（1）高层建筑上层与下层的结构形式不同，通过转换层完成其从上层至下层不同结构形式的变化。

①工程实例之一——墨西哥城的日光饭店，地上 38 层，地下 4 层，总高度为 138.4m。上部客房为剪力墙结构，通过转换层到下部变为大空间的框架结构，如图 5-29 所示。

②工程实例之二——北京南洋饭店，地上 24 层，总高度为 85m。第 1~4 层为框架结构，第 6 层以上为剪力墙结构，第 5 层为转换层，剪力墙的托梁高度 $A=4.5m$，底层柱最大直径 $D=1.6m$（图 5-30）。

③工程实例之三——广东肇庆星湖大酒店，34 层，总高度为 118.4m，6 层以上客房采用剪力墙结构，5 层处设置转换大梁，截面尺寸为 0.5m×2.5m，转换为下层的框架结构（图 5-31）。

图 5-29
墨西哥城日光饭店

图 5-30
北京南洋饭店

标准层　转换层　下层

34.2m　34.2m

柱 0.8m×2.0m

图 5-31
广东肇庆星湖大酒店

　　(2) 高层建筑上层与下层的结构形式不变，但通过转换层完成其从上层至下层不同柱网轴线布置的变化。

　　①工程实例之一——中国香港新鸿基中心，51 层，总高度为 178.6m，筒中筒结构体系。1~4 层为大空间商业用房，5 层以上为办公楼。外框筒柱距为 2.4m，为解决底层大柱网入口处上、下不同结构柱网轴线的转换，采用截面尺寸为 2.0m×5.5m 的预应力混凝土大梁，将下层柱距扩大为 16.8m 和 12m（图 5-32）。

　　②工程实例之二——中国香港康乐中心，52 层，总高度为 178.7m，筒中筒结构体系，外筒为薄壁剪力墙筒，墙厚由底部的 500mm 变化到顶部的 150mm，墙上开有圆形的窗洞。在底层入口进行了转换：通过采用截面尺寸为 2.2m×3.56m 的预应力混凝土大梁作为转换大梁，将外筒全部竖向荷载通过 10 根外柱传至下部基础（图 5-33）。

　　(3) 通过转换层同时完成高层建筑上层与下层结构形式与柱网轴线布置的变化。

　　①工程实例之一——捷克布拉迪斯拉发市的基辅饭店，19 层，总高度 60m，上层客房采用密柱网的框架结构，下层采用大空间剪力墙结构，在第 4

(a)

2000×5500
预应力大梁　4000×1500

750×1250
2700×1500

2000×5500
预应力大梁

34400

48800

(b)

5200
300×1500

1000×650
预制梁
（与外柱刚接与
核心筒铰接）
500~900

10×2400
34400
1250~600
750

5200　5200
16×2400
48800

图 5-32
中国香港新鸿基中心
(a) 5 层平面；
(b) 标准层平面

図 5-33
中国香港康乐大厦
(a) 剖立面；
(b) 正立面；
(c) 标准层平面

层顶部通过 1400mm 的钢筋混凝土厚板转换。不仅转换了上、下层的结构形式，而且还改变了上、下层的柱网轴线（图 5-34）。

②工程实例之二——中国香港 Harbour Road Development 大厦，49 层，总高度 180m，上层为小柱距框筒结构，通过截面尺寸为 1.8m（b）×4.25m（h）的预应力混凝土大梁进行转换，将下层柱距扩大为 9.6m 和 12m（图 5-35）。

### 5.5.4 内部结构采用的转换层结构形式

为实现高层建筑内部上、下层结构形式与柱网的变化，可以用图 5-36 所示的各种转换层结构形式。

**1. 梁式转换层**（图 5-36a，图 5-36b）

由于它受力明确，设计与施工简单，一般用于上层为剪力墙结构、下层为框架结构的转换。当纵、横向同时需要转换时，可采用双向梁布置的转换方式（图 5-36b）。前述北京南洋饭店、广东肇庆星湖大酒店、广州金鹰大厦、北京国际贸易中心国际旅馆都是采用梁式转换层。此外，国内采用梁式转换层的工程还有深圳四川大厦、深圳航空大厦、成都岷山饭店等一批高层建筑。可见，梁式转换层的应用是较广泛的。

**2. 板式转换层**（图 5-36c）

当上、下柱网、轴线有较大的错位，不便用梁式转换层时，可以采用板式转换方式。板的厚度一般很大，以形成厚板式承台转换层。它的下层柱网可

图 5-34
捷克布拉迪斯拉发市
基辅饭店（左）
(a) 横剖面；
(b) 纵剖面
图 5-35
中国香港 Harbour Road
Development 大厦（右）
(a) 标准层平面；
(b) 纵剖面

| (a) | (b) | (c) | (d) | (e) | (f) |

以灵活布置，不必严格与上层结构对齐，但板很厚、自重很大、材料用量很多。本节前述之基辅饭店就采用的厚板式转换层。此外，中国香港的绿杨新村，35层板支剪力墙住宅，由于它跨越在铁路线上方建设，需将按上层布置的剪力墙转换到按铁路间距布置轴线的底层柱上，上下柱网、轴线对不上，于是就采用厚板转换层，从而满足了建筑功能的要求。

图 5-36
内部结构采用的转换层结构形式
(a) 单向梁式；
(b) 双向梁式；
(c) 板式；
(d) 箱式；
(e) 桁架式；
(f) 空腹桁架式

3. 箱式转换层（图 5-36d）

当需要从上层向更大跨度的下层进行转换时，若采用梁式或板式转换层已不能解决问题，这种情况下，可以采用箱式转换层。它很像箱形基础，也可看成是由上、下层较厚的楼板与单向托梁、双向托梁共同组成，具有很大的整体空间刚度，能够胜任较大跨度、较大空间、较大荷载的转换。北京假日艺苑皇冠大厦中采用了箱式转换层，其跨度为 17.95m，宽度为 22.1m，高度为 4.05m，上、下板的厚度为 500mm，侧板厚度为 400mm，中肋宽度为 600mm，上板还有截面为 400mm×1100mm 的横向梁 5 根。

4. 桁架式转换层（图 5-36e）

这种形式的转换层受力合理明确、构造简单、自重较轻、材料较省，能适应较大跨度的转换，虽比箱式转换层的整体空间刚度小，但比箱式转换层占用空间少。

5. 空腹桁架式转换层（图 5-36f）

这种形式的转换层与桁架式转换层的优点较相似，但空腹桁架式转换层的杆件都是水平、垂直的，而桁架式转换层则具有斜撑杆。

空腹桁架式转换层在室内空间利用上比桁架式转换层好，比箱式转换层更好。

## 5.5.5 外围结构采用的转换层结构形式

前述转换层结构形式主要用于内部结构的上、下层转换。对于外围结构（例如框筒），往往由于建筑功能的需要需在底部扩大柱距，目前一般有图 5-37 所示的几种结构处理方案。其中，梁式转换（图 5-37a）曾在美国波特兰大厦中采用；桁架式转换（图 5-37b）曾在纽约美国第一威斯康星中心采用；墙式转换（图 5-37c）曾在美国西雅图金融中心采用；合柱式转换（图 5-37e）曾在原纽约世界贸易中心采用；拱式转换（图 5-37f）曾在美国 IBM 大厦采用。

近年来，国内在多功能综合性高层建筑中对转换层结构形式也进行了很多探索和实践，以下介绍两种形式的结构转换。

1. "V" 形柱式结构转换

重庆银星商城（图 5-38），总建筑面积 49800m²，地上 28 层，总高度 101.2m，为商住、商贸综合楼，1~9 层为商场，基本柱网为 7.80m×7.80m 及

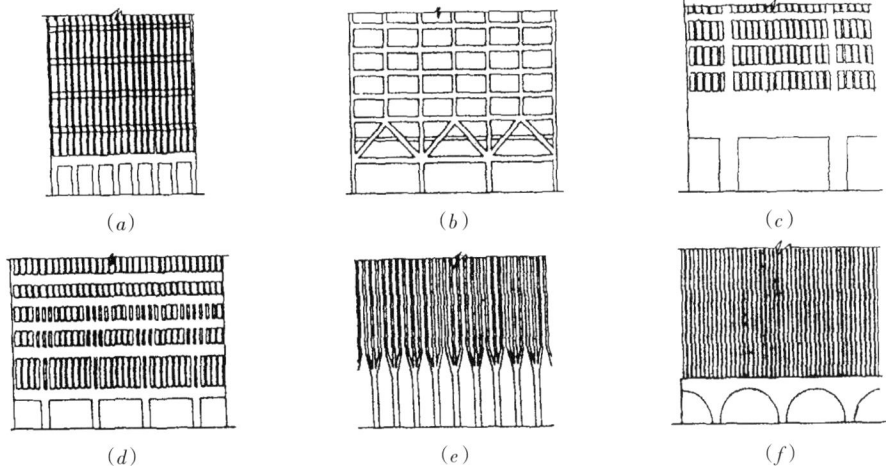

图 5-37
外围结构采用的转换
层结构形式
(a) 梁式转换;
(b) 桁架式转换;
(c) 墙式转换;
(d) 间接式转换;
(e) 合柱式转换;
(f) 拱式转换

7.80m×9.30m, 第 10 层为技术层及物业管理, 第 11~26 层为住宅, 第 27 层及第 28 层为电梯技术间及水箱间。由于上部住宅的柱网、轴线与下部商场不能完全重合, 对前述的一些转换层结构形式经分析都不适应本工程特点, 而且材料用量及造价均较高。后经研究决定, 在第 9 层与第 10 层利用两层空间设置 4 根 "V" 形柱来完成结构转换, 如图 5-39 所示。

在该设计中, "V" 形柱占据两层层高。其斜度为 1/5.3, 在上面一层为两肢对称的斜柱, 到下面一层合为实腹的倒梯形柱, 双斜柱的截面积之和不小于下面倒梯形柱的截面积。在斜柱的顶部用强劲的拉梁互相连接, 同时在斜柱的外跨框架梁采取加腋措施。计算表明, 采用 "V" 形柱式结构转换时, 该层梁的剪力及弯矩均比梁式结构转换要小得多 (图 5-40)。采用梁式结构转换时, 由于梁的截面很大、配筋复杂, 施工有一定难度; 而采用 "V" 形柱式转换大大改善了构件的受力状况, 且材料耗量及造价随之大幅度下降。图 5-41 和

南立面图

(a)

(b)

图 5-38
重庆银星商城 (左)
图 5-39
结构标准层平面图(右)
(a) 住宅结构平面图;
(b) 商场结构平面图

图 5-40
"V" 形柱式结构转换
（左）
图 5-41
楼层梁的弯矩和剪力比
较（右）

表 5-8 为 "V" 形柱式转换与梁式转换的内力和材料耗量及造价比较。表中数字表明，"V" 形柱式转换梁有传力直接、耗材少、投资省的优点。上述计算中，若再计入转换层楼板厚度的减小，其经济效益将更为显著。

材料耗量及造价比较表　　　　　　　表 5-8

| 序号 | 项目 | 混凝土 (m³) | 钢材 (t) | 直接费（元） |
|---|---|---|---|---|
| ① | "V" 形柱式转换 | 22.9 | 3.9 | 26400 |
| ② | 梁式转换 | 38.3 | 9.6 | 63200 |
| ③ | ①/② | 0.6 | 0.41 | 0.43 |

注：表中材料耗量及造价为一根 "V" 形柱式转换比较。

### 2. 斜柱式结构转换

沈阳华利广场大厦，33层，总高度115m，框架—核心筒结构体系（图 5-42），由中国建筑东北设计研究院设计。7层以上用作写字间、公寓，环绕圆形核心筒设有 16 根走廊柱，目的是为了减小呈辐射状平面布置的主梁的跨度，并相应减小层高。然而，在 7 层以下这 16 根环状布置的柱对商场的布置是不利的，应予去除，这就构成了上、下层结构的转换问题。

图 5-42
华利广场大厦平面及
剖面图

在设计中，采用斜柱双环转换结构的具体做法是：将转换层以上 16 根环状平面布置的竖直柱在两层楼高范围内一律向核心筒方向转折，最终与核心筒相交（从剖面可以看出）。由于核心筒内设有楼梯、电梯、管道井、楼板，楼板开洞较多，这 16 根斜柱内力的水平分量（在斜柱顶部的楼层上为向外水平力，在斜柱底部的楼层上则为向内水平力）主要由核心筒外的圆环形楼板来承受。计算表明，在斜柱顶部的楼层梁板出现环向拉力，在斜柱底靠近核心筒的楼层梁板则出现环向压力。于是根据计算结果，相应分别在斜柱顶部与斜柱底部设置了抗拉环梁与抗压环梁。斜柱顶部的环梁—楼板—辐射梁一斜柱节点构造如图 5-43 所示，在设计中将环梁、楼板、斜柱顶主环梁的中心置于同一水平面上。

由于斜柱在其与竖柱相交处产生的水平分力作用于楼层，对该水平力最好的处理办法是设法在最短的传力途径上予以平衡消失。就这点来说，斜柱宜成双对称设置。如重庆银星商城大厦的"V"形柱式结构转换，实际上是斜柱成双对称设置情形。而沈阳华利广场大厦虽用的是单斜柱，但它对核心筒呈对称环状分布，在斜柱顶部的环向拉力及斜柱底部的环向压力分别由抗拉环梁与抗压环梁来承担，在斜柱的上、下节点中，由于多向钢筋的汇交可能给施工带来困难，在设计中应结合具体情况对这类配筋构造细节作慎重处理。

斜柱穿越的层数最少是一层，也可根据需要穿越 2~3 层，增多穿越的层数可使斜柱对楼层的水平分力大为降低。沈阳华利广场大厦的设计计算表明，当将斜柱穿越的层数由一层改为两层之后，斜柱顶主环梁的环向拉力总值会减低为原拉力值的 50%。

图 5-43
环梁一楼板一辐射梁一
斜柱节点构造

## 5.5.6 转换层结构性能特点

转换层结构形式很多，但迄今有关的深入研究、计算资料太少，震害资料尤其缺乏。这里仅介绍同济大学对梁式转换层及空腹桁架式转换层结构模型试件进行竖向和水平往复荷载作用下的对比试验结果。

试验模型的背景工程是上海兴联大厦，地上 25 层，总高度 77.7m，4 层为结构转换层。为探索合理的转换层结构形式，分别制作了梁式转换层试件及空腹桁架式转换层试件，试件共 5 层，缩尺比例为 1：6，混凝土强度等级为 C30，梁式转换层及空腹桁架式转换层试件如图 5-44 所示，两个试件均采取相同的加载方式。

试验得到了如下主要结论，可供体系选型参考。

（1）在竖向荷载及水平往复荷载的作用下，两个试件的破坏形态（图 5-45）截然不同。梁式转换层试件的破坏是由框支柱上、下端相继出现塑性铰而成为可变结构所致；而空腹桁架式转换层试件的破坏是由桁架中的一个腹杆剪切引

图 5-44
试件图（左）
（a）梁式转换层试件；
（b）空腹桁架式转换
层试件
图 5-45
试件破坏形态图（右）
（a）梁式转换层试件；
（b）空腹桁架式转换
层试件

（a）　　　　　（b）　　　　　（a）　　　　　（b）

起的，框支柱基本保持完好。

（2）梁式转换层试件的水平屈服荷载和极限荷载均略大于空腹桁架式转换层试件，但相差均在 5% 以内。

（3）空腹桁架式转换层试件的位移延性及可用位移延性均好于梁式转换层试件，主要原因是由于其在水平荷载作用下的变形比较分散，降低了对框支柱的变形要求。

（4）空腹桁架式转换层试件的耗能能力远大于梁式转换层试件，主要原因在于空腹桁架本身的耗能能力远远超过大梁。空腹桁架是高次超静定结构，会产生塑性内力重分布，加之桁架各杆件的变形较大、裂缝开展较多，也在一定程度上提高了它的耗能能力。

## 5.6 高层建筑塔楼旋转餐厅的结构设计

### 5.6.1 国内旋转餐厅概况

自 20 世纪 70 年代开始，随着我国旅游业的发展，在一些大城市纷纷建造了旋转餐厅。由于旋转餐厅在建筑塔楼顶部，对建筑物的艺术形象有着重要影响，因此，在设计方面使其实现功能与艺术形式的统一，以及使建筑物与周围环境协调，就成为一个值得探索的问题。建筑设计要求多样化又反过来促进了旋转餐厅设计的多样化。在国内已经建成的旋转餐厅见表 5-9。

国内旋转餐厅概况

表 5-9

| 序号 | 建筑物名称 | 旋转台直径 | | 旋转台宽度 (m) | 使用建造情况 |
|---|---|---|---|---|---|
| | | 外径 (m) | 内径 (m) | | |
| 1 | 南京金陵饭店 | 30.58 | 22.58 | 4.00 | 已正式营业 |
| 2 | 广东佛山旋宫酒店 | 17.45 | 9.85 | 3.80 | 已正式营业 |
| 3 | 北京西苑饭店 | 31.00 | 22.00 | 4.50 | 已正式营业 |
| 4 | 广州花园酒店 | 35.00 | 24.69 | 5.16 | 已正式营业 |
| 5 | 深圳国际中心大厦 | 34.04 | 22.35 | 5.85 | 已正式营业 |
| 6 | 北京昆仑饭店 | 31.00 | 25.60 | 2.70 | 已正式营业 |
| 7 | 北京国际饭店 | 32.00 | 26.60 | 2.70 | 已正式营业 |
| 8 | 湖南郴州市工业品贸易中心 | 15.80 | 9.80 | 3.00 | 已正式营业 |
| 9 | 山东济南劳动培训中心 | 28.00 | 21.60 | 3.20 | 已正式营业 |
| 10 | 辽宁锦州运西贸易中心 | 28.00 | 22.60 | 2.70 | 已正式营业 |
| 11 | 江西南昌经济大楼 | 29.00 | 22.00 | 3.50 | 已正式营业 |
| 12 | 河南郑州黄河平大厦 | 24.60 | 20.20 | 2.20 | 已正式营业 |
| 13 | 重庆西南华庆大厦 | 31.42 | 21.42 | 5.00 | 已正式营业 |
| 14 | 汕头国际大酒店 | 25.50 | 17.50 | 4.00 | 已正式营业 |
| 15 | 上海亚洲宾馆 | 26.60 | 16.60 | 5.00 | 已正式营业 |

### 5.6.2 塔楼结构方案与建筑方案的关系

塔楼结构方案在很大程度上受建筑设计方案的影响。从建筑功能与艺术形式出发，塔楼的形式很多。就平面来说，有圆形的，有多边形的；就旋转餐厅外墙形式来说，有倾斜式的，有垂直式的；就塔楼平面与下层主楼平面相对关系来说，有收进式的，有悬挑式的。

在确定塔楼结构方案时，要考虑建筑体型的特点和要求以及上层塔楼与下层主楼平面的相对关系。一般说来，当上层塔楼平面外轮廓位于主楼平面外轮廓之内，即为收进式时（图5-46），可以采用钢筋混凝土结构；当上层塔楼平面外轮廓挑出主楼平面外轮廓，即为悬挑式时（图5-47），一般都做成钢结构，但也有采用钢筋混凝土结构的（如汕头国际大酒店）。

图 5-46
南京金陵饭店塔楼剖面

图 5-47
北京昆仑饭店塔楼剖面

当采用收进式钢筋混凝土结构时，除了要考虑如何将旋转平台的荷重传递到下层承重结构之外，还要考虑高振型鞭梢效应对旋转餐厅的不利影响，加强刚度突变处上下层结构之间的连系。

当采用悬挑式钢结构时，除了要考虑旋转平台荷重的传递和高振型鞭梢效应的影响之外，还要着重考虑钢结构的悬挂方案，解决悬挑构件的倾覆平衡问题以及钢结构与混凝土之间的连接问题。矛盾的焦点往往集中在旋转餐厅顶板的结构布置上。

在确定塔楼旋转餐厅结构方案时，除了要考虑建筑方案要求之外，同时还要考虑主楼结构体系的特点。下面通过工程实例的介绍，分析塔楼旋转餐厅结构形式的选择。

图 5-48
北京昆仑饭店平面示意图

北京昆仑饭店由北京市建筑设计院设计。塔楼平面呈"S"形,剪力墙结构见图5-48。第27层为旋转餐厅,主楼东部为24层,西部为21层。塔楼位于"S"形中部,25层平面为六边形,26~28层平面为圆形。塔楼的主要抗侧力构件为六边形钢筋混凝土筒体,筒体内又包含一个矩形电梯井筒。内力分析考虑了五个振型,计算结果表明塔楼高振型鞭梢效应显著。为了改善刚度突变

图 5-49
北京昆仑饭店塔楼墙体钢柱示意图

带来的不利影响,提高塔楼的抗震能力,在六边形筒体墙的角点相中点设置了9组实腹焊接组合钢柱(图5-49)。钢柱分别从东西侧刚度突变处的下一层开始,直通塔楼屋顶。钢柱既解决了27层顶悬挑钢梁外支点局部压应力过大的问题,又提高了钢筋混凝土筒体墙的强度、刚度和延性,起到了第二道抗震设防的作用。

塔楼结构最复杂的部位为27层顶(图5-50)。自25层顶板开始,塔楼自六边形墙外挑。

在27层顶利用电梯井筒设计了平衡钢中心框,中心框沿电梯井筒外沿交圈,在钢框上下两层铺放钢筋网后,自钢中心框向外浇以80cm厚钢筋混凝土平板,沿辐射方向布置12根1.9m高的焊接"工"字形钢梁,环向布置3道焊接钢环梁。辐射方向的大钢梁以中心框为内支点,外支点为六边形筒体墙。在筒体墙以内这段钢梁上浇钢筋混凝土板;为了减轻悬挑段重量,筒体墙以外的板采用陶粒混凝土。

26层顶部结构悬挂在27层顶上(图5-51),自27层顶12根大钢梁外端,

沿旋转餐厅外墙圆周悬挂 48 根钢吊柱，内支点为六边形筒体墙。结合 27 层旋转平台轨道位置布置 4 道环向钢梁，钢梁上浇钢筋混凝土板，六边形筒体墙以外采用陶粒混凝土。钢结构构件之间用高强度螺栓连接。

昆仑饭店塔楼旋转餐厅结构设计的特点：利用电梯井筒设计了中心平衡框以解决悬挑钢梁的倾覆问题；在六边形筒体墙的角点设置钢柱，有效地提高了塔楼的抗震能力。塔楼外形比较美观，但由于建筑体型的要求，结构构造比较复杂，施工困难较多，对钢结构制作安装精度要求严格，用钢量也较多。

南京金陵饭店由中国香港巴玛登纳事务所设计。主楼平面为正方形，塔楼平面收进为圆形（图 5-52）。外框内筒结构，外框由两排钢筋混凝土柱组成延性框架，内核为由楼梯、电梯间组成的钢筋混凝土井筒。36 层为旋转餐厅，旋转平台轨道支承在截面为 300mm×1020mm 的环向反梁上，平台重量通过反梁传至下一层截面为 150mm×2670mm 的深梁上。为满足隔声要求，深梁与下层楼板隔开 30mm，直接支承在内外两排柱上。由于塔楼平面收进，可做成钢筋混凝土结构。这种设计的结构构造简单、施工方便、用钢量较省，但塔楼体型欠美观，视线有部分受角筒遮挡。

图 5-50
北京昆仑饭店 27 层顶板结构平面（左）
图 5-51
北京昆仑饭店 26 层顶板结构平面（右）

图 5-52
南京金陵饭店平面示意图

### 5.6.3　塔楼方案设计应注意的几个问题

（1）塔楼结构设计在很大程度上受建筑方案的影响。当塔楼平面外轮廓小于主楼平面外轮廓为收进式时，一般可做成钢筋混凝土结构。这种结构设计使结构简化、施工方便、材料节省、造价经济。当塔楼平面外轮廓超出主楼平面外轮廓为悬挑式（特别是当悬挑跨度较大，或挑梁高度受塔楼立面限制）时，一般宜做成悬挂钢结构。这种结构设计和施工比较复杂，用钢量和造价也很高。因此，建筑设计应与结构设计密切配合，综合分析各种因素后，再确定塔楼旋转餐厅的方案。

（2）塔楼旋转餐厅的结构设计与主体结构体系密切相关。无论是框架结构、框剪结构、剪力墙结构或筒体结构，在可能的情况下应尽量将主楼抗侧力构件自下而上贯通至塔楼顶层。在地震区为了改善振型鞭梢效应的不利影响，应采取措施提高建筑物的结构强度和延性。

（3）塔楼作为高层建筑的局部突出部分，在水平地震荷重作用下的动力反应是一个十分复杂的问题，目前在地震区的设计中常常采用的仅将塔楼地震剪力放大的做法是很粗略的，应进一步研究塔楼与主楼高度、刚度、质量分布之间的相互关系并作出定性和定量分析，以便为在初步设计阶段确定塔楼的结构形式以及在技术设计和施工图阶段加强关键部位和薄弱环节提供设计依据。

## 5.7　高层建筑防火

现代世界各国，高层建筑雄踞在都市空间构成现代化城市的独特风貌。这些建筑造型各异、丰富多彩，一幢幢圆形、方形、矩形、三角形、多边形的参天塔楼被混凝土、陶瓷、金属及玻璃装点得千姿百态，宛如一首首"凝固的音乐"篇章。

高层建筑的发源地美国芝加哥是美国的商业中心，经济发展很快，并在一场特大火灾后开始大量建造耐火的建筑。随着经济的发展、人口的增加，地价越来越高，高层建筑发展很迅速，高层建筑的层数和高度也随之迅猛增加。1974年在芝加哥建成了110层、高433m的希尔斯大厦。目前已建成的世界最高十大建筑见表5-10。

已建成的世界最高十大建筑　　　　　　　　　表5-10

| 排名 | 建筑名称 | 城市 | 建成年份 | 层数 | 高度（m） | 结构材料 | 用途 |
|---|---|---|---|---|---|---|---|
| 1 | 哈利法塔 | 迪拜 | 2010 | 162 | 828 | 组合 | 多用途 |
| 2 | 上海中心大厦 | 上海 | 2015 | 126 | 632 | 组合 | 多用途 |
| 3 | 麦加皇家钟楼 | 麦加 | 2012 | 120 | 601 | 组合 | 多用途 |
| 4 | 平安金融中心 | 深圳 | 2017 | 115 | 599 | 组合 | 多用途 |
| 5 | 乐天世界大厦 | 首尔 | 2017 | 123 | 555 | 组合 | 多用途 |
| 6 | 新世界贸易中心 | 纽约 | 2004 | 104 | 541 | 组合 | 办公 |

| 排名 | 建筑名称 | 城市 | 建成年份 | 层数 | 高度（m） | 结构材料 | 用途 |
|------|---------|------|---------|------|----------|---------|------|
| 7 | 周大福金融中心 | 广州 | 2016 | 112 | 530 | 组合 | 办公 |
| 8 | 天津 CTF 金融中心 | 天津 | 2019 | 96 | 530 | 组合 | 多用途 |
| 9 | 中信大厦 | 北京 | 2018 | 109 | 527.7 | 组合 | 多用途 |
| 10 | TAIPEI 101（原名金融中心） | 中国台北 | 2004 | 101 | 508 | 钢 | 多用途 |

　　我国高层建筑的发展较迟，20世纪初随着城市的发展和钢筋混凝土结构的广泛应用，高层建筑也不断涌现。国内高层建筑的类型目前以高层宾馆和住宅为主。高层住宅在大中城市内则比比皆是，其布局常以多幢构成建筑群体，不但使城市空间高低错落、疏密相间、富有时代特色，又有利于报警、防火等设施的统一安排。我国已建成的最高十大建筑见表 5-11。

**已建成的我国最高十大建筑**　　　　　　　　表 5-11

| 排名 | 建筑名称 | 城市 | 建成年份 | 层数 | 高度（m） |
|------|---------|------|---------|------|----------|
| 1 | 上海中心大厦 | 上海 | 2015 | 126 | 632 |
| 2 | 平安金融中心 | 深圳 | 2017 | 115 | 599 |
| 3 | 周大福金融中心 | 广州 | 2016 | 112 | 530 |
| 4 | 天津 CTF 金融中心 | 天津 | 2019 | 96 | 530 |
| 5 | 中信大厦 | 北京 | 2018 | 109 | 527.7 |
| 6 | TAIPEI 101（原名金融中心） | 中国台北 | 2004 | 101 | 508 |
| 7 | 上海金融环球中心 | 上海 | 2008 | 104 | 492 |
| 8 | 香港环球贸易广场 | 中国香港 | 2008 | 118 | 484 |
| 9 | 紫峰大厦 | 南京 | 2008 | 93 | 450 |
| 10 | 京基 100 | 深圳 | 2011 | 100 | 441 |

　　高层建筑是当代建筑领域的一个重要研究课题，它在城市规划、建筑设计、结构设计、施工、通风空调、给水排水及电气等方面都有特殊要求，而且均与防火有着非常密切的关系。但是，设计往往着力于内部功能、中庭空间及外部形象等方面，而对建筑来说最原始、最基本的功能之一的保卫、安全却往往被忽视。高层建筑因其巨大的高度和复杂的功能，一旦发生火灾便将造成巨大的危害。许多国家都经历过多次重大火灾的惨痛教训，因而对高层建筑防火的重要性有了明确的认识。防火问题若不能妥善解决，高层建筑的存在和发展都将受到严重的威胁。为使在高层建筑发生火灾时能保障人民的生命财产安全，高层建筑防火设计这一新的学科便应运而生了。

　　防火设计属于综合性质，其内容涉及各个工种，其中建筑居于最主要的地位，只有在设计时完善地解决了总体布局、防火分区、安全疏散及耐火构造等方面的问题，此建筑设计才能被防火管理部门认可和批准。

当今的设计考虑高层建筑防火的重要性虽已毋庸置疑，但当建筑处理与防火规范发生矛盾时，则又可能与消防部门"顶牛""扯皮"，或者相反地被迫将方案作很大的变动。也有设计人员屈服于业主的压力，作了不利于防火要求的改动，这就不利于保障安全，或会妨碍建筑创作的发展。防火设计应由建筑和结构工种合作进行，并与水、电、设备等其他工种密切合作，严格按照我国高层民用建筑防火规范的各项要求，根据建筑的不同性质及重要性区别对待，积极采用各种先进可靠的设备与之合理配合，这样才能有良好的高层建筑防火设计，使生命财产安全及建设成果得到充分的保障。下面介绍几个有关防火设计的具体问题。

## 5.7.1 结构防火

### 1. 火灾因素

在建筑防火设计中，应尽可能利用规程来控制潜在的火灾隐患（热工设备、电气设备）以防止火灾的发生。限制可燃材料在建筑物装修和家具中的用量能够减弱火势，因为火灾的发生概率与建筑物中可燃物的数量（火灾荷载）成正比。

由建筑物的装修和配件构成的火灾荷载，可规定使用特种材料来加以控制；由家具、存放物资、燃料等构成的火灾荷载，可以根据统计资料作出估计规程的规定加以控制。

### 2. 火灾控制

防止火灾由一幢建筑物向另一幢建筑物蔓延，与阻止和减慢火灾在建筑物内部蔓延，这两方面是有差别的。

使建筑物间隔不小于一定的距离，或用外部防火墙将它们隔开，可阻止火灾向相邻建筑物蔓延。

在建筑物内部可以依靠防火分区来抑制火灾的蔓延，也就是用耐火墙体和耐火楼盖把建筑物分成若干区段。自动灭火设备也有助于将火灾限制在建筑物的特定范围内。

### 3. 消防通道

为使消防车能开到建筑物前，必须有合适的通道。这种通道要有一定的宽度和高度，并有足够的承载力。在建筑物内部应尽可能设置供消防队员接近起火中心的各种安全通道。应有规定尺寸和容量的消防栓为灭火供水。

### 4. 救护工作

安全疏散通道是火灾发生时保证人身安全的首要条件。这是基本要求。安全疏散通道应尽可能不受气体和烟雾的影响。人员众多的建筑物中需有报警系统。

### 5. 结构防火方式

结构防火可分为被动与主动两种方式，以防止火灾在建筑物中蔓延和发展。

（1）被动防火措施包括：在火灾中保持建筑结构稳定的措施；在水平与

垂直两个方向把建筑物划分成可控制火灾的若干区段布置疏散通道。

（2）主动防火措施包括：火警装置，如烟火探测器；自动灭火装置，如喷水器。

## 5.7.2 防火措施的范围

结构防火的目的是：人身保护和防止建筑物和毗邻财产的物质损失。

### 1. 人身保护（一级防火）

人身的保护与抢救是任何防火系统都要首先考虑的问题。采取预防措施的内容和范围不能以经济尺度来衡量，而应由一系列对人身的潜在危害来决定。在发生火灾时很少或不会对人身有危害的情况下，可相应地减少保护人身的安全措施。

### 2. 财产保护（二级防火）

为了防止物质的损失，首先应采取各种措施以阻止火势的蔓延和加剧，并防止建筑物倒塌。

建筑物本身或毗邻财产的物质损失是可以用货币计算的，可能的损失尤其要受结构防火设施与装置的影响，这可以由支付的保险费来估算和表示。这样潜在的损失和危害（或保险金额）与所用的防火措施的费用之间就建立起一个经济关系。在总体国民经济利益上，可能的损失额（或为补偿损失而应支付的保险费）和在防火上花的钱应当是一个最小数目。

## 5.7.3 防火有效时间

结构防火的措施只须在一个有限的时间内保持有效，例如：

（1）疏散通道应在建筑物内所有人员来得及撤离之前保持安全通行；

（2）防火墙和重要的承重构件应在火灾时一直起承重作用。

因此，"完全防火"绝不是防火的目的。防火保护只在一个有限的范围内和（或）有限的时间内才是需要的。如果这些限额定得过高就可能造成浪费，其结果会使费用超过实际情况的需要。大多数建筑规程规定有一个相当的范围，以供设计者在给定情况下就所需要的防护措施作出自己的决定。

## 5.7.4 防火程度与范围的标准

结构防火提出的要求以及因此而采用措施的范围取决于许多因素。一般的准则是：在没有可燃物的场所，就没有需加保护的东西；在没有人的地方，就不必考虑人身救护问题。

影响这些问题的因素，譬如：

（1）在任一指定时间内可能出现于一幢建筑物内的人数。对于集会大厅和百货商店有严格的要求，而对于有屋盖的工业建筑和多层仓库来说就不太严格。

（2）建筑物内人员的活动能力。例如，对于医院、儿童之家或老人院等有严格的要求，而相对来说，对学校或体育馆就不那么严格。

（3）建筑物的火灾荷载。也就是它的可燃物总量，对居住建筑和百货商店有严格的要求，而对学校和多层车库来说就不太严格。

（4）建筑物的平面面积和布置。

（5）建筑物的高度。对高层建筑有专门的要求，即其顶部的楼盖要超过标准防火疏散梯所能到达的高度，而对单层和两层建筑的要求就简单得多。

（6）消防队员到达前可能的时限。对于自己有工厂消防队的工业厂房，或在整个营业时间有训练有素的消防队员值班的剧场和展览厅等房屋，就不必遵守这项严格要求。

### 5.7.5  建筑物的稳定性

为了能够进行救护和灭火工作，并限制可能遭受的物质损失，一幢建筑物必须在火灾情况下保持稳定性。

高耸结构物（包括多层建筑）的承重结构必须在防火墙经火灾烧毁后仍能残存下来。

维持建筑物的结构稳定性并不意味着结构构件必须有耐火构造，但这种过分的做法却经常毫无保留地为人们所接受，尽管大家对火灾荷载和构件所处环境的严重程度之间的关系已有充分的理解。

一幢建筑物的各种构件也应按不同的标准加以考虑，其要求会随着构件维持结构稳定性的重要性而改变。这个原则一般是有效的。

## 5.8  高层建筑结构工程实例

### 5.8.1  广东国际大厦

#### 1. 概述

广东国际大厦位于广州市环市东路，是一幢综合性的大型建筑，总建筑面积约18万 $m^2$，由三个塔楼和环绕的裙房组成，总平面示意图如图5-53所示。主塔楼63层，两个副塔楼分别为33层和30层，裙房5层。除部分区域外，大部分设有2层的地下室，局部4层。

主塔楼平面为接近正方形的矩形，四角削斜，核心部分为交通区，如图5-54所示。4层地下室（包括夹层）总深度为14.3m（未计基础埋深）。地面以上63层，各层层高为：首层4.2m，2~5层4.5m，6~62层3m，63层（实际上是核心部分从屋顶升高）2.6m。由首层地面（标高0.95m）起计的总高度为195.8m。该塔楼1~5层与裙房连通作为大堂、

图 5-53
总平面示意图

设备层联系杆架
位置（四角均用）

7~22 层由
400 收至 500
每层收 233

图 5-54
结构平面图

餐厅、商场等公共场所，6~22 层为灵活间隔的写字楼，24~60 层（42 层除外）为酒店客房，62 层为观光层，23 层、42 层和 61 层为设备层，核心部分屋面比周围屋面升高 2.6m，形成直升机停机坪。

主塔楼西边和南边在地面上以抗震缝与裙房分离（地下室则连成整体），但北边和东边仅有一跨裙房，不作分缝处理。5~22 层楼板沿周边外伸，悬伸长度由 4m 开始往上逐层收缩到 0.5m，形成略有倾斜的外墙面，目的是增加塔楼的稳定感和扩大写字楼的实用面积。

顶上两层外墙面略向内倾斜（图 5-54）。主塔楼四个斜角外墙面和所有窗台均用铝合金板作饰面（与结构面之间有 100mm 的空隙做空气夹层）。其余部分均为铝合金窗，窗框安装在柱的外边之外，构成水平窗带。斜角与水平窗带之间有一凸出的竖线（由饰面构造形成）直通全高。该大厦于 1992 年建成使用。

2. 结构设计概况

主塔楼采用现浇钢筋混凝土筒中筒结构、无黏结部分预应力钢筋混凝土平板楼盖。用这种结构形式建造近 200m 高的超高层建筑，目前世界上尚属少见。设计经验不足，参考资料较缺乏，加上这个高度已超出当时《钢筋混凝土高层建筑结构设计与施工规程》JGJ 3—1991 所适用的高度范围，为了取得较充分的设计依据和理论计算或实验对比，除了应用不同方法的电算程序进行多方面的计算外，还请一些专业技术部门做了多项调查、实验和理论计算工作。

结构计算除作基本荷载（恒载加折减后的活载，风荷载和地震作用）作用下的分析外，还利用该空间程序加以技术处理，作了模拟施工过程在自重作用下竖向构件轴向变形影响的分析和温度影响的分析。

由于没有可直接应用的规范，该设计除按照《钢筋混凝土高层建筑结构设计与施工规程》JGJ 3—1991 外，还参考了《高层建筑结构设计建议》，并对有关限值或指标控制得更紧一些，使其安全度有一定的富余，而在抗震构造上则按提高一度考虑。

**3. 结构布置、尺寸及整体构造措施**

该塔楼的结构平面和主要尺寸如图 5-54 所示，结构沿竖向的变化和竖向尺寸见图 5-55，相应的高宽比为 5：3（x 方向）和 5：6（y 方向）。该塔楼采用筒中筒结构，利用建筑交通区的分隔墙组成实体式内筒，在组织内筒的刚度方面可以通过调整墙厚获得，不致与建筑产生很大的矛盾。外框筒则颇受建筑方面如客房开间及窗洞的高度、宽度（客房部分）或者使用净高（写字楼部分）以及建筑构造等的限制，使柱距、梁柱尺寸等部分对外框筒刚度不利，难与内筒相匹配。为了尽量改善这种情况并提高整体刚度与建筑设计配合，采取如下措施：

（1）各中柱截面宽度（框架方向尺寸）沿全高保持

图 5-55
结构纵剖面图

1.2m 不变（保持与窗宽一致）。但在截面高度上尽量取大一些，由底层的 1.7m 开始分 6 次收缩至 0.5m，形成了底部和上部的矩形柱截面。

图 5-56
裙梁截面图

（2）裙梁截面高度除底部 5 层外，其余按最大可能取为 0.7m（保持 2.3m 净高），但截面高度则取与柱宽相同或比柱宽增加 0.2m（配合窗台外凸的做法），形成宽扁型梁。同时，凡建筑有窗台处，均把窗台作为裙梁的一部分，如图 5-56 所示。因此，这些裙梁的横截面实际上是"L"形的。但考虑到这种形式的梁受力时会出现扭曲，竖肢的高度大，有深梁的性质，对抗震不利；配筋构造比较复杂，与施工工序有矛盾。经研究对比，将这些梁用水平缝分成两根独立的各自成矩形的叠放梁，如图 5-56 所示。这样虽然在抗弯刚度上有所降低，但抗剪刚度基本不变，仍保持裙梁的特性，前述存在的问题就可解决。

（3）角柱是关键部位，根据建筑形式做成"八"字形的墙体，但取较大的厚度以充分发挥它在抗弯抗剪方面的作用。

（4）为更好地控制位移量，在三个设备层（第 23 层、42 层、61 层）处给予特别的加强，即把设备层上、下的裙梁做得大一些（图 5-56），使之成为一个加强层。经计算表明，这样做在抑制侧向位移方面可取得较明显的效果。

（5）考虑到内外筒的连系全靠各层平板式楼板，较为单薄，对内外筒的共同工作不利，为此在三个设备层处每个方向各加四个内外筒连系桁架（图 5-54 和图 5-55 以下简称连系桁架），为钢结构。所以采用钢桁架是考虑到设备层管道布置的需要，而且其可以在设备进场之后才安装。

（6）内外筒之间的楼板，结合预应力的需要考虑与内外筒弹性嵌固，在分析中视为板带参与整体工作，以适当增加整体刚度。内筒以内仍用普通肋形楼盖，仅作为内筒体的横隔板。

**4. 结构的各项指标**

塔楼总面积约 85000m²，其中标准层面积为 1200m²。塔楼总高度 195.8m，标准层层高为 3m，总重量约 160000t，其中砖墙、非承重混凝土墙、粉刷、地面装饰层和铝合金墙面（连骨架）及铝合金窗等共重 29300t，活载 10600t；钢筋混凝土部分重 120000t。平均混凝土用量为 1.45t/m²。

钢筋用量为 110kg/m³，结构面积与建筑面积之比由底层的 12% 缩至顶层的 4%，平均为 8%。

## 5.8.2 深圳国际贸易中心大厦

深圳国际贸易中心大厦位于深圳市罗湖区中心，占地约 20000m²，总建筑面积约 100000m²，于 1984 年底建成。主体建筑为 53 层的塔式商业办公楼，地面以上 50 层，地面以下 3 层，塔楼面积为 65000m²，高出地面约 160m，平面为正方形，外包尺寸为 35.4m×35.4m。塔楼第 2 层以上为办公室，共 41 层，第 24 层为避难层和机房，第 49 层为旋转餐厅。塔楼顶面为直升机停机坪。

塔楼内筒布置楼梯、电梯、设备机房、卫生间和管井等公用设施。电梯共 12 台，其中 6 台为高速梯，服务于高层区。塔楼外筒的北向侧壁另设有三台观光电梯，可供人们从底层休息大厅（2 层、3 层、4 层）乘电梯直达第 42 层并转到旋转餐厅就餐。塔楼地下室为设备及管理服务用房。

大厦内各层设有烟雾报警、自动喷淋系统等消防安全设施，办公楼每层装有空调、供水供电、电信及现代电气设施，所有这些设备的运行情况均由电脑室进行监控。

裙房部分为 5 层（地上 4 层，地下 1 层），地下室设有停车场、机房、地下餐厅等。地上四层为超级商场、各式餐厅、咖啡间等。裙房中间为带玻璃顶盖的大空间内庭园，各层围绕庭园用走廊相连，裙房与塔楼 1~4 层相通。

塔楼全部采用铝合金玻璃幕墙围护，裙房部分采用茶色玻璃，整个大厦的立面造型和空间组合美丽壮观，为深圳特区市容增添了景色，图 5-57 为大厦的正立面及横剖面图。

塔楼采用大孔径灌注桩支承，在内筒沿着主要筒壁进行布桩，桩直径分别为 2.2m、2.6m 及 3.1m，共计 22 根。在外筒四周每根柱下各设置了 58 根桩（图 5-58）。58 根桩在两个月内全部施工完成，桩身混凝土浇灌量为 3800m³。

裙房部分的柱子采用冲孔灌注混凝土桩支承，桩径有 0.8m 和 1.1m 两种。

上部结构塔楼和裙房均采用钢筋混凝土结构。塔楼外筒结构每边由 6 根排列较密的矩形截面柱子与每层的矩形截面窗裙连接。从第 7 层开始因楼面有挑出的

图 5-57
深圳国际中心大厦正
立面和剖面图

图 5-58
桩布置图（左）
图 5-59
塔楼标准层平面（右）

阳台板，窗裙梁只能在楼板与下一层窗洞顶之间布置，这样就决定了 7 层以上的窗裙梁高均为 0.85m。同时，结合建筑立面造型的需要，在外筒四角布置了刚度很大的 "L" 形角柱，在外筒顶部布置了高达 6.9m 的圈梁。这两部分实际上构成了外筒结构的强大边框，是外筒结构的重要组成部分，提高了结构的抗侧移刚度。外筒结构地面以上为 43 层，呈正方形平面（图 5-59）。

塔楼内筒结构的墙体布置应适应电梯井、楼梯、卫生间和机房、管道竖井等平面布置的需要，形成 19.3m×19.1m 的矩形平面，在每个方向有 4 片主要墙体贯通构成井格式筒体。

塔楼内、外筒之间采用整浇宽梁、连续板楼面，宽梁截面全部为 500mm×500mm，所有标准层的板厚均为 110mm；内筒里的走道板为 110mm 厚的平板，其余为 80mm 厚。这些结构水平方向都对称，形心与刚心相重合，有利于发挥筒中筒结构在水平荷载作用下抗侧力的整体刚度、强度和整体稳定作用，为了支承上部结构的巨大垂直荷载和传递筒体底部总的水平力，全部墙体和柱子都向下延伸到地下室的底部，并将内筒在地下室纵墙的主要墙体都延长到同外筒柱下的地下墙体相交，以形成一个四边封闭的棋盘形平面。同时，为加强在底层和底层以下 2.2m 处楼板平面内的刚度，采用了 400mm 厚的整浇楼板。

墙和柱的横截面变化都统一在第 11 层、21 层、31 层改变，内筒墙体则在第 41 层处再作一次改变，外筒柱的表面宽不变，只变化墙体和柱的厚度，由底层向上依次为 1000mm、900mm、750mm 和 600mm。内筒的外墙厚度在底层为 600mm，逐步减为 500mm、400mm、300mm，到 41 层以上为 250mm；主要内墙从 500mm 减为 400mm、300mm、250mm，到 41 层以上为 200mm；内隔墙有 150mm 及 200mm 两种，沿全高厚度不变。

旋转餐厅由内筒的墙体支承，楼板的旋转部分为钢、木平台，平台支承于导轨上，导轨支承于下面悬挑式梁板结构的楼面上。旋转餐厅楼面的外径加 6m。

塔楼结构设计所需的混凝土立方强度为：底层到第 15 层为 45N/mm$^2$；第 16~25 层为 40N/mm$^2$；第 26 层以上为 30N/mm$^2$。钢材的设计抗拉强度为 340N/mm$^2$，裙房工程为一般框架结构，主要钢柱为 7.5m×7.5m 方格布置，其柱距是塔楼外筒柱距的两倍。裙房结构与塔楼外筒为铰支连接。

# 习 题

5.1 简述高层建筑定义。

5.2 简述高层建筑有哪几种结构类型，并叙述其特点。

5.3 简述高层建筑与多层建筑的区别。

5.4 试列举部分知名高层建筑，并叙述其结构布置特点。

5.5 简述如何控制高层建筑的侧移。

5.6 简述如何加强和提高高层建筑的抗震性能。

5- 习题参考答案

建筑结构选型（第二版）

■ **本章提要**

　　本章叙述单层门式刚架的特点和适用范围，说明门式刚架的类型及其受力特点，讨论门式刚架结构选型时应考虑的影响因素，介绍门式刚架中常见的构造做法。学习时应与其他平面结构体系的知识联系起来加以理解、掌握。

## 6.1 门式刚架的结构特点和适用范围

刚架结构通常是指由直线形杆件（梁和柱）通过刚性节点连接起来的结构。建筑工程中习惯把梁与柱之间为铰接的单层结构称为排架，多层多跨的刚架结构则常称为框架。框架已在第 2 章加以介绍。本章讨论的是单层刚架，因单层单跨刚架为 Π 字型，习惯上称为门式刚架。

### 6.1.1 门式刚架结构的结构特点

图 6-1 将门式刚架与外形相同的排架在垂直均布荷载作用下的弯矩图加以对比。由于刚架的横梁与立柱为整体刚性连接，节点 B 和 C 是刚性节点，能够承受并传递弯矩，这样就减少了横梁中的跨中弯矩峰值。由于排架的横梁与立柱为铰接，节点 B、C 为铰接点，所以在均布荷载作用下，横梁的弯矩图与简支梁相同，跨中弯矩峰值较刚架大得多。在一般情况下，当跨度与荷载相同时，刚架结构比屋面大梁（或屋架）与立柱组成的排架结构轻巧，并可节省钢材约 10%，混凝土约 20%。单层刚架为梁柱合一的结构，杆件较少、结构内部空间较大，便于利用，而且刚架一般由直杆组成，制作方便，因此，在实际工程中应用非常广泛。横梁为折线形的门式刚架具有受力性能良好、施工方便、造价较低和建筑造型美观等优点。由于横梁是折线形的，使室内空间加大，适用于双坡屋面的单层中、小型建筑，在中小型厂房、体育馆、礼堂、食堂等中小跨度的建筑中得到广泛应用。门式刚架刚度较差，受荷载后产生跨变，因此用于工业厂房时，吊车起重量不宜超过 100kN。但与拱结构相比，刚架仍然属于以受弯为主的结构，材料强度不能充分发挥作用，这就造成了刚架具有结构自重较大、用料较多、适用跨度受限等特点。

门式刚架按其结构组成和构造不同，可以分为无铰刚架、两铰刚架和三铰刚架三种形式，其竖向荷载作用下的弯矩图特点，如图 6-2 所示。在同样荷载作用下，这三种刚架的内力分布和大小是有差别的，其经济效果也不相同。

图 6-1
刚接刚架与铰接刚架的弯矩比较

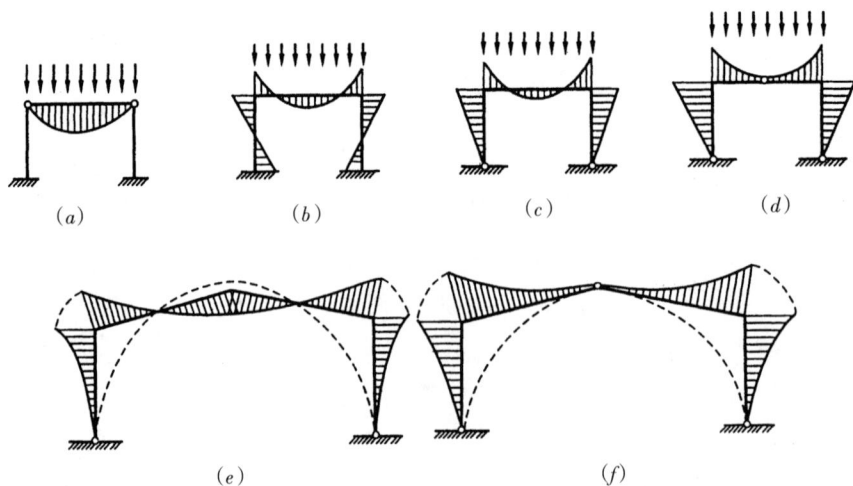

图 6-2
三种刚架弯矩图对比
(a) 排架；
(b) 无铰刚架；
(c) 双铰刚架 1；
(d) 三铰刚架 1；
(e) 双铰刚架 2；
(f) 三铰刚架 2

刚架结构的受力优于排架结构，因为刚架梁柱节点处为刚接，在竖向荷载作用下，由于柱对梁的约束作用减小了梁跨中的弯矩和挠度；在水平荷载作用下，由于梁对柱的约束作用减小了柱内的弯矩和侧向变位，如图 6-3 所示。因此，刚架结构的承载力和刚度都大于排架结构。

图 6-3
在水平荷载作用下刚架与排架弯矩图对比
(a) 排架；
(b) 刚架

无铰门式刚架（图 6-4a）的柱脚与基础固接，为三次超静定结构，刚度好、结构内力分布比较均匀，但柱底弯矩比较大，对基础和地基的要求较高。因柱脚处有弯矩、轴向压力和水平剪力共同作用于基础，因此基础材料用量较多。由于其超静定次数高、结构刚度较大，当地基发生不均匀沉降时，将在结构内产生附加内力，所以在地基条件较差时需慎用。

两铰门式刚架（图 6-4b）的柱脚与基础铰接，为一次超静定结构，在竖向荷载或水平荷载作用下，刚架内弯矩均比无铰门式刚架大。它的优点是刚架的铰接柱基不承受弯矩作用，构造简单、省料省工。当基础有转角时，对结构内力没有影响；但当两柱脚发生不均匀沉降时，则将在结构内产生附加内力。

三铰门式刚架（图 6-4c）在屋脊处设置永久性铰，柱脚也是铰接，为静定结构，温度差、地基的变形或基础的不均匀沉降对结构内力没有影响。三铰和两铰门式刚架材料用量相差不多，但三铰刚架的梁柱节点弯矩略大，刚度较差，不适合用于有桥式吊车的厂房，仅用于无吊车或小吨位悬挂吊车的建筑。钢筋混凝土三铰门式刚架的跨度较大时，半榀三铰刚架的悬臂太长致使吊装不便，而且吊装内力较大，故一般仅用于跨度较小（6m）或地基较差的情况。

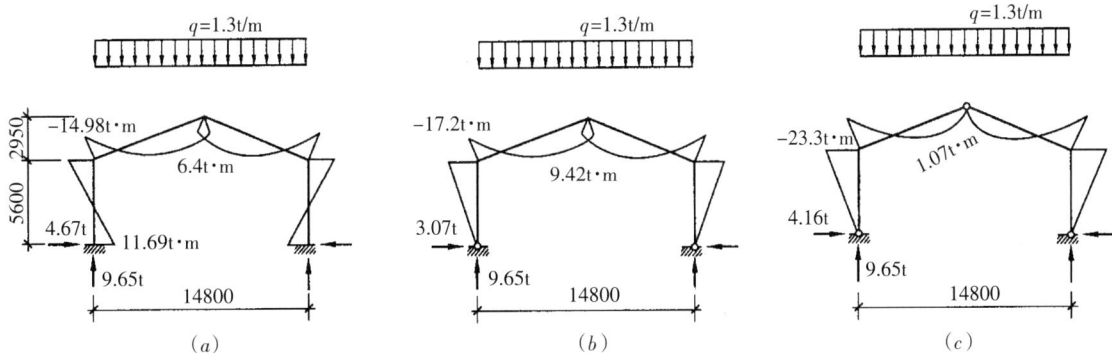

图 6-4
三种不同形式的刚架弯矩图
(a) 无铰门式刚架；
(b) 两铰门式刚架；
(c) 三铰门式刚架

在实际工程中，大多采用三铰和两铰刚架以及由它们组成的多跨结构，如图 6-5 所示。无铰刚架很少采用。

门式刚架的高跨比、梁柱线刚度比、温度变化、支座移动等均是影响门式刚架结构内力的因素，门式刚架结构选型时应合理加以考虑。

刚架结构在竖向荷载或水平荷载作用下的内力分布不仅与约束条件有关，而且还与梁柱线刚度比有关。在跨中竖向荷载作用下，当梁的线刚度比柱的线刚度大很多时，柱对梁端转动的约束作用很小，仅能够阻止梁端发生竖向位移，这时梁的内力

图 6-5
多跨刚架的形式

分布与简支梁相差无几。当梁的线刚度比柱的线刚度小得多时，柱子不仅能阻止梁端发生竖向位移，而且还能约束梁端发生转动，则柱对梁端的约束作用可看成是相当于固定端的作用，梁的内力分布与两端固定梁十分接近。当梁两端的支承柱刚度不等时，梁两端的负弯矩值亦不等，柱刚度大的一侧梁端负弯矩大，柱刚度小的一侧梁端负弯矩小。

在顶端水平集中力作用下，刚架结构的内力分布也与梁柱刚度比有关，当梁刚度比柱刚度大很多时，梁柱节点可看成是无任何转动，梁仅作水平向平移而无任何弯曲，柱子上下端仅有相对平移而没有相对转动，故柱反弯点应在柱高之中点。当梁刚度比柱刚度小很多时，梁的刚度几乎无法约束柱端的转角变形，梁仅起到一个传递水平推力的作用，相当于两端铰接的连杆，其结构内力分布与排架甚为接近。对于两个柱刚度不等的情况，刚度大的柱则承受较大的侧向剪力和弯矩。

门式刚架的高度与跨度之比，决定了刚架的基本形式，也直接影响结构的受力状态。刚架高度的减小将使支座处的水平推力增大。从改善基础受力的角度考虑，门式刚架的高度与跨度之比不宜过小。

温度变化对静定结构的三铰刚架没有影响，但在无铰刚架、两铰刚架这样的超静定结构中将会产生附加内力。内力的大小与结构的刚度有关，刚度越大，内力越大。产生结构内力的温差主要有室内外温差和季节温差。对于有空调的建筑物，室内外温差将使杆件两侧产生不同的热胀冷缩，从而产生内力。季节温差则是指刚架在施工与使用时的温度之差，它也会使结构产生变形和内力。当产生支座位移时，同样将使超静定结构产生变形和内力，如图6-6所示。

图6-6
支座位移引起的变形图与弯矩图

### 6.1.2 门式刚架结构的适用范围

单层刚架结构的杆件较少，结构内部空间较大，便于利用。而且刚架一般由直杆组成，制作方便，因此，在实际工程中应用非常广泛。

一般情况下，当跨度与荷载相同时，刚架结构比屋面大梁（或屋架）与立柱组成的排架结构轻巧，并可节省钢材约10%、混凝土约20%。横梁为折线形的门式刚架具有受力性能良好、施工方便、造价较低和建筑造型美观等优点。由于横梁是折线形的，使室内空间加大，适用于双坡屋顶的单层中、小型建筑，在工业厂房和体育馆、礼堂、食堂等民用建筑中得到广泛应用。门式刚架刚度较差，受荷载后产生跨变，因此用于工业厂房时，吊车起重量不宜超过10t。

## 6.2 门式刚架结构的类型与构造

### 6.2.1 门式刚架的类型

门式刚架的建筑形式丰富多样，如图6-7所示，除了根据结构受力条件，可分为无铰刚架、两铰刚架、三铰刚架之外，按结构材料分类，可分为胶合木结构、钢结构、混凝

图6-7
单层刚架的形式

土结构；按构件截面分类，可分为实腹式刚架、空腹式刚架、格构式刚架、等截面与变截面杆刚架；按建筑形体分类，可分为平顶、坡顶、拱顶、单跨与多跨刚架；从施工技术看，可分为预应力刚架和非预应力刚架等。以下就常见的刚架结构构造加以介绍。

**1. 钢筋混凝土门式刚架**

钢筋混凝土门式刚架一般适用于跨度不超过 18m、檐高不超过 10m 的元吊车或吊车起重量不超过 100kN 的建筑中。构件的截面形式一般为矩形，也可采用"工"字形截面。刚架跨度太大会引起自重过大，使结构不合理，施工困难。为了减少材料用量、减少杆件截面、减轻结构自重，刚架杆件可采用变截面形式，杆件截面随内力大小作相应变化。从弯矩的分布看，在立柱与横梁的转角截面弯矩较大，铰节点弯矩为零，刚架构件的截面尺寸可根据结构在竖向荷载作用下弯矩图的大小而改变，一般是截面宽度不变而高度呈线性变化，加大梁柱相交处的截面，减小铰节点附近的截面，以达到节约材料的目的。同时，为了减少或避免应力集中现象，转角处常做成圆弧或加腋的形式。对于两铰或三铰刚架，立柱截面做成上大下小的楔形构件，与弯矩图的分布形状相一致。截面变化的形式尚应结合建筑立面要求确定，可以做成里直外斜或外直里斜的形式，横梁通常也为直线变截面，如图 6-8 所示。

为了减少材料用量，减轻结构自重，也可采用空腹刚架。空腹式刚架有两种形式，一种是预制构件时在梁柱截面内留管（钢管或胶管）抽芯，把杆件做成空心截面，如图 6-9（a）所示；另一种是在杆件上留洞，如图 6-9（b）所示。由于模板施工不方便，钢筋混凝土门式刚架一般不做成格构化的门架。门式刚架属于平面结构，设置支撑体系来保证整体稳定性是结构布置中值得重视的问题。在实际工程中，也可将刚架的立柱做成"A"形双根立柱来加强刚架的侧向稳定性，如 1958 年布鲁塞尔国际博览会欧洲煤、钢集团展览馆就采用"A"形双腿门架来吊挂屋盖，使每榀门架都能独立稳定。

空心刚架也可作为预应力刚架，但对施工技术和材料要求较高，所以一

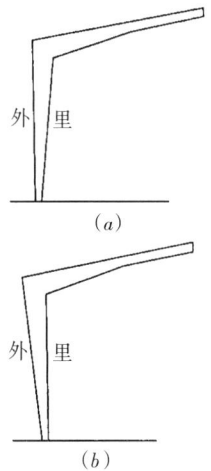

图 6-8
刚架柱的形式
(a) 外直里斜；
(b) 里直外斜

图 6-9
空腹式刚架
(a) 空心截面杆件；
(b) 杆件上留洞

般用于较大跨度的建筑。

钢筋混凝土门式刚架的梁高可按连续梁确定，一般取跨度的 1/20~1/15，但不宜小于 250mm；柱底截面高度一般不小于 300mm，柱顶截面高度则为 600~900mm。梁柱截面等宽，一般应大于柱高的 1/20，且不小于 200mm。

门式刚架的纵向柱距一般为 6m；横向跨度以米为单位取整数，一般以 3m 为模数，如 15m、18m、21m、24m 等。

### 2. 钢刚架结构

钢刚架结构可分为实腹式和格构式两种。实腹式刚架适用于跨度不是很大的结构，常做成两铰式结构。结构外露，外形可以做得比较美观，制造和安装也比较方便。实腹式刚架的横截面一般为焊接"工"字形，少数为"Z"字形。国外多采用热轧"H"形或其他截面形式的型钢，这样可减少焊接工作量，并能节约材料。当为两铰或三铰刚架时，构件应为变截面，一般是改变截面的高度使之适应弯矩图的变化。实腹式刚架的横梁高度一般可取跨度的 1/20~1/6，当跨度大时，梁高显然太大，为充分发挥材料的作用，可在支座水平面内设置拉杆，并施加预应力对刚架横梁产生卸荷力矩及反拱，如图 6-10 所示。这时横梁高度可取跨度的 1/40~1/30，并由拉杆承担刚架支座处的横向推力，如此对支座和基础都有利。

在刚架结构的梁柱连接转角处，由于弯矩较大，且应力集中，材料处于复杂应力状态，应特别注意受压翼缘的平面外稳定和腹板的局部稳定。一般可做成圆弧过渡并设置必要的加劲肋，如图 6-11 所示。

格构式刚架结构的适用范围较大，且具有刚度大、耗钢省等优点。当跨度较小时可采用三铰式结构，当跨度较大时采用两铰式或无铰结构，如图 6-12 所示。格构式刚架的梁高可取跨度的 1/20~1/15。为了节省材料、增加刚度、减轻基础负担，也可施加预应力以调整结构中的内力。预应力拉杆可布置在支座铰的平面内，也可布置在刚架横梁内仅对横梁施加预应力，也可对整个刚架结构施加预应力，如图 6-13 所示。

### 3. 胶合木刚架结构

胶合木结构具有很多优点，它不受原木尺寸的限制，可用短薄的板材拼接成任意合理截面形式的构件，可剔除木节等缺陷以提高强度，具有较好的防腐和耐燃性能，并可提高生产效率。

图 6-10
实腹式双铰刚架（上）
图 6-11
刚架折角处的构造及应力集中（下）
(a) 折角处构造；
(b) 折角处应力集中处理

图 6-12
格构式刚架结构

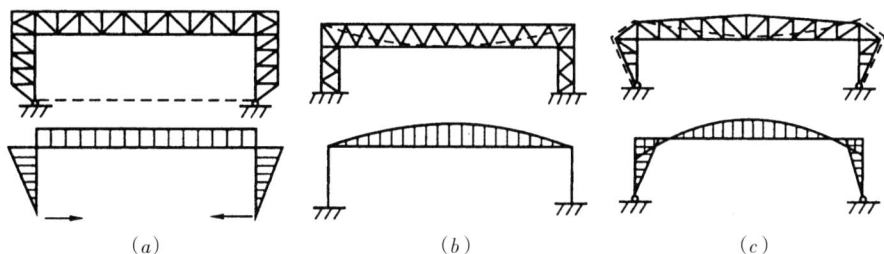

图 6-13
预应力格构式刚架结构

胶合木刚架可以充分利用上述优点，随着弯矩的变化制成变截面形状，从而大大节约木材。胶合木刚架还具有构造简单、造型美观且便于运输安装等优点。

## 6.2.2 门式刚架的结构布置

单层刚架结构的外形可分为平顶、坡顶或拱顶，可以为单跨、双跨或多跨连续。它可以根据通风、采光的需要设置天窗、通风屋脊和采光带。刚架横梁的坡度主要由屋面材料及排水要求确定。对于常见的中小跨度的双坡门式刚架，过去其屋面材料一般多用石棉水泥波形瓦、瓦楞体及其他轻型瓦材，通常采用的屋面坡度为 1/3。

由于刚架总体仍属受弯结构，其材料未能发挥作用，结构自重仍较重，跨度也受到限制。钢筋混凝土门架在跨度小于等于 18m（无吊车者可适当大些）、柱高 $H$ 小于等于 10m、吊车起重量 $Q$ 小于等于 100kN 的情况下比排架结构经济。目前，我国 6m、15m、18m 的门架已有国家标准图。钢筋混凝土门架跨度最大约 30m，预应力混凝土门架跨度可达 40~50m，钢门架跨度可达 75m。

单层刚架结构的布置十分灵活，它可以是平行布置、辐射状布置或是以其他方式排列，形成风格多变的建筑造型。

一般情况下，矩形平面建筑都采用等间距、等跨度的平行刚架布置方案。与桁架相比，由于门架弯矩小、梁柱截面的高度小，且不像桁架有水平下弦，故显得轻巧、净空高、内部空间大，便于使用。如沈阳民用客机维修车间，38m 跨钢筋混凝土双铰门架跨中升高、造型与机型适应，可充分利用内部空间、满足使用需要。若将门架横梁外露于室外，则更利于室内灵活布置。

对一些大型复杂建筑，有时也可采用门式刚架与其他结构或构件形成的主次结构布置方案。例如，奥地利维也纳市大会堂是供体育、集会、电影、戏剧、音乐、文艺演出、展览等活动用的多功能大厅。其平面呈八角形，东西长 98m、南北长 109m，最大容量为 15400 人。屋盖的主要承重结构是中距为 30m 的两根东西向 93m 跨的双铰门式刚架，矢高 7m、门架顶高 28m，其上支承八榀全长为 105m 的三跨连续桁架。屋面与外墙为铝板与轻混凝土板。

在进行结构总体布置时，平面刚架的侧向稳定是值得重视的问题，应加强结构的整体性，保证结构纵横两个方向的刚度。一般情况下，矩形平面建筑都采用等间距、等跨度的平行刚架布置方案。当刚架结构为平面受力体系、采用平行布置时，结构纵向实际上为几何可变的铰接四边形结构。因此，为保证结构的整体稳定性，应在纵向柱间布置连系梁及柱间支撑，同时在横梁的顶面设置上弦横向水平支撑，柱间支撑和横梁上弦横向水平支撑宜设置在同一开间内，如图 6-14 所示。对于独立的刚架结构，如人行天桥，应将平行并列的两榀刚架通过垂直和水平剪刀撑构成稳定牢固的整体。为把各榀刚架不用支撑而用横梁连成整体，可将并列的刚架横梁改成相互交叉的斜横梁，这实际上已经形成了空间结构体系。对正方形或接近方形平面的建筑或局部结构，可采用纵、横双向连成整体的空间刚架。1954 年法国勒阿弗尔（Le Havre）港 Englise Saint Joseph 教堂的尖塔，就采用了钢筋混凝土正方形平面空间刚架。

图 6-14
刚架结构的支撑

　　结构选型时要综合考虑建筑的结构形式、功能要求和经济指标，进行多方案比较。我国某飞机维修车间设计时进行的方案比较是一个成功的例子，如图 6-15 所示。该车间主要修理当时的"伊尔 –24"和"安 –24"型民航客机。飞机机身长 24m，机翼宽 32m，尾翼高 8.1m，螺旋桨高 5.1m，机翼离地 3m。

　　方案一是采用屋架（图 6-15a），机尾高 8.1m，屋架下弦不能低于 8.8m，由于建筑空间与飞机的外形和尺寸不够匹配，整个厂房的高度需要升高，室内空间不能得到充分利用，因此这个方案不够经济。

　　方案二是采用双曲抛物面悬索结构（图 6-15b），建筑空间与飞机的外形和尺寸比较匹配，但由于材料和施工技术的原因，悬索结构用于跨度较小的车间也不够经济。

　　方案三是采用门式刚架（图 6-15c），建筑空间符合飞机的外形和尺寸，由于门架弯矩小，梁柱截面高度小，且没有水平下弦，故显得轻巧、净空高，空间能得到充分利用；对材料和施工没有特殊要求，方案显得非常合理，最后被采用。

　　需要指出，门式刚架具有较强的美学表现力，单元的门架可正、可反、可单、可双（柱向上下同时伸展），可双铰、可三铰（铰位应设置在弯矩较小的梁柱中部或柱脚，且都是永久性铰），可带悬臂、可无悬臂（横梁外伸悬挑有利于减小刚架梁的跨中正弯矩）。为了适应建筑造型的需要，建筑师可以巧妙地把它们组合起来，或把刚架加以外露，创造出丰富多彩的建筑形象。在这方面，国内外有许多杰出的工程范例。

图 6-15
某民航客机维修车间
设计的三种方案
(a) 屋架方案；
(b) 悬索方案；
(c) 刚架方案

(a)　　　　　　　　　　(b)　　　　　　　　　　(c)

## 6.2.3 门式刚架节点的连接构造

刚架结构的形式较多，其节点构造和连接形式也多种多样。刚架结构设计的基本要求是：既要尽量使节点构造符合结构计算简图的假定，又要使制造、运输、安装方便。这里仅介绍几种实际工程中常见的连接构造。

### 1. 钢筋混凝土刚架节点的连接构造

在实际工程中，钢筋混凝土或预应力混凝土门式刚架一般采用预制装配式结构。刚架预制单元的划分应考虑结构内力的分布，以及制造、运输、安装方便。一般可把接头位置设置在铰接节点或弯矩为零的部位，把整个刚架结构划分成"Г"形、"F"形、"Y"形拼装单元，如图6-16所示。单跨三铰刚架可分成两个"Г"形拼装单元，铰接点设置在基础和顶部中间拼装点的位置；两铰刚架的拼装点一般设置在横梁弯矩为零的截面附近，柱与基础做成铰接；多跨刚架常采用"Y"形拼装单元。刚架承受的荷载一般有恒荷载和活荷载两种。在恒荷载作用下，弯矩零点的位置是固定的；在活荷载作用下，对于各种不同的情况，弯矩零点的位置是变化的。因此，在划分结构单元时，接头位置应根据刚架在主要荷载作用下的内力图确定。虽然接头位置选择在结构中弯矩较小的部位，但仍应采取可靠的构造措施使之形成整体。连接方式一般有通过螺栓连接、焊接接头、预埋工字钢接头等。

(a)　　　　　　　　　(b)　　　　　　　　　(c)

### 2. 钢结构门式刚架节点的连接构造

钢门式实腹式刚架，一般在梁柱交接处及跨中屋脊处设置安装拼接单元，用螺栓连接。拼接节点处，有加腋与不加腋两种。在加腋的形式中又有梯形加腋与曲线形加腋两种，通常多采用梯形加腋，如图6-17所示。加腋连接既可使截面的变化符合弯矩图的要求，又便于连接螺栓。

格构式刚架的安装节点宜设在转角节点的范围以外接近于弯矩为零处，如图6-18（a）所示。如有可能，在转角范围内做成实腹式并设加劲杆，内侧弦杆则做成曲线过渡较为可靠，如图6-18（b）所示。

图6-16

刚架的拼装

(a) 两个拼装单元；

(b) 三个拼装单元；

(c) "Y"形及"Г"形单元

端部刨平

横梁屋脊拼接节点

1—1

图6-17

实腹式刚架的拼接节点

图 6-18
格构式刚架梁柱的连接构造（左）

图 6-19
顶铰节点的构造（右）

### 3. 刚架铰节点的构造

刚架铰节点包括三铰或双铰刚架中横梁屋脊处的顶铰及柱脚处的支座铰。铰节点的构造应满足力学中理想铰的受力要求，即应保证节点能传递竖向压力及水平推力，但不能传递弯矩。铰节点既要有足够的转动能力，又要构造简单、施工方便。格构式刚架应把铰接点附近部分的截面改为实腹式，并设置适当的加劲肋，以便可靠地传递较大的集中作用力。常见的刚架顶铰节点的构造如图 6-19 所示。

钢刚架结构支座铰的形式如图 6-20 所示。当支座反力不大时，宜设计成板式铰；当支座反力较大时，宜设计成臼式铰或平衡铰。臼式铰和平衡铰的构造比较复杂，但受力性能好。

现浇钢筋混凝土柱和基础的铰接通常是用交叉钢筋或垂直钢筋实现。柱截面在铰的位置处减少 1/2~2/3，并沿柱子及基础间的边缘放置油毛毡、麻刀所做的垫板，如图 6-21（a）、（b）所示。这种连接不能完全保证柱端的自由转动，因而在支座下部断面可能出现一些嵌固弯矩。预制装配式刚架柱与基础的连接则如图 6-21（c）所示。将预制柱插入杯口后，在预制柱与基础杯口之间用沥青麻丝嵌缝。

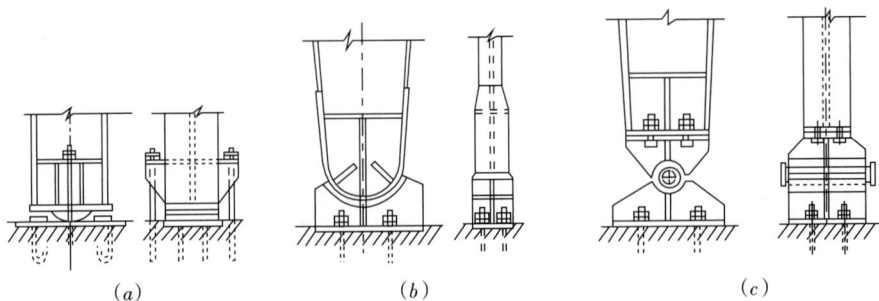

图 6-20
钢柱脚铰支座的形式
（a）板式铰支座；
（b）臼式铰支座；
（c）平衡式铰支座

图 6-21
钢筋混凝土柱脚铰支座的形式
（a）现浇柱与基础铰接构造 1；
（b）现浇柱与基础铰接构造 2；
（c）预制柱与基础铰接构造

## 6.3　预应力门式刚架结构

预应力刚架支柱及横梁均设置预应力钢筋，预应力钢筋采用高强度钢丝束，柱为变截面构件，而横梁则为箱式截面。在刚架横梁及支柱中施加预应力可以减小门式刚架构件的截面尺寸和自重，改善结构的刚度和抗裂性能，改善其受力情况，使刚架达到更大的跨度。横梁及柱中预应力钢筋均按照弯矩图配置，一般情况下分开安放预应力钢筋是为了避免转角处的应力集中。

预制拼装预应力刚架是由横梁及两根柱等三个构件组成的刚架，各构件单独制作。对这种刚架进行拼装时，用钢丝束将横梁和柱子构件连接起来，结点处进行张拉即可得到刚接结点。

工程中也可采用后张法预应力混凝土门式刚架。为适应门架中弯矩的变化，预应力钢筋一般按曲线形布置，位置应根据竖向荷载作用下刚架结构的弯矩图布置在构件的受拉部位。对于常见的单跨或多跨预应力混凝土门式刚架，为了便于预制和吊装，可分成"倒L"形构件、"Y"形构件及"人"字形梁等基本单元，这时预应力钢筋可为分段交叉布置，也可为连续折线状布置，如图 6-22 所示。

图 6-22
预应力筋的布置
(a)"倒L"形构件；
(b)"Y"形构件；
(c)"人"字形构件

对于分段布置预应力筋的方案，其优点是受力明确，穿预应力筋方便；采用一端张拉，施工简单，构件在预加应力阶段及荷载阶段受力性能良好。其缺点是费钢材、所需锚具多，且在转角节点处预应力筋的孔道相互交叉，对截面削弱较大，当截面尺寸不能满足要求时常需加大截面宽度。

对于通长设置预应力筋的方案，预应力筋常为曲线形或折线形。其优点是节省钢材与锚具，孔道对构件截面削弱较少，因此所需的构件截面尺寸（厚度）较小。其缺点是穿筋较困难，而且更主要的是担心预应力筋张拉时引起构件在预应力筋方向的开裂，以及在转折点处因预压力的合力产生裂缝。对于"人"字形梁和"Y"形构件，要注意在外荷载作用下会不会产生钢筋蹦出混凝土外的现象。采用这种方案时，施工中一般在两端张拉预应力，若在一端张拉，则预应力损失较大。

## 6.4　轻型钢结构厂房简介

轻型钢结构主要是指承重结构和围护结构都是由薄钢板组成的（一般钢

板厚度小于 16mm）建筑结构。目前主要有门式刚架（变断面和等断面）、冷弯薄壁型钢结构体系、多层框架结构体系、拱形波纹屋顶（也称为波纹折皱薄壁钢拱壳屋顶）。

轻型门式刚架的柱子和横梁采用交断面式等断面"工"字形钢构件，采用冷弯薄壁型钢的"C"形或"Z"形檩条和墙梁，屋面板采用压型钢板加保温材料或者是夹芯板。

目前，这种轻型钢结构被广泛应用于工业厂房、仓库、冷库、保鲜库、温室、旅馆、别墅、商场、超市、娱乐活动场所、体育设施、车站候车室、码头建筑等。

### 6.4.1 轻型钢结构厂房的基本组成

轻型钢结构厂房由以下部分组成：轻钢结构骨架、围护结构檩条、彩色压型钢板或复合夹芯板墙屋面及其他配套设施（门窗、采光通风等）。轻型钢结构厂房的结构形式可根据用户的具体工艺要求选择，除门式刚架结构形式外，还可选择单跨、多跨等高或不等高排架结构。梁柱可用实腹结构，也可用蜂窝结构。目前，国外最大跨度已可做到 100m。

典型的轻型钢结构厂房如图 6-23 所示。轻型钢结构的最大特征在于"轻"。主要体现在：构件自重轻，在围护系统和屋面系统中大面积采用轻质新型材料，降低了建筑工程自重，减少了基础的面积和深度，可以很好地适应软土地基；由于采用大柱网，空间布置灵活，用钢量低，大幅度降低了工程造价，综合效益好。例如，在目前情况下，一般钢筋混凝土排架结构厂房，其上部结构单位面积造价约为 750 元 /m²；而采用轻型钢结构，其上部结构单位面积造价约为 450 元 /m²（单层压型钢板屋面）和 600 元 /m²（双层保温压型钢板屋面）。

轻型钢结构的建筑功能较强，由于屋面与围护墙体材料选用的是热喷涂镀锌彩色钢板，不但色彩美观，还具有防腐、防锈等功能，通常 15~20 年不会

图 6-23
轻型钢结构厂房

脱色。有隔热隔声效果和阻燃性强的彩钢夹芯复合板适用于气候炎热和严寒地区的建筑。

轻型钢结构的另一特征是施工速度快。轻型钢结构的大多构件在工厂预制、现场安装，完全采用工厂化、标准化的生产方式，工程施工进度非常快，且劳动强度低、机具简单、外形美观轻巧。面积数万平方米的轻型钢结构工业厂房只要数月便可完工，日后如遇改建还可以拆卸和重复使用，而且结构具有良好的抗震性能。

值得注意的是，轻型钢结构厂房的屋面荷载会对柱头产生弯矩及水平推力，在围护结构材料的选用和基础设计时要予以注意。

## 6.4.2 轻型钢结构厂房实例

由于轻型钢结构具有很多优点，在建筑工程特别是轻钢门式刚架结构厂房建筑中，国内外大量采用。轻型钢结构除了应用于厂房建筑、展览建筑等以外，还广泛应用于多层民用住宅建筑中。

实践和研究表明，轻型钢结构是适应我国现状的一种结构形式，是一种很有活力、适应性强、最有发展潜力的结构形式。随着我国钢产量的不断增长和政府鼓励措施的出台，轻型钢结构将向着大跨度、民用建筑的方向发展，轻型钢结构在厂房建筑、展览建筑和民用住宅建筑中将会得到更广泛的应用。

图 6-24 为国内某轻钢门式结构厂房的部分图纸。

图 6-24
国内某轻钢门式结构厂房
(a) 主刚架图

(a)

图 6-24

国内某轻钢门式结构厂房（续）

(*b*) 梁梁拼接节点透视图；(*c*) 梁梁拼接节点详图；(*d*) 梁梁屋脊节点透视图；(*e*) 梁梁屋脊节点详图；

(*f*) 柱梁屋脊节点透视图；(*g*) 柱梁屋脊节点详图

1—1

(h)　　　　　　　　　　　　　　　　　　　　(i)

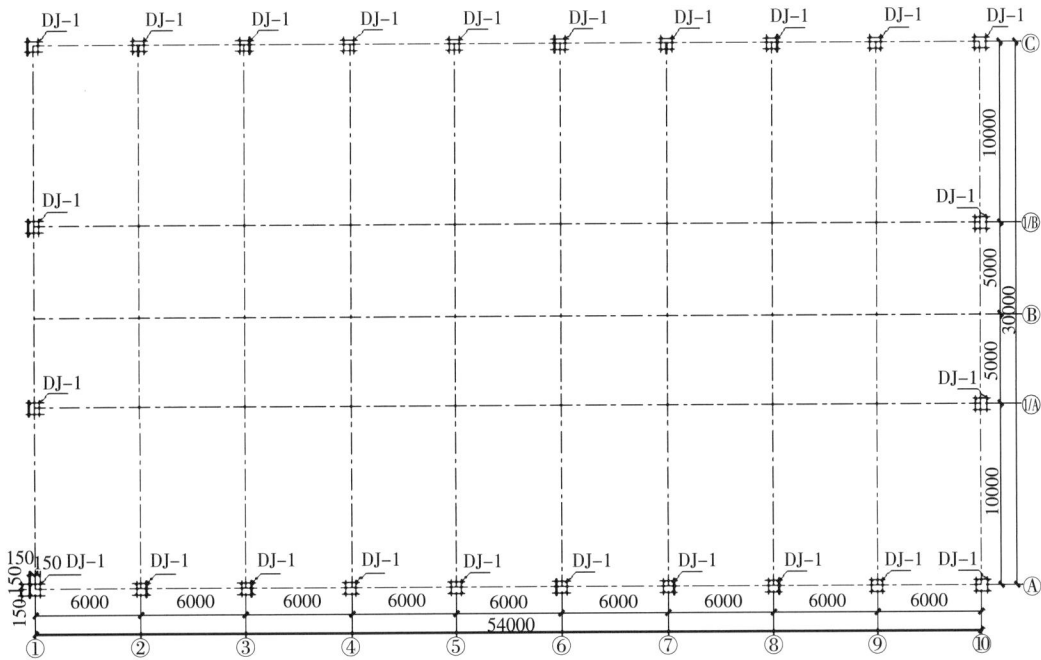

(j)

图 6-24

国内某轻钢门式结构厂房（续）

(h) 柱脚节点透视图；(i) 柱脚节点详图；(j) 柱脚锚栓布置图

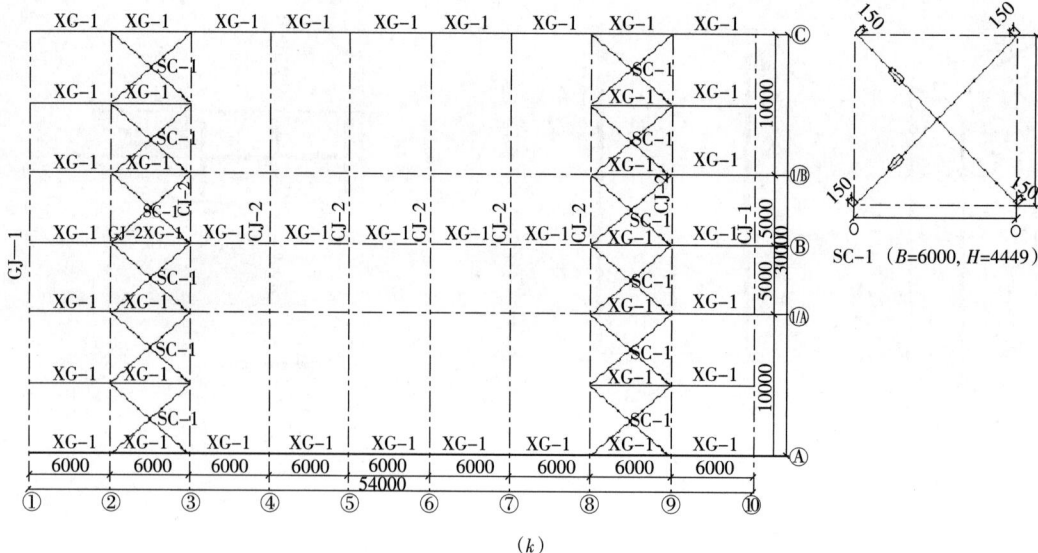

图 6-24
国内某轻钢门式结构厂房（续）
（k）屋面结构布置图

# 习 题

6.1 平面门式刚架结构与平面排架结构的节点构造有什么不同？这对它们的内力状态有什么影响？

6.2 平面门式刚架可分为哪几种主要类型？它们的适用范围是什么？

6.3 试观察你所能遇到的平面门式刚架的工程实例，注意它们的外形尺寸、构件的截面形式、使用的材料以及建筑物的用途和功能要求。

6- 习题参考答案

■ **本章提要**

桁架结构是指由若干直杆在其两端用铰连接而成的结构。桁架结构受力合理、计算简单、施工方便、适应性强，对支座没有横向推力，因而在结构工程中得到了广泛的应用。在房屋建筑中，桁架结构常用来作为屋盖的承重结构，通常称为屋架。本章内容主要包括桁架结构的特点、屋架结构的形式与适用范围和屋架结构的选型与布置，还介绍了屋架结构的建筑实例。学习时应掌握桁架结构的特点，重点了解屋架结构的形式、适用范围和屋架结构的选型与布置。

**7 桁架结构**

## 7.1 桁架结构的特点

### 7.1.1 桁架结构的产生

简支梁在竖向均布荷载作用下，沿梁轴线弯矩和剪力的分布和截面内正应力和剪应力的分布都极不均匀。在弯矩作用下，截面正应力分布为受压区和受拉区两个三角形，在中和轴处应力为零，在上下边缘处正应力最大（图7-1a）。因此，若以上下边缘处材料的强度作为控制值，则中间部分的材料不能充分发挥作用。同时，在剪力作用下，剪应力在中和轴处最大，在上下边缘处为零，分布在上下边缘处的材料不能充分发挥其抗剪作用。用于建筑屋盖上的承重结构跨度往往较大，若采用传统的大跨度单跨简支梁，其截面尺寸和结构自重就会急剧增大，当跨度比较大时，就很不经济。不过，从梁结构截面应力的分布情况可以得到启示，一根单跨简支梁受荷后的截面正应力分布为压区三角形和拉区三角形，中和轴处应力为零，离中和轴越近的应力越小。根据正应力分布的这个特点，把横截面上的中间部分削减形成"工"字形截面（图7-1b），既可节省材料又可减轻结构自重。同理，如果把纵截面上的中间部分挖空形成空腹形式（图7-1c），同样可以收到节省材料和减轻结构自重的效果，挖空程度越大，材料越省，自重越轻。倘若大幅度挖空，中间仅剩下几根截面很小的连杆时，就发展成为所谓的"桁架"（图7-1d）。

图 7-1
由简支梁发展成为桁架

由此可见，桁架是从梁式结构发展产生的。桁架的实质是利用梁截面几何特征的有利因素，即构件截面的惯性矩 $I$ 和抵抗矩 $W$ 增大的同时，截面面积反而可以减少。这种结构形式的发展可以概括为"以最小截面积作最大限度的扩展"，这是经济实用的好方法。特别值得注意的是：桁架上下弦杆之间的距离越远越有利，适用跨度越大；而梁结构的梁高加大时，自重随之增加，桁架结构则无此弊病。

### 7.1.2 桁架结构的优点

事实上，从梁发展成为桁架，构件已从实腹式受弯构件变为由杆件组成的格构体系。其受力情况也发生了变化，从梁的受弯变为杆件的轴向受力，从而使结构更为有利。因为梁受弯时截面上的应力分布是不均匀的，通常是由某个内力最大的截面决定整个构件的断面尺寸，因此材料强度不能得到充分利用。但桁架杆件承受的是轴向力，杆件截面的正应力分布均匀，材料强度能得以充分利用。桁架结构的优点也就反映在它的这个结构特点上。

桁架结构相比梁结构具有很多优点，具体如下：

（1）扩大了梁式结构的适用跨度。

（2）桁架可用各种材料制造，如钢筋混凝土、钢、木均可。

（3）桁架是由杆件组成的，桁架的体型较为多样化，如有平行弦桁架、三角形桁架、梯形桁架、弧形桁架等形式。

（4）施工方便，桁架可以整体制造后吊装，也可以在施工现场进行杆件的高空拼装。

## 7.2 桁架的外形与内力的关系

按屋架外形的不同，其可分为三角形屋架、梯形屋架、抛物线形屋架、折线形屋架、平行弦屋架等。不同外形的屋架其内力分布特点及经济效果也不同，本节将通过力学知识来分析桁架的外形与内力的关系。

### 7.2.1 桁架结构计算的假定

一般桁架结构的构造和受力情况是比较复杂的。为了简化计算，通常采用以下几个基本假定：

（1）组成桁架的所有各杆都是直杆，所有各杆的中心线（轴线）都在同一平面内，这一平面称为桁架的中心平面。

（2）桁架杆件间相连接的节点均为铰接节点。

（3）所有外力（包括荷载及支座反力）都作用在桁架的中心平面内，并集中作用于节点上。

屋架是由杆件组成的格构体系，其节点一般假定为铰节点。当荷载只作用在节点上时，所有杆件均只受轴向力（拉力或压力）。杆件截面上只有均匀分布的正应力，材料强度可以较充分地得到利用，因此它在较大跨度的建筑中用得较多，尤其是在单层工业厂房建筑中应用非常广泛。

当屋面板的宽度和上弦节间长度不等时，上弦便会产生节间荷载的作用与弯矩，或对下弦承受吊顶荷载的结构，当吊顶梁间距与下弦节间长度不等时，也会在下弦产生节间荷载及弯矩，这将使上、下弦杆件由轴向受压或轴向受拉变为压弯或拉弯构件（图7-2a），是极为不利的。对于木桁架或钢筋混凝土桁架，因其上、下弦杆截面尺寸较大，节间荷载所产生的弯矩对构件受力的影响可通过适当增大截面或采取一些构造措施予以解决；而对于钢桁架，因其上、下弦杆截面尺寸很小，节间荷载所产生的弯矩对构件受力具有较大影响，因此将会引起材料用量的大幅度上涨。这时桁架节间的划分应考虑屋面板、檩条、吊顶梁的布置要求，使荷载尽量作用在节点上。当节间长度较大时，在钢结构中常采用再分式屋架（图7-2b），其通过减少上弦的节间距离使屋面板的主肋支承在上弦节点上，并使屋面荷载直接作用在上弦节点上，避免上弦杆受弯。

图 7-2
桁架上下弦的受力
(a) 荷载作用于节间；
(b) 荷载作用于节点

## 7.2.2　桁架结构的内力

尽管桁架结构中以轴力为主，其构件的受力状态比梁结构合理，但在桁架结构各杆件单元中，内力的分布是不均匀的。屋架的几何形状有平行弦桁架、三角形桁架、梯形桁架、折线形桁架等，它们的内力分布随形状的变化而变化。

在一般情况下，屋架的主要荷载类型是均匀分布的节点荷载。下面以平行弦屋架为例分析其内力特点，然后引伸至其他形式的屋架。

### 1. 弦杆的内力

上弦杆受压，下弦杆受拉，其轴力 $N$ 由力矩平衡方程式得出（矩心取在屋架节点）

$$N = \pm \frac{M_0}{h} \text{（负值表示上弦杆受压，正值表示下弦杆受拉）} \qquad (7-1)$$

式中　$N$——轴力；

　　　$M_0$——简支梁相应于屋架各节点处的截面弯矩；

　　　$h$——屋架高度。

从式中可以看出，上下弦杆的轴力与 $M_0$ 成正比，与 $h$ 成反比。由于屋架的高度 $h$ 不变，而 $M_0$ 越接近屋架两端越小（图 7-3c），所以中间弦杆的轴力大，越向两端弦杆的轴力越小（图 7-3a）。

### 2. 腹杆的内力

屋架内部的杆件称为腹杆，包括竖腹杆与斜腹杆。腹杆的内力可以根据脱离体的平衡法则，由力的竖向投影方程求得：

$$N_y = \pm V_0 \qquad (7-2)$$

式中　$N_y$——斜腹杆的竖向分力和竖腹杆的轴力；

　　　$V_0$——简支梁相应于屋架节间的剪力。

对于简支梁（图 7-3b），剪力值（图 7-3d）在跨中小、两端大，所以相应的腹杆内力也是中间杆件小而两端杆件大，其内力图如图 7-4（a）所示。

通过对桁架各杆件内力的分析可以看出：从整体来看，屋架相当于一个格构化的受弯构件，弦杆承受弯矩，腹杆承受剪力；而从局部来看，屋架的每个杆件只承受轴力（拉力或压力）。

同样可以分析三角形和抛物线形屋架的内力分布情况，如图 7-4（b）、（c）所示。由于这两种屋架上弦节点的高度中间比两端高，所以上弦杆仍受压，下

---

注：本书中屋架与桁架表意相同。

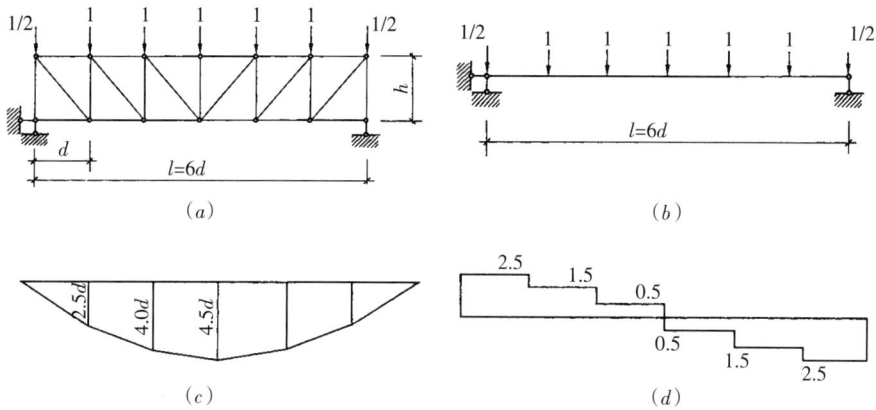

图 7-3

平行弦桁架在节点荷
载下的内力分析

(a) 屋架计算简图；

(b) 与屋架相应的简
支梁的计算简图；

(c) 弯矩图；

(d) 剪力图

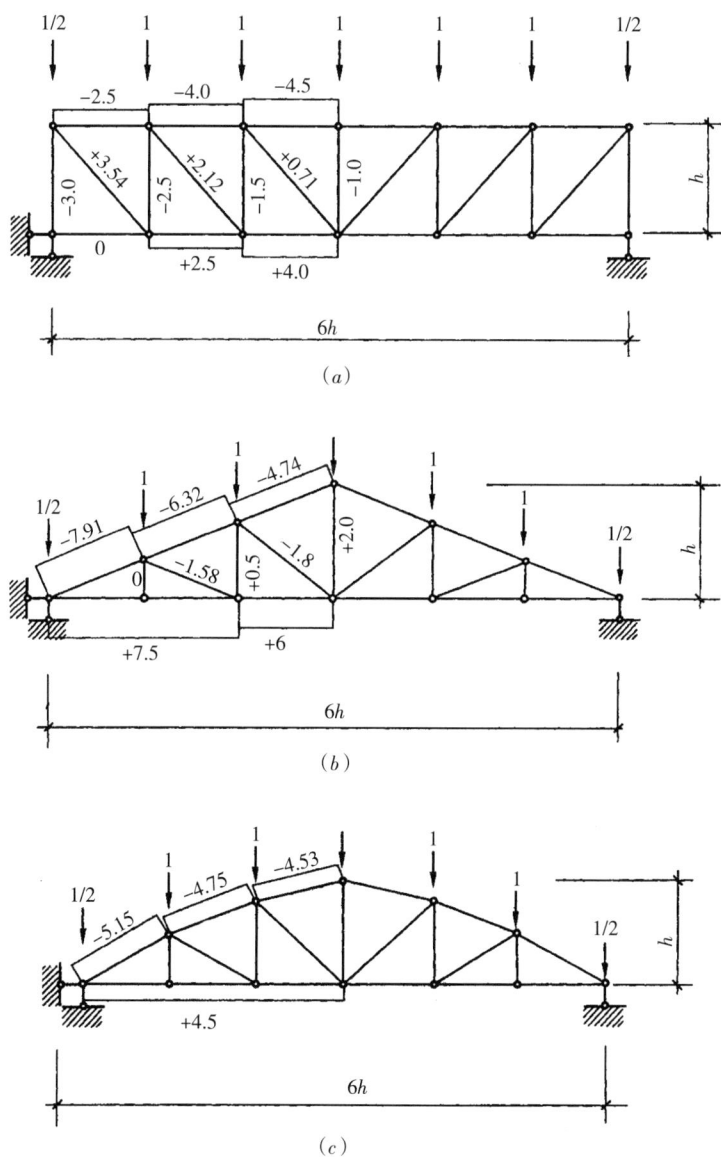

图 7-4

不同形式桁架的内力
分析

(a) 平行弦桁架；

(b) 三角形桁架；

(c) 折线形桁架

弦杆仍受拉，但内力大小的分布是各不相同的。

桁架杆件内力与桁架形式的关系如下：

（1）平行弦桁架杆件的内力是不均匀的，弦杆的内力由两端向中间逐渐增大，腹杆的内力由中间向两端增大。

（2）三角形桁架杆件的内力分布也是不均匀的，弦杆的内力由中间向两端逐渐增大，腹杆的内力由两端向中间逐渐增大。

（3）折线形桁架杆件的内力分布大致均匀，从力学角度看，它是比较好的桁架形式，因为它的形状与同跨度同荷载的简支梁的弯矩图相似，符合内力变化的规律，比较经济。

## 7.3 屋架结构的形式与屋架材料

屋架结构的形式很多，根据材料的不同，可分为木屋架、钢屋架、钢—木组合屋架、轻型钢屋架、钢筋混凝土屋架、预应力混凝土屋架、钢筋混凝土—钢组合屋架等；根据屋架外形的不同，可分为三角形屋架、梯形屋架、抛物线形屋架、折线形屋架、平行弦屋架等。

### 7.3.1 木屋架

木屋架的典型形式是豪式屋架（图7-5）。这种屋架形式适用于木屋架的原因是：

（1）屋架的节间大小均匀，杆件内力突变不大，比较均匀。

（2）这种形式屋架的腹杆长度与杆件内力的变化相一致，两者协调而不矛盾。

（3）木屋架的节点采用齿连接。这种屋架节点上相交的杆件不多，为齿连接提供了可能性。

豪式木屋架的适用跨度为9~21m，最经济跨度为9~15m。豪式木屋架的节间数目设置主要应考虑节间长度，节间长度要适中。如果节间长度太长，则杆件长度太长，受力不利；如果节间长度太短，则节点太多，制造麻烦。节间长度一般应控制在1.5~2.5m。设计上通常规定：跨度为6~9m时，采用四节间（图7-5a）；跨度为9~12m时，采用六节间（图7-5b）；跨度为12~15m时，采用八节间（图7-5c）。

三角形屋架的内力分布不均匀，支座处大而跨中小，一般适用于跨度在18m以内的建筑。三角形屋架的上弦坡度大，有利于屋面排水。当屋面材料为

图7-5
木屋架的跨度与节间数目
（a）四节间；
（b）六节间；
（c）八节间

黏土瓦、水泥瓦、小青瓦及石棉瓦等时，排水坡度一般为 $i=1/3\sim1/2$，屋架的高跨比一般为 $h/l=1/6\sim1/4$。

当房屋跨度较大时，选用梯形屋架（图 7-6）较为适宜。梯形屋架的受力性能比三角形屋架合理，当采用波形石棉瓦、铁皮或卷材作屋面防水材料时，屋面坡度可取 $i=1/5$。梯形屋架的适用跨度为 $12\sim18m$。

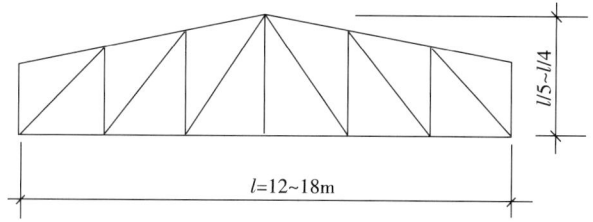

跨度在 15m 以上时，因考虑到竖腹杆的拉力较大，常采用竖杆为钢杆、其余杆件为木材的钢木组合豪式屋架。

在民用建筑中，三角形屋架形成的坡屋顶往往使建筑造型非常美观。常见的形式有两坡顶和四坡顶。在中小型建筑中采用坡屋顶可以使建筑体型高低错落、丰富多彩，达到很好的效果。

## 7.3.2 钢屋架

钢屋架的形式主要有三角形屋架（图 7-7a）、梯形屋架（图 7-7b）、平行弦屋架（图 7-7c）。有时为改善上弦杆的受力情况，可采用再分式腹杆的形式。

三角形屋架用于陡坡屋面的屋盖结构中。三角形屋架的缺点是：由于屋架外形与荷载引起的弯矩图不相适应，因而弦杆的内力分布很不均匀，在支座处最大而跨中却较小。当屋面坡度不是很陡时，支座处杆件的夹角较小，使构造比较困难。图 7-7（a）所示的三角形钢屋架也称芬克式屋架，是钢屋架的典型形式，其特点是：

（1）钢材是一种柔性材料，强度高，但抗弯性能差。屋架上弦是压弯构件，为了适应钢材的这个弱点，芬克式屋架把上弦分成左右两个小桁架，小桁架内的杆件长度较短，这样就能适应钢材柔性的特点。

（2）屋架下弦中段虽较长，但因下弦内力是受拉，钢材抗拉最适宜。

梯形屋架是由双梯形合并而成，它的外形和荷载引起的弯矩图比较接近，因而弦杆内力沿跨度分布比较均匀，材料比较经济。这种屋架在支座处有一定的高度，既可与钢筋混凝土柱铰接，也可与钢柱做成固接，因而是目前采用无檩设计工业厂房屋盖中应用最广泛的一种屋架形式。屋架中的腹杆体系可采用人字式、再分式和单斜杆式。

梯形屋架的上弦坡度较小，对于炎热地区和高温车间来说可以避免或减少油毡下滑和油膏的流淌现象，同时屋面的施工、修理、清灰等均较方便。另外，屋架之间形成的较大空间便于管道和人穿行，因此影剧院的舞台和观众厅的屋顶也常采用梯形屋架。

平行弦屋架的特点是杆件规格化、节点的构造统一化，因而便于制造，但在均布荷载作用下，弦杆内力分布不均匀。倾斜式平行弦屋架常用于单坡屋面的屋盖中，而水平式平行弦屋架多用作托架（图7-8）。平行弦屋架不宜用于杆件内力相差悬殊的大跨度建筑。

图 7-8
厂房托架梁

### 7.3.3 钢—木组合屋架

钢—木组合屋架的形式有豪式屋架、芬克式屋架、梯形屋架和下折式屋架，如图 7-9 所示。木屋架的跨度一般为 6~15m，大于 15m 时，下弦通常采用钢拉杆，这样就形成了钢—木组合屋架。钢—木组合屋架每平方米建筑面积的用钢量仅增加 2~4kg，但却能显著提高结构的可靠性。同时，由于钢材的弹性模量高于木材，且还消除了接头的非弹性变形，因而提高了屋架的刚度。钢—木组合屋架的跨度随着屋架外形的不同而有所不同。三角形屋架的跨度一般为 12~18m；梯形、折线形等多边形屋架的跨度一般为 18~24m。

图 7-9
钢—木组合屋架

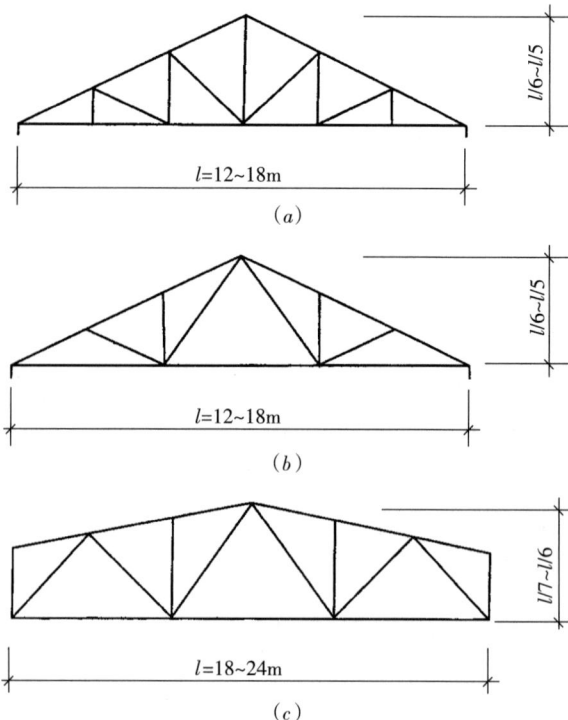

(a)

(b)

(c)

### 7.3.4 轻型钢屋架

近年来，在屋盖结构中出现了轻型钢屋架和薄壁型钢等新的结构形式，大大减轻了结构自重，降低了用钢量，为在中、小型项目建设中采用钢屋盖开辟了新途径。当屋盖采用轻屋面时，屋架的杆力不大。由小角钢、圆钢、薄壁型钢或钢管组成的屋架，称为轻型钢屋架。最常用的轻型钢屋架形式有芬克式和三铰拱式，梭形屋架应用较少。前两者均适用于屋面坡度较大的情况，与钢筋混凝土结构相比，其用钢量指标接近，不但节约了木材和水泥，还可减轻自重的 70%~80%，为运输、安装及缩短工期等提供了有利条件。它的缺点是：由于杆件截面小，组成的屋盖刚度较差，因而使用范围有一定限制，只宜用于跨度小于等于 18m、吊车起重量不大于 5t 的轻中级工作制桥式吊车的房屋及仓库建筑和跨度小于等于 18m 的民用房屋的屋盖结构，并应采用瓦楞铁、压型钢板或波形石棉瓦等轻屋面材料。

**1. 芬克式屋架**

芬克式轻钢屋架（图 7-10）的特点是长杆受拉、短杆受压、受力比较合理、制作方便。内力分析方法与普通钢屋架类似。

**2. 三铰拱式屋架**

三铰拱式屋架由两根斜梁和一根水平拉杆组成（图 7-11），斜梁为压弯杆件，一般采用刚度较好的桁架式，可以是平面桁架式，也可以是空间桁架式。平面桁架的计算和一般桁架相同，空间桁架的杆件内力可近似按平面桁架计算。这种屋架的特点是杆件受力合理、斜梁腹杆短、取材方便，不论选用小角钢还是圆钢都可获得好的经济效果。

斜梁为平面桁架的三铰拱屋架杆件较少、构造较简单、受力明确、用料较省、制作较方便。但其侧向刚度较差，宜用于小跨度和小檩距的屋盖。

斜梁为空间桁架的三铰拱屋架杆件较多、构造较复杂、制作不便。但其侧向刚度较好，宜用于跨度较大、檩距较大的屋盖。斜梁截面一般为倒三角形，为了保证整体稳定性的要求，其截面高度与斜梁长度的比值一般为 1/18~1/12，不得小于 1/18；截面宽度与截面高度的比值一般为 1/2~5/8，不得小于 2/5。

**3. 梭形屋架**

梭形屋架的结构形式（图 7-12）分平面桁架式和空间桁架式两种。在实际工程中多采用空间桁架式。这种屋架的特点是截面重心较低、便于安装、屋架的侧向刚度较大、支撑布置可以简化。这种屋架宜在屋面坡度较小的无檩设计中采用。

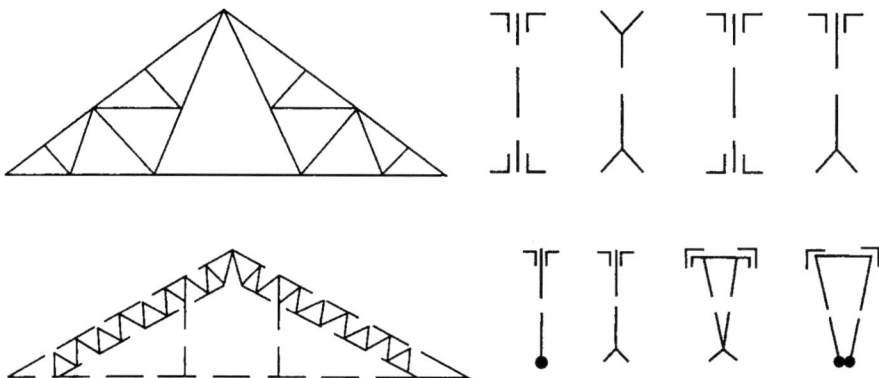

图 7-10
芬克式轻钢屋架的形式

图 7-11
三铰拱式屋架的形式

图 7-12
梭形屋架的形式

## 7.3.5 钢筋混凝土屋架

钢筋混凝土的各种力学性能都比较好，是制造屋架的理想材料，利用它制造屋架无特殊要求，所以屋架无固定形式，只要受力合理、节省材料、构造简单、施工方便就可以。设计钢筋混凝土屋架时，为了节点构造简单，要求每个节点上相交的杆件数目不多于 5 根，而且腹杆与弦杆的交角不小于 30°。

钢筋混凝土屋架的常见形式有梯形屋架、折线形屋架、拱形屋架、无斜腹杆屋架等。根据是否对屋架下弦施加预应力，可将其分为钢筋混凝土屋架和预应力混凝土屋架。钢筋混凝土屋架的适用跨度为 15~24m，预应力混凝土屋架的适用跨度为 18~36m 或更大。钢筋混凝土屋架的常用形式如图 7-13 所示。

梯形屋架（图 7-13a）的上弦为直线，屋面坡度为 1/12~1/10，适用于卷材防水屋面。一般上弦节间为 3m，下弦节间为 6m，高跨比为 1/8~1/6，屋架端部高度为 1.8~2.2m。梯形屋架自重较大、刚度好，适用于重型、高温及采用井式或横向天窗的厂房。

折线形屋架（一）（图 7-13b）外形较合理，结构自重较轻，屋面坡度为 1/4~1/3，适用于非卷材防水屋面的中型厂房或大中型厂房。

折线形屋架（二）（图 7-13c）屋面坡度平缓，适用于卷材防水屋面的中型厂房。

拱形屋架（图 7-13d）的上弦为曲线，一般采用抛物线形，为制作方便，也可采用折线形，但应使折线的节点落在抛物线上。拱形屋架外形合理、杆件内力均匀、自重轻、经济指标较好，但屋架端部屋面坡度太大，这时可在上弦上部加设短柱而不改变屋面坡度，使之适合于卷材防水。拱形屋架的高跨比一般为 1/8~1/6。

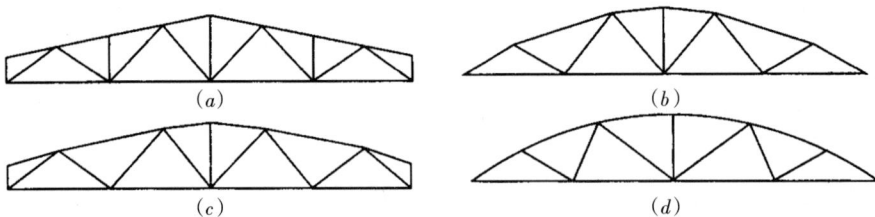

图 7-13
混凝土屋架
(a) 梯形屋架；
(b) 折线形屋架（一）；
(c) 折线形屋架（二）；
(d) 拱形屋架

## 7.3.6 钢筋混凝土—钢组合屋架

屋架在荷载作用下，上弦主要承受压力，有时还承受弯矩，下弦承受拉力。为了合理地发挥材料的作用，屋架的上弦及受压腹杆可采用钢筋混凝土杆件，下弦及受拉腹杆可采用钢拉杆，这种屋架称为钢筋混凝土—钢组合屋架。组合

图 7-14
钢筋混凝土—钢组合
屋架
(a) 折线形组合屋架;
(b) 下撑式五角形组合
屋架;
(c) 三铰组合屋架;
(d) 两铰组合屋架

屋架的自重轻、用料节省、比较经济,常用跨度为 9~18m。常用的组合屋架有折线形组合屋架、下撑式五角形组合屋架、三铰组合屋架、两铰组合屋架等,如图 7-14 所示。

折线形组合屋架的上弦及受压腹杆为钢筋混凝土,下弦及受拉腹杆为钢材,充分发挥了两种不同材料的力学性能,其自重轻、材料省、技术经济指标较好,适用于跨度为 12~18m 的中小型厂房。折线形组合屋架的屋面坡度约为 1/4,适用于石棉瓦、瓦楞铁、构件自防水等屋面。为使屋面坡度均匀一致,也可在屋架端部上弦加设短柱。

下撑式五角形组合屋架的特点是重心低。下撑改善了屋架的受力性能,使内力分布比较均匀,但影响了房屋的净空,增加了柱子的高度。这类组合屋架已大量采用,由于制造简单、施工占地小、自重轻,不需要重型起重设备,因此特别适用于山区的中、小型建筑。

两铰或三铰组合屋架的上弦为钢筋混凝土或预应力混凝土构件,下弦为型钢或钢筋,顶节点为刚接(两铰组合屋架)或铰接(三铰组合屋架)。这类组合屋架杆件少、杆件短、自重轻、受力明确、构造简单、施工方便,特别适用于农村地区的中小型建筑。屋面坡度:当采用卷材防水时为 1/5,当采用非卷材防水时为 1/4。

### 7.3.7 板状屋架

板状屋架是将屋面板与屋架合二为一的结构体系。屋架的上弦采用钢筋混凝土屋面板,下弦和腹杆可采用钢筋,也可采用型钢制作,如图 7-15 所示。屋面板可选用普通混凝土,也可选用加气或陶粒等轻质混凝土制作。屋面板与屋架共同工作,屋盖结构传力简捷、整体性好,减少了屋盖构件、节省了钢材和水泥,结构自重轻、经济指标较好。

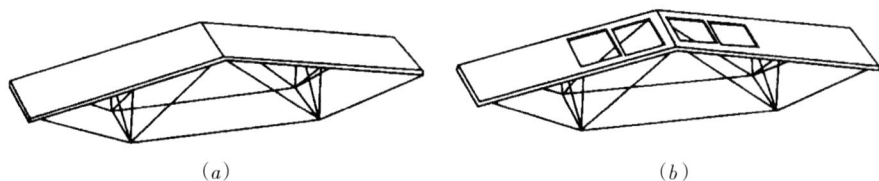

图 7-15
板状屋架
(a) 无天窗;
(b) 有天窗

板状屋架的缺点是制作比较复杂，若房屋为柱子承重，还须在柱间加托架梁。板状屋架的常用跨度为 9~18m，目前最大跨度已做到 27m。板状屋架可逐榀紧靠着布置，也可间隔布置，在两榀板状屋架之间可现浇屋面板或铺设预制屋面板。板状屋架一般直接支承在承重外墙的圈梁上。

### 7.3.8 桁架结构的其他形式

#### 1. 立体桁架

平面屋架结构虽然有很好的平面内受力性能，但其在平面外的刚度很小，为保证结构的整体性必须要设置各类支撑。支撑结构的布置要消耗很多材料，且常常以长细比等构造要求控制，材料强度得不到充分发挥。采用立体桁架可以避免上述缺点。

立体桁架的截面形式有矩形、正三角形和倒三角形。它是由两榀平面桁架相隔一定的距离，以连接杆件将两榀平面桁架形成 90° 或 45° 的夹角形成的，其构造与施工简单易行，但耗钢较多。图 7-16（a）所示为矩形截面的立体桁架。为减少连接杆件，可采用三角形截面的立体桁架。当跨度较大时、因上弦压力较大、截面大，可把上弦一分为二，构成倒三角形立体桁架，如图 7-16（b）所示。当跨度较小时，上弦截面不大，如果再一分为二，势必对受压不利，故宜把下弦一分为二，构成正三角形立体桁架，如图 7-16（c）所示。两根下弦在支座节点汇交于一点，形成两端尖的梭子状，故亦称为梭形架。立体桁架由于具有较大的平面外刚度，有利于吊装和使用，可节省用于支撑的钢材，因而具有较大的优越性；但三角形截面的立体桁架杆长计算繁琐，杆件的空间角度非整数，节点构造复杂，焊缝要求高，制作复杂。

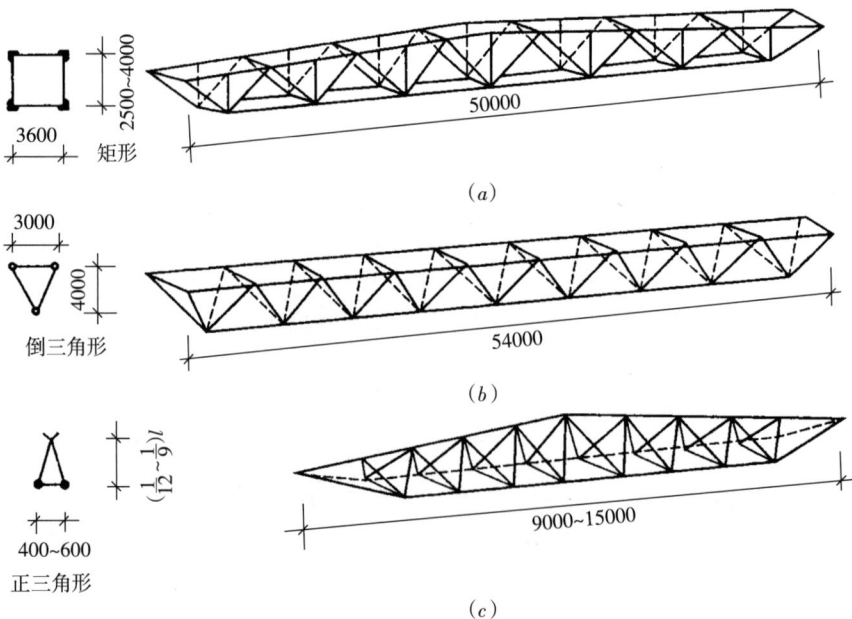

图 7-16
立体桁架
(a) 矩形立体桁架；
(b) 倒三角形立体桁架；
(c) 正三角形立体桁架

图 7-17
无斜腹杆屋架

2. 无斜腹杆屋架

无斜腹杆屋架的特点是没有斜腹杆,结构造型简单,便于制作,如图 7-17 所示。在工业建筑中,屋面板可以支承在上弦杆上,也可以支承在下弦杆上,构成下沉式或横向天窗。这样不仅省去了天窗架等构件,而且降低了厂房的高度。这种屋架的综合技术经济指标较好。

一般情况下,桁架结构杆件与杆件的连接节点均简化为铰节点,一方面可简化计算,另一方面也比较符合结构的实际受力情况。但对于无斜腹杆屋架,没有斜腹杆,仅有竖腹杆。这时若再把桁架节点简化为铰节点,整个结构则会成为一个几何可变结构,所以必须采用刚节点桁架。无斜腹杆屋架可按多次超静定结构计算,也可按拱结构计算。按拱结构计算时,上弦为拱,下弦为拱的拉杆。上弦一般为抛物线形,在竖向均布荷载作用下,上弦拱主要承受轴力,能充分发挥材料的抗压性能,因而截面较小,结构比较经济。竖腹杆承受拉力,并将作用在下弦的竖向荷载传给上弦,避免或减少下弦受弯,所以这种屋架适合于下弦有较多吊重的建筑。由于没有斜杆,故屋架之间管道和人的穿行以及检修工作的进行均很方便。这种屋架的常用跨度为 15m、18m、24m、30m。高跨比与拱形屋架相近。

# 7.4 屋架结构的选型

## 7.4.1 屋架结构的几何尺寸

屋架结构的几何尺寸主要包括屋架的跨度、高度、坡度和节间长度。

### 1. 跨度

柱网纵向轴线的间距就是屋架的标志跨度,以 3m 为模数。屋架的计算跨度是屋架两端支反力(屋架支座中心间)之间的距离,但通常以支座所在处房屋或柱列轴线间的距离作为名义跨度。一般屋架端部支座中心线缩进轴线 150mm,以便使支座外缘处于轴线范围内而使相邻屋架间互不妨碍。在屋架简支于钢筋混凝土柱的房屋中,各柱列轴线一般按下列规定取值:对边列柱取柱的外边线,对中列柱取柱的中线(阶形柱取上段柱的中线)。因此,当屋架简支于钢筋混凝土柱或砖柱且柱网采用封闭结合时,考虑到屋架支座处的构造尺寸,屋架的计算跨度一般可取 $l_0 = l - (300\sim400\text{mm})$;当屋架简支于钢筋混凝土柱而柱网采用非封闭结合时,屋架的计算跨度取标志跨度,即 $l_0 = l$。

## 2. 高度

屋架的高度直接影响结构的刚度与经济指标。高度大，弦杆受力小，但腹杆长、长细比大、压杆易压曲，用料反而会增多；高度小，则弦杆受力大、截面大，但屋架刚度小、变形大。因此，屋架的高度不宜过大也不宜过小。屋架跨中的最大高度由经济、刚度、建筑要求和运输界限限制等因素共同决定。根据屋架的容许挠度可确定屋架的最小高度，最大高度则取决于运输界限，例如铁路的运输界限为 3.85m。屋架的经济高度是以上下弦杆和腹杆的总自重最小为条件确定的，有时建筑设计也可能对屋架的最大高度有所限制。屋架的高度一般可取跨度的 1/10~1/5。

一般情况下，在设计屋架时，首先根据屋架的形式和设计经验确定屋架的端部高度 $h_0$，然后再按照屋面坡度计算跨中高度。对于三角形屋架，$h_0=0$；陡坡梯形屋架取 $h_0=0.5\sim1.0\text{m}$；缓坡梯形屋架取 $h_0=1.8\sim2.1\text{m}$。因此，跨中屋架高度为 $h=h_0+i/h_0$，式中 $i$ 是屋架上弦杆的坡度。

## 3. 坡度

屋架上弦坡度的确定应与屋面防水构造相适应。当采用瓦类屋面时，屋架上弦坡度应大些，一般不小于 1/3，以利于排水；当采用大型屋面板并做卷材防水时，屋面坡度可平缓些，一般为 1/12~1/8。

## 4. 节间长度

屋架节间长度的大小与屋架的结构形式、材料及荷载有关。一般上弦受压，节间长度应小些，下弦受拉，节间长度可大些。屋面荷载应直接作用在节点上，以优化杆件的受力状态。当屋架上铺预制钢筋混凝土大型屋面板时，因屋面板宽度为 1.5m，故屋架上弦节间长度常取 1.5m。当屋盖采用有檩体系时，屋架上弦的节间长度则应与檩条间距一致。为减少屋架制作工作量，减少杆件与节点的数目，节间长度可取大些，但节间杆长也不宜过大，一般为 1.5~4m。

## 7.4.2 屋架结构选型的影响因素

屋架结构的选型应考虑房屋的用途、建筑造型、屋面防水构造、屋架的跨度、结构材料的供应、施工技术条件等因素，并对其进行全面的技术经济分析，做到受力合理、技术先进、经济适用。

### 1. 屋架结构的受力

从结构受力来看，抛物线形的拱式结构受力最为合理，但拱式结构的上弦为曲线，施工复杂；折线形屋架与抛物线形屋架的弯矩图最为接近，故力学性能较好；梯形屋架既具有较好的力学性能，上下弦又均为直线，施工方便，故在大、中跨建筑中被广泛应用；三角形屋架与矩形屋架因与抛物线形屋架的弯矩图相差较大，故其力学性能较差。因此，三角形屋架一般仅适用于中、小跨度的建筑，矩形屋架常用作托架或在荷载较特殊的情况下使用。

### 2. 屋面防水构造

屋面防水构造决定屋面排水坡度，进而决定屋盖的建筑造型。一般来说，当屋面防水材料采用黏土瓦、机制平瓦或水泥瓦时，屋架上弦坡度应大些，以利于排水，所以一般应选用三角形屋架或陡坡梯形屋架；当屋面防水采用大型屋面板并做卷材有组织排水屋面时，应选用拱形屋架、折线形屋架或缓坡梯形屋架。

**3. 材料的耐久性及使用环境**

木材及钢材均易腐蚀，维修费用较高。因此，对于相对湿度较大而又通风不良的建筑，或有侵蚀性介质的工业厂房，不宜选用木屋架或钢屋架，宜选用预应力混凝土屋架，其可提高屋架下弦的抗裂性，防止钢筋腐蚀。

**4. 屋架结构的跨度**

跨度在 18m 以下时，可选用钢筋混凝土—钢组合屋架，这种屋架构造简单，施工吊装方便，技术经济指标较好；跨度在 36m 以下时，宜选用预应力钢筋混凝土屋架，这样既可节省钢材，又可有效地控制裂缝宽度和挠度；对于跨度在 36m 以上的大跨度建筑或受到较大振动荷载作用的屋架，宜选用钢屋架，以减轻结构自重，提高结构的耐久性与可靠性。

## 7.4.3 屋架结构的布置

屋架结构的布置包括屋架结构的跨度、间距、标高等，其主要根据建筑外观造型及建筑使用功能等方面的要求来决定。对于矩形平面的建筑，一般采用等跨度、等间距、等标高布置同一类型的屋架，以简化结构构造、方便结构施工。

**1. 屋架的跨度**

屋架的跨度一般以 3m 为模数。对于常用屋架型式的常用跨度，我国制订了相应的标准图集可供查用，以加快设计及施工进度。对于矩形平面的建筑，一般可选用同一种类型的屋架，仅端部或变形缝两侧屋架中的预埋件稍有不同；对于非矩形平面的建筑，各榀屋架或桁架的跨度就不可能一样，这时应尽量减少其类型以方便施工。

**2. 屋架的间距**

屋架的间距由经济条件确定，也即屋架间距的大小除考虑建筑平面柱网布置的要求外，还要考虑屋面结构及吊顶构造的经济合理性，应使屋架、檩条和屋面板的总造价最低。当屋架上直接铺放屋面板时，屋架的间距还需与屋面板的长度规格相配合。屋架的间距一般为 4~6m，常以 0.3m 为模数。屋架最常用的间距是 6m，在小跨度轻屋面屋架中可减小到 3m，在大跨度屋架中则可增加到 9~12m。屋架一般宜等间距平行排列，应与房屋纵向柱列的间距一致，屋架直接搁置在柱顶。屋架的间距同时为屋面板、檩条或吊顶龙骨的跨度，最常见的为 6m，有时也有 7.5m、9m、12m 等。

**3. 屋架的支座**

屋架支座的标高由建筑外形的要求确定，一般在同层中屋架的支座取同一标高。当一榀屋架两端支座的标高不一致时，要注意其可能会对支座产生水平推力。屋架的支座形式在力学上可简化为铰接支座。在实际工程中，当跨度较小时，一般把屋架直接搁置在墙体、墙垛、柱或圈梁上；当跨度较大时，则应采取专门的构造措施，以满足屋架端部发生转动的要求。

### 7.4.4 屋架结构的支撑

当采用平面桁架作为屋盖、吊车梁、桥梁、起重机桥架等结构的主要承重构件时，桁架在其自身平面内为几何形状不可变体系并具有较大的刚度，能承受桁架平面内的各种荷载。但是，平面桁架本身在垂直于桁架平面的侧向（称为桁架平面外）刚度和稳定性很差，不能承受水平荷载。例如，在屋架结构中即使上弦或下弦与檩条或屋面板等铰接相连，屋架仍会侧向倾倒（图 7-18a）。因此，为使桁架结构具有足够的空间刚度和稳定性，必须在桁架间设置支撑系统（图 7-18b）。

桁架支撑通常可分为水平支撑（上弦和下弦平面、横向和纵向）、垂直支撑（桁架两端和中间）和系杆等几种类型。

桁架支撑的作用主要有以下几点：

（1）保证桁架结构的空间几何稳定性，即几何形状不变。平面桁架能保证桁架平面的几何稳定性，支撑系统可以保证桁架平面外的几何稳定性。

（2）保证桁架结构的空间刚度和空间整体性。桁架上弦和下弦的水平支撑与桁架弦杆组成水平桁架，桁架端部和中央的垂直支撑则与桁架竖杆组成垂直桁架，把它们布置在同一柱间的屋盖系统里，则能形成空间刚度很大的空间结构，且对提高整个屋盖系统的空间整体性起到重要的作用。因而，无论桁架结构承受竖向还是纵、横向水平荷载，都能通过一定的桁架体系把力传向支座，且只会发生较小的弹性变形，即有足够的刚度和整体性。

（3）为桁架弦杆提供必要的侧向支承点。水平和垂直支撑桁架的节点以及由此延伸的支撑系杆都为桁架弦杆的侧向支承点，从而减小弦杆在桁架平面外的计算长度、减小长细比，并提高其受压时的整体稳定性。

（4）承受并传递水平荷载。纵向和横向水平荷载，例如风荷载、悬挂或桥式吊车的水平制动或振动荷载、地震作用（荷载）等，最后都通过支撑系统传到桁架支座。

（5）便于结构安装施工，保证结构安装时的稳定性。

## 7.5 屋架结构工程实例

本节介绍两个屋架实例，图 7-19 所示为一钢屋架，图 7-20 所示为一钢

图 7-18
屋盖支撑作用示意图
(a) 无支撑情况；
(b) 有支撑情况
1—屋架；2—天窗架；
3—上弦横向水平支撑；
4—垂直支撑；
5—天窗架上弦横向水平支撑；
6—天窗架垂直支撑；
7—系杆（f 应采用刚性系杆）；
8—檩条或屋面板

GWJ-27-1A：梯形钢屋架

几何尺寸及内力图

图 7-19

钢屋架

筋混凝土屋架。这两种屋架各有优缺点，钢屋架轻巧、杆件细长、自重轻，但容易失稳。钢筋混凝土屋架比较笨重、制作比较困难、自重大，但节省钢材。对于一般屋架，当确定屋架形式后，可查阅有关标准图集。屋架形式往往是按屋架的不同跨度、允许荷载、檐口形状、天窗类别等分别编号的，在屋架标准图集的设计说明和构件选用方法中都详细写明了与檐口形状、天窗类别等有关的屋架代号和各种代号的物理意义，并按照屋架的编号分别列出它的允许荷载数值或等级。

图 7-20
钢筋混凝土屋架

# 习 题

7.1 桁架结构的特点是什么？

7.2 桁架结构的计算假定有哪些？

7.3 举例说明桁架杆件内力与桁架形式的关系。

7.4 芬克式屋架的特点是什么？

7.5 屋架结构选型的原则是什么？

7.6 屋架结构布置应考虑哪些因素？

7.7 桁架支撑的作用主要是什么？

7.8 举例说明桁架结构的形式。

7- 习题参考答案

**■ 本章提要**

　　拱的受力机理在土木工程结构中得到广泛应用。这一章主要讨论肋形拱的工程应用及选型，拱结构中推力的存在使它与其他平面结构有比较显著的差别。学习时应重点了解和掌握平衡拱结构的推力及其受力特点，具备结构选型的基本能力。

## 8.1 拱结构的受力特点

拱是一种历史悠久、至今仍在大量应用的结构形式。古今中外的能工巧匠和工程师们为我们创造了许多杰出的拱结构典范至今仍为人们所称道,如我国古代的赵州桥、古罗马的半圆拱券城门、哥特式建筑的尖拱等。我们知道当构件截面承受均匀的应力作用(轴向拉力或压力作用)时,材料的利用效率最高,往往能形成性能良好的结构体系。拱结构的受力状态与悬索结构有异曲同工之处,区别在于悬索结构只能受拉,索的抗弯刚度为零;而拱结构是以受压为主的结构,拱截面有一定的刚度,不能自由变形。悬索结构承受拉力,正好可利用和发挥钢材的超强抗拉性能;而拱结构主要承受压力,可利用抗压强度相对较高而又容易得到的天然石材、烧结砖甚至土坯来建造拱,当然现代的拱结构还可用钢筋混凝土或钢材建造。拱结构的出现是使构件摆脱弯曲变形的一种突破性发展,它为抗压性能好的材料提供了一种理想的结构形式。

### 8.1.1 支座反力

为便于说明拱结构的基本受力特点,我们以较简单的三铰拱及与它跨度相等并承受相同集中荷载的简支梁为例进行分析比较,如图 8-1 所示。根据结构力学的静力平衡条件不难知道,简支梁的支座反力 $V^0_A$ 竖直向上,而三铰拱的支座反力除了竖向分量 $V_A$ 之外 ($V_A = V^0_A$),还有水平分量 $H$。三铰拱支座反力的水平分量 $H$ 对拱脚基础产生水平推力,起着抵消荷载 $P$ 引起的向下弯曲的作用,减小了拱身截面的弯矩。

### 8.1.2 拱肋截面的内力

同样,由结构力学可求出拱身任意截面的内力为:

$$M = M_0 - H \cdot y \tag{8-1}$$

$$N = Q_0 \cdot \sin\phi + H \cdot \cos\phi \tag{8-2}$$

$$Q = Q_0 \cdot \cos\phi - H \cdot \sin\phi \tag{8-3}$$

式中,$M_0$ 与 $Q_0$ 分别为相应简支梁截面的弯矩和剪力。

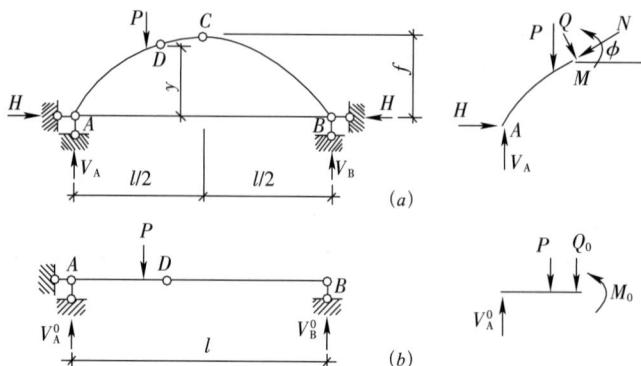

图 8-1
三铰拱与与它跨度相等并承受相同荷载的简支梁的比较
(a) 三铰拱的支座反力;
(b) 简支梁的支座反力

从以上公式可以看出：

（1）拱身截面的弯矩小于相应简支梁的弯矩（减少 $H \cdot y$），而且水平推力 $H$ 与 $y$ 的乘积越大拱身截面的弯矩值越小。因此，在一定荷载作用下，我们可以通过改变拱身轴线形状使拱身各截面的弯矩为零，这样拱身各截面就只受轴向力作用。

（2）拱身截面内的剪力小于在相同荷载作用下相同跨度简支梁内的剪力。

（3）拱身截面内存在较大的轴力，而简支梁截面内无轴力存在。

根据荷载情况合理选择拱轴线形状，使拱身主要承受轴力、尽量减少弯矩十分重要。在实际工程中，结构承受的荷载是多种多样的，只承受某一固定荷载的可能性很小。因此，很难找出一条合理的拱轴来适应各种荷载，只能根据主要荷载确定合理的拱轴曲线。即使精心选择拱轴线的形状，在荷载状态改变或可变荷载作用下，拱内弯矩也是不可避免的。因此，设计的拱截面必须有一定的抗弯能力。另外，拱结构的支座（拱脚）会产生水平推力，跨度大时推力也相当大。承受拱水平推力的处理固然是一桩麻烦和耗费材料的事情，不过如果结构处理的手法采用得当，便可利用这一结构手段与建筑功能和艺术形象融合起来，达到建筑造型优美的效果。图 8-2 为跨越高速公路利用公路上方的空间建造汽车旅馆的设计方案。其中 156m 的大跨度拱是其主要承重结构，房屋则挂在拱下，拱截面采用钢管混凝土，有利于其承受巨大的压力。图 8-3 为伦敦证券交易所，建于 1990 年。该十层建筑横跨铁路，由四榀高达七层的无铰抛物线拱支撑，每层楼的荷重由桁架传递给拱，拱横跨 78m，拱上柱承受压力，拱下柱则承受拉力。建筑师有意将拱、柱、梁表达于立面上，作为造型语汇。

在建筑工程中，拱除了直接作为屋盖结构外，还可用来承受悬索结构的拉力，拱与索组合应用可以建造各种造型生动、受力合理的结构形式。图 8-4 即为对美国联邦储备银行提出的扩建加层设计方案，在上部加层部分大胆采

图 8-2
跨越公路上方的汽车旅馆

图 8-3
伦敦证券交易所的结构体系（左）
图 8-4
美国联邦储备银行的扩建加层设计方案（右）

用拱结构，拱的推力可以巧妙地抵消下部悬索的一部分拉力。

拱是以承受轴压力为主的结构，使用抗压强度好的材料能物尽其用，如砖、石、混凝土、钢丝网水泥、钢筋混凝土、钢材、木材等。拱结构既省料、结构自重轻，又经济耐久。由于其不仅受力性能较好，而且形式多种多样，有利于丰富建筑的外形，是建筑师比较喜爱的一种结构形式。拱结构的适用跨度范围极广，是任何其他结构形式所不能及的。它不仅适用于大跨度结构，如跨度达100m 以上的桥梁，也适用于中、小跨度的房屋建筑，其还被广泛应用于各种宽敞的公共建筑物，如展览馆、体育馆、商场等。在现代还有一些纪念观赏性的拱结构，如美国圣路易市的杰弗逊纪念碑，其为高 177m 的不锈钢拱；上海卢浦大桥钢结构拱的跨度达 550m，比已建成最长的美国西弗吉尼亚大桥还长32m，是目前世界上跨度最大的拱形桥。

## 8.2 拱结构的形式与主要尺寸

拱结构在国内外得到广泛应用，形式也多种多样。按建造的材料分类，有砖石砌体拱结构、钢筋混凝土拱结构、钢拱结构、胶合木拱结构等；按结构组成和支承方式分类，有无铰拱、双铰拱和三铰拱，无拉杆拱和有拉杆拱，如图 8-5 所示；按拱轴的形式分类，有半圆拱和抛物线拱；按拱身截面分类，有实腹式和格构式、等截面和变截面等。应该指出，与属于薄壁空间结构的圆柱

图 8-5
三铰拱、双铰拱和无铰拱
(a) 三铰拱；
(b) 双铰拱；
(c) 无铰拱

形壳（筒壳）不同，拱是一种平面结构，在平行切出的拱圈上相应位置各点的应力状态都是相同的。

确定拱轴的形式主要考虑两个问题：一是拱的合理轴线，二是拱的矢高。

## 8.2.1 拱的合理轴线

力学原理告诉我们，轴心受力构件截面上的应力是均匀分布的，截面材料强度可以得到充分利用。在一固定荷载作用下，使拱处于无弯矩状态的拱轴曲线，称为拱的合理轴线。合理轴线的形式不但与结构的支承条件有关，还与外荷载的作用形式有关。了解合理轴线这个概念，有助于我们选择拱的合理形式。对于不同的结构形式（三铰拱、双铰拱和无铰拱），在不同荷载作用下，拱的合理轴线是不同的。对于三铰拱，在沿水平方向均布的竖向荷载作用下，合理拱轴为一抛物线，见图8-6（a）；在垂直于拱轴的均布压力作用下，合理拱轴为圆弧线，见图8-6（b）。在实际工程中，结构承受的荷载是多种多样的，很难找出一条合理的拱轴来适应各种荷载，设计时只能根据主要的荷载组合，选择一种相对较为合理的拱轴线形式，使拱身主要承受轴向压力，尽量减少弯矩。例如，对于大跨度公共建筑的屋盖结构，通常根据屋面的恒荷载选择合理的拱轴，一般采用抛物线，其方程为：

$$y = \frac{4f}{l^2} x \ (l-x) \tag{8-4}$$

式中 $f$——拱的矢高；

$l$——拱的跨度。

当 $f < 1/4$ 时，可用圆弧代替抛物线，因为这时两者的内力差别不大，而圆拱有利于施工制作。

## 8.2.2 拱的矢高

矢高对拱的外形影响很大，它直接影响建筑的造型和构造处理。矢高的大小还影响拱身轴力和拱脚推力的大小。如三铰拱的推力：$M = M_c^0 / f$，式中 $M_c^0$ 为与拱同跨度同荷载的简支梁的跨中弯矩。不难看出，水平推力 $H$ 与矢高 $f$ 成反比。矢高的选择应综合考虑建筑空间的使用、建筑造型、结构受力、屋面排水构造等的要求来合理确定。

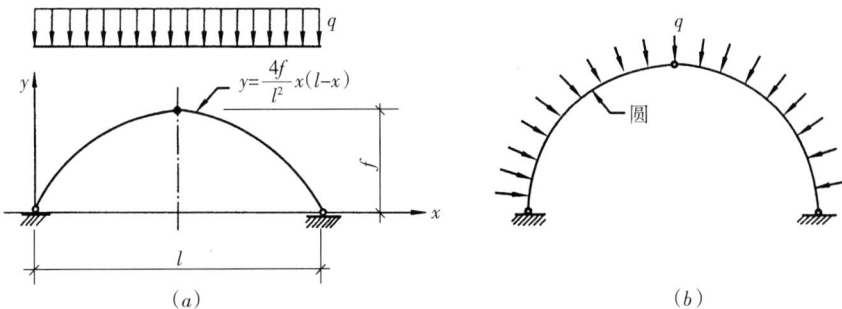

图8-6
拱的合理轴线
（a）抛物线拱；
（b）圆拱

**1. 满足建筑造型和建筑使用功能的要求**

矢高决定了建筑物的体量、建筑内部空间的大小，特别是对于散料仓库、体育馆等建筑来说，矢高应满足建筑使用功能上对建筑物容积、净空、设备布置等的要求。同时，拱的矢高直接决定拱的外形，因此矢高必须满足建筑造型的要求。不同建筑对拱的形式要求不同，有的要求扁平，矢高小；有的则要求矢高大。合理拱轴的曲线方程确定之后，可以根据建筑的外形要求确定拱的矢高。

**2. 尽量使结构受力合理**

由前面对三铰拱结构受力特点的分析可知，拱脚水平推力的大小与拱的矢高成反比。矢高小的拱，水平推力大，拱身轴力也大；矢高大的拱则相反。当地基及基础难以平衡拱脚水平推力时，可通过增加拱的矢高来减小拱脚水平推力、减轻地基负担、节省基础造价。但矢高大，拱身长度增大，拱身及其屋面覆盖材料的用量也将增加。因此，设计时确定矢高大小不仅要考虑建筑的外形要求，还要考虑结构的合理性。对于落地拱应主要根据建筑的跨度和高度要求来确定矢高。

**3. 矢高应满足屋面排水构造的要求**

矢高的确定应考虑屋面做法和排水方式。对于瓦屋面及构件自防水屋面，要求屋面坡度较大，则矢高较大；对于油毡屋面，为防止夏季高温时引起沥青流淌，坡度不能太大，相应地矢高较小。

一般，拱的矢高取 $f = (1/8 \sim 1/2) l$，经济范围是 $f = (1/7 \sim 1/5) l$。有拉杆的拱，矢高可小些，一般取 $f = 1/7l$；无拉杆的拱，矢高不宜太小，否则拱脚下的抗推力结构较难处理；落地拱的矢高较大，一般取 $f = (1/2 \sim 2) l$。矢高大，则轴压力小、风力影响大、曲线长、用料多、内部空间大；矢高小则反之。

半圆拱的水平推力为零，为"无推力拱"，但矢高为跨度的一半，跨度大时显得非常高耸，故很少用于屋盖结构。

对于屋盖结构，一般取 $f = (1/7 \sim 1/5) l$，最小不小于 $1/10l$。对于三铰拱和双铰拱屋架，矢高的确定既要考虑结构的合理性又要考虑屋面做法和排水方式。

对于自防水屋面，矢高可取 $f = 1/6l$；对于油毡屋面，矢高取 $f \leqslant 1/8l$。

## 8.2.3 拱的截面形式与主要尺寸

拱身可以做成实腹式和格构式（图 8-7）两种形式。钢结构拱一般多采用格构式，当截面高度较大时，采用格构式可以节省材料。钢筋混凝土拱一般采用实腹式，常用的截面有矩形。现浇拱一般多采用矩形截面，这样模板简单、施工方便。钢筋混凝土拱身的截面

图 8-7
格构式钢结构拱的形式

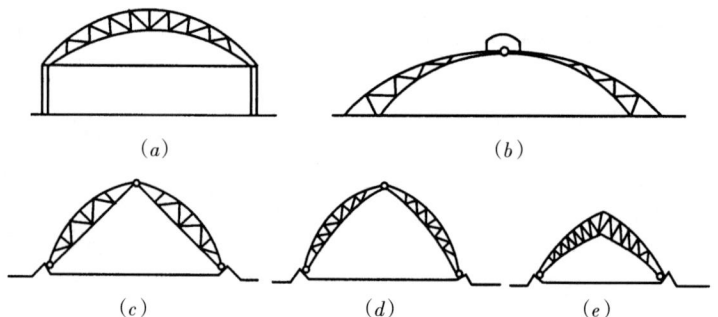

*(a)*  *(b)*  *(c)*  *(d)*  *(e)*

高度可按拱跨度的 1/40~1/30 取用；截面宽度一般为 250~400mm。对于钢结构拱的截面高度，格构式可按拱跨度的 1/60~1/30 取用，实腹式可按拱跨度的 1/80~1/50 取用。拱身在一般情况下采用等截面形式。由于无铰拱的内力（轴向压力）从拱顶到拱脚逐渐加大，所以一般做成变截面形式。变截面一般是改变拱身截面的高度而保持宽度不变。截面高度的变化应根据拱身内力确定，主要由弯矩的变化而定，受力大处截面高度应相应增大。

除了常用的矩形截面外，还可采用"T"形截面拱、双曲拱、波形拱、折板拱等，跨度更大的拱可采用钢管、钢管混凝土截面，也可用型钢、钢管或钢管混凝土组成的组合截面。组合截面拱自重轻，拱截面的回转半径大，其稳定性和抗弯能力都大大提高，可以跨越更大的跨度，高跨比也可更大一些。还可采用网状筒拱，网状筒拱像用竹子（或柳条）编成的筒形筐，也可理解为在平板截面的筒拱上有规律地挖掉许多菱形洞口而成。应当指出，拱是一种平面结构，在平行切出的拱圈上相应位置各点的内力相同。

## 8.2.4 拱的结构选型与布置

在进行拱结构的选型时，需要考虑结构的支承形式、拱轴线的形式、拱的矢高、拱身形式和截面高度，以及拱的结构布置和支撑体系设置。从铰的设置来看，三铰拱是静定结构，当基础出现不均匀沉降或拱拉杆变形时，不会引起结构附加内力。但由于跨中拱顶存在铰，使拱身和屋盖结构构造复杂，除了在软弱地基条件下，一般工程中不大使用。西安秦始皇兵马俑博物馆展览大厅由于地基为湿陷性黄土，密度小、压缩性大，不宜使用双铰拱、网架等超静定结构，故选择了静定结构的钢三铰拱。双铰拱和无铰拱是超静定结构，必须考虑基础不均匀沉降和温度变化引起的附加内力对结构的影响。双铰拱的优点是受力合理、用料经济、制作和安装比较简单、对温度变化和地基变形的适应性良好，目前较为常用。在一般房屋建筑中的屋盖结构通常多采用带拉杆的钢筋混凝土双铰拱，推力在拱单元中自行平衡，可以直接搁置在柱上或承重墙上。无铰拱受力最为合理，但对支座要求较高，实际工程中在地基条件好或两侧拱脚有稳固的边跨结构时，可以考虑采用；当地基条件较差时，不宜采用。无铰拱一般用于桥梁结构，很少用于房屋建筑。

拱结构根据建筑平面形式不同，有并列布置、径向布置、环向布置、井式布置以及多叉布置等多种不同的布置方案。

### 1. 并列布置

当建筑平面为矩形时，一般采用等间距、等跨度、并列布置的平面拱结构，其纵向抗侧力能力与侧向稳定性需要加设支撑来解决。

### 2. 径向布置

当建筑平面为非矩形时，常采用径向布置的空间拱结构，这种布置的空间刚度和稳定性都比较好。如加拿大蒙特利尔市梅宗纳夫公园奥林匹克体育中心赛车场，其建筑平面为叶形，屋盖结构沿纵向辐射状布置了四榀跨度为

172m 的落地拱，其中两榀为单肢拱，两榀为双肢拱。拱结构支座的一端在辐射中心为单支点，另一端为三支点。其沿建筑平面横向在各肢拱肋间布置了双"Y"形肋形梁，梁间镶嵌丙烯酸酯玻璃，满足了赛车场内有充足阳光的要求。

### 3. 环向布置

当建筑平面为圆形时，以环向布置的空间拱结构最为合理，各拱沿周围排列、拱脚互抵、推力相消。如古罗马万神庙就是这种环向布置的典型结构。

### 4. 井式布置

拱结构布置中也可效仿井字梁的布置方式，采用多向承受荷载、共同传力的井字拱。

### 5. 多叉布置

拱结构布置中有一种能适应任何建筑平面形状的多叉拱，其围绕一个中心铰或环径向布置辐射状的拱肋。呈多叉状的肋形拱有三叉拱、四叉拱、六叉拱等。多叉拱的拱脚与拱顶多为铰接，多叉拱肋的顶端汇聚于中心。为使多叉拱拱脚的水平推力大小一致，保持结构的良好稳定性，各叉拱脚所形成的平面最好是正多边形，如三角形、正方形、正六边形以及圆形等。各叉拱的拱脚推力一般由连接的相邻拱脚支座所形成的多边形圈梁承担。法国巴黎国家工业与技术中心展览大厅就是三叉拱的杰出实例。

## 8.3 拱结构水平推力的处理

拱是有推力的结构，拱结构的支座（拱脚）应能可靠地承受水平推力，这样才能保证其发挥拱结构的作用。对于无铰拱、双铰拱这样的超静定结构，拱脚的变位会使结构具有较大的附加内力（弯矩）。在实际工程中，一般采用以下四种方式来平衡拱脚的水平推力。

### 8.3.1 落地拱——利用地基基础直接承受水平推力

落地拱的上部可作屋盖结构，下部则可作外墙柱，拱脚落地与基础固接。这种利用基础承受水平推力直接将力传递给地基的方式，在水平推力不太大或地质条件较好的情况下，是最省事、经济的办法。但采用这种方案，基础尺寸一般都很大，材料用量较多。为了更有效地抵抗水平推力、防止基础滑移，基础底部常做成斜面形状。图 8-8 即为北京体育学院田径房的落地无铰拱，其基础做法如图所示。

落地拱的一个优点是墙柱等结构和出入口的布置不受承重结构的限制，因而其平面布置非常自由灵活，深受许多建筑师的喜爱。另外，落地拱能提供很大的空间，被广泛应用于体育馆、展览馆、俱乐部、影剧院、大市场、飞机库、仓

图 8-8
落地拱及基础做法

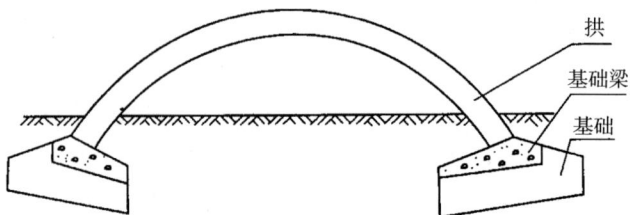

拱
基础梁
基础

库等大跨度建筑。它的缺点是拱下部屋面坡度较大，不易铺设屋面构件和防水材料。针对这个问题的解决办法是拱下部不做外墙，让其在室外或室内明露。

当拱脚推力过大或地基过于软弱时，一般可在地下拱脚两基础间设置预应力混凝土拉杆。预应力的作用是防止受拉混凝土开裂使钢材被锈蚀，从而影响结构的耐久性。

## 8.3.2 推力由竖向结构承受

这种方法也用于无拉杆拱，拱脚推力下传给支承拱脚的抗推竖向结构承受。从广义上理解，也可把抗推竖向结构看作是落地拱的拱脚基础。拱脚传给竖向结构的合力是向下斜向的，要求竖向结构及其下部基础有足够大的刚度来抵抗，以保证拱脚位移较小、拱结构内的附加内力不致过大。常用的竖向结构有以下几种形式。

### 1. 扶壁墙墩

小跨度拱结构的推力较小或拱脚标高较低时，推力可由带扶壁柱的砖石墙或墩承受。如尺度巨大的哥特式建筑因其粗壮的墙墩显得更加庄重雄伟。

### 2. 飞券

哥特式建筑教堂（如巴黎圣母院）中厅尖拱的拱脚很高，靠砖石拱飞券和墙柱墩构成的拱柱框架结构来承受拱的水平推力。

### 3. 斜柱墩

当拱的跨度较大、拱脚推力大时，采用斜柱墩方案有时可收到传力合理、经济美观的效果。我国的一些体育、展览建筑就曾借鉴这一做法，采用双铰拱或三铰拱（多为钢拱）、不设拉杆、支承在斜柱墩上。如广为人知的西安秦始皇兵马俑博物馆展览大厅就采用了跨度为 67m 的三铰钢拱，拱脚支承在从基础墩斜向挑出 2.5m 的钢筋混凝土斜柱上，受力合理，如图 8-9 所示。

### 4. 其他边跨结构

对于拱跨较大且两侧有边跨附属用房（像走廊、办公室、休息厅等）的情况，可以由边跨结构提供拱脚反力。边跨结构可以是单层或多层、单跨或多跨的墙体或框架结构，它们应有足够的侧向刚度，以保证在拱推力作用下的侧移不超过允许范围。比较典型的建筑实例有北京崇文门菜市场、美国敦威尔综合大厅等。其中，北京崇文门菜市场中间营业大厅的平面尺寸为 32m×36m，采用装配整体式钢筋混凝土 32m 跨双铰拱，拱脚支承于两侧边跨的框架上。为施工方

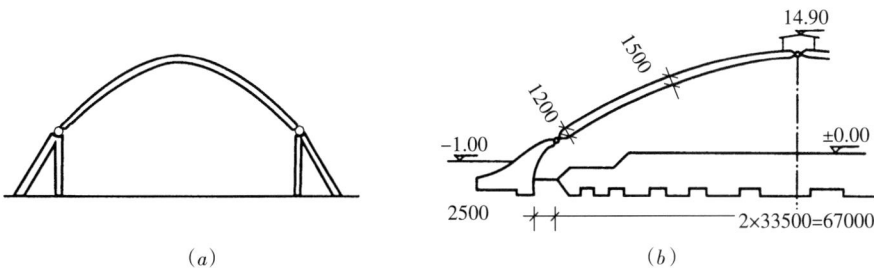

(a)

(b)

图 8-9
西安秦始皇兵马俑博物馆展览大厅的斜柱墩

框架　　双铰拱　　　　　　　　　　拱

3600　　　　　　　　　3600
8000　　　　32000　　　　8000

图 8-10
北京崇文门菜市场由
侧边框架承担拱脚水
平推力

便，其采用半径为 **34m** 的圆弧拱，从建筑外形美观及屋面铺设油毡防水层考虑，矢高取 **4m**。由于矢跨比较小，拱脚推力大，侧边的三层双跨框架采用现浇楼屋盖，加大了其水平整体刚度，以便把拱脚推力均匀传递给各榀框架，如图 8-10 所示。

### 8.3.3　拉杆拱——水平推力由拉杆直接承担

在拱脚处设置钢杆，利用钢杆受拉抵抗拱的推力，如图 8-11 (*a*)、(*b*) 所示。它既可用于搁置在墙、柱上的屋盖结构，也可用于落地拱结构。水平拉杆所承受的拉力等于拱的推力，两端自相平衡，与外界没有水平向的相互作用力。这种解决办法传力路线最简捷，构造方式既经济合理，又安全可靠。因为推力问题可在拱本身独立解决，这样的拱也称"拉杆拱"。当作为屋盖结构时，支承拱式屋盖的砖墙或柱子不承受拱的水平推力，整个房屋结构即为一般的排架结构，屋架及柱子用料均较经济。该方案的缺点是室内有拉杆存在，影响美观。若设吊顶，则压低了建筑净高、浪费空间，故其应用会受到限制，多用于食堂、小礼堂、仓库、车间等建筑。

拉杆可以是型钢劲性拉杆或圆钢柔性拉杆，一般拉力大时用型钢，拉力小时用圆钢。圆钢拉杆的根数不宜超过三根，否则难以保证拉杆的受力均匀。为了避免拉杆在自重作用下下垂太大，可设置吊杆来减少拉杆的自由长度。钢拉杆必须涂漆防锈且经常维护，其防火性差，为了防锈与防火，可用混凝土将其包裹起来。为了减少拉杆的拉伸变形、防止混凝土受拉开裂造成钢材锈蚀，往往采用预应力混凝土拉杆。拱与拉杆自成结构单元，拱脚推力已得平衡，其支座仅承受竖向力，故其结构布置与桁架一样。将中小跨的拱与拉杆拼装成一体，再行吊装就位即可，故又可称其为拱架。

### 8.3.4　水平推力通过刚性水平结构传递给总拉杆

这种方法的目的是：仅在结构两端设置拉杆，水平推力由拱脚标高平面

(*a*)　　　　　　　　　　　(*b*)

图 8-11
拉杆直接承担拱的推力
(*a*) 室内拉杆拱；
(*b*) 地下拉杆拱

内的刚性水平构件（可以是圈梁、天沟板或副跨现浇钢筋混凝土屋盖等）承担以后，再由设置在两端山墙内的总拉杆来平衡。当刚性水平构件在其水平面内的刚度足够大时，则可认为拱脚以下的柱、墙、刚架等竖向结构顶部不承担水平推力。这种方法的优点是建筑室内没有拉杆，可充分利用室内建筑空间。典型的工程实例是北京展览馆的电影厅（图 8-12），其为单孔 18m 跨肋形拱，间距 2m，利用拱顶两侧 3m 宽走廊的现浇钢筋混凝土屋盖作刚性水平构件，并利用拱跨两端山墙内的圈梁（400mm×980mm）连接两侧的钢筋混凝土屋盖端部作为总拉杆，使拱的水平推力得到平衡。

图 8-12
北京展览馆电影厅由山墙内的拉杆承担拱脚水平推力

## 8.4 拱结构工程实例

### 8.4.1 北京崇文门菜市场

如图 8-13 所示，菜市场中间为 32m×36m 的营业大厅，屋顶采用双铰拱结构，上铺加气混凝土板。大厅两侧为小营业厅、仓库及其他用房，均采用框

图 8-13
北京崇文门菜市场

架结构。拱的水平推力和垂直压力由两侧的框架承担，拱为装配整体式钢筋混凝土结构。

为了施工方便，拱轴采用圆弧形，圆弧半径为34m，如图8-13所示。选择不同的矢高会有不同的建筑外形，同时也影响结构的受力。当圆弧半径为34m、矢高为4m时，$f/l = 1/8$，高跨比小，这是由建筑外形要求决定的。矢高小，拱的推力大，框架的内力也相应增大，拱的材料用量增加。当矢高改为$f=l/5=6.4m$时，相应的拱轴半径为23.2m，此时拱脚的水平推力可减少60%左右，但建筑外形不太好，屋面根部坡度也大，对油毡防水不利。

## 8.4.2 湖南某盐矿2.5万t散装盐库

该盐库在结构选型中比较了两种方案：方案一为钢筋混凝土排架结构，方案二为拱结构（图8-14）。

散盐仓库平面图

1—1

① 拱顶接头大样

拱轴线方程分析

② 拱脚铰节点及基础拉杆

图 8-14
湖南某盐矿 2.5 万 t 散装盐库拱结构

方案一的缺点是大部分建筑空间不能充分利用，而且盐通过皮带运输机从屋顶天窗卸入仓库时，经常会冲击、磨损屋架和支撑，对钢支撑和屋架有不利影响，因而没有采用。

方案二采用落地拱，由于选择了合适的矢高和外形，建筑空间得到了比较充分的利用。这一方案把建筑使用与结构形式较好地结合起来，收到了良好的效果。工程概况图如图 8-14 所示。

拱结构的方案经过比较，决定采用双铰落地拉杆拱。因为三铰拱虽然受力明确，但是盐入库时顶部铰节点的钢件经常受磨损，难以妥善保护；而无铰拱对地基变形和温度变化敏感。为了免于锈蚀，拱脚的铰节点不用钢件，而是将半圆柱形拱脚埋入半圆柱形杯口内。两圆弧面之间用沥青麻丝嵌塞，两侧浇灌细石混凝土，具体见拱脚铰节点大样。

拱身采用装配整体式钢筋混凝土结构，拱截面采用"工"字形截面，高 90cm、宽 40cm。每根拱架划分为两个对称的构件，铰接点在拱顶，采用二次浇灌混凝土。屋面采用预应力槽瓦和预制钢筋混凝土檩条。为了适应双向弯曲，檩条采用方孔空心截面。拱架的横向刚度较好，纵向刚度较差，因此在纵向设置支撑。基础拉杆采用 4 根圆钢（$2\phi32 + 2\phi28$），并进行防锈处理。

### 8.4.3　意大利都灵展览大厅

如图 8-15 所示，展览大厅跨度为 95m，屋顶采用钢筋混凝土波形拱，拱身由每段长 4.5m 的预制钢丝网水泥拱段组成，波宽 2.5m、波高 1.45m。每段拱都有一个横隔，预制拱段先安装在临时支架上，然后再通过局部现浇钢筋混凝土连成整体。

图 8-15
意大利都灵展览大厅

# 习　题

8.1　你了解的拱结构的受力特点有哪些？你如何看待和处理拱结构水平推力的平衡问题？

8.2　拱结构的结构形式有哪些？各有何特点？说明其适用范围。

8.3　你认为拱结构的结构选型和结构布置应考虑哪些问题？

8.4　试列举国内外拱结构的新建实例各一例，并总结它们的特点。

8- 习题参考答案

建筑结构选型（第二版）

■ 本章提要

　　本章介绍了薄壳结构的特点、类型及适用范围，分别叙述了圆顶薄壳、圆柱形薄壳、双曲扁壳、鞍壳及扭壳的组成、结构形式和受力特点，并列举了一些典型的工程实例。

# 9.1 薄壳结构的特点

自然界中存在着丰富多彩的壳体结构，如植物界的果壳、种子、茎秆等，以及动物界的蛋壳、蚌壳、蜗牛、脑壳等。它们的形态变化万千、曲线优美，其厚度之薄、用料之少、结构之坚令人惊叹。万灵之首的人类仿生于自然界，又造出各种各样的壳体结构为己所用，如锅、碗、杯、瓶、坛、罐以及灯泡、安全帽、轮船、飞机等。

以上所列种种壳体结构一般是由上下两个几何曲面构成的空间薄壁结构。两个曲面之间的距离即为壳体的厚度（$\delta$），当 $\delta$ 比壳体其他尺寸（如曲率半径 $R$、跨度 $l$ 等）小得多时，一般要求 $\delta/R \leqslant 1/20$（鸡蛋壳的 $\delta/R \approx 1/50$），这样的结构称为薄壳结构。现代建筑工程中所采用的壳体一般为薄壳结构。

薄壳结构用于建筑有着悠久的历史。最初仿效洞穴的穹顶，由于材料的限制（用砖石）以及对薄壳受力状况的不理解，建成的圆顶壳体的厚度常常达 1~3m，并且大都开裂，因此直至 20 世纪初之前，壳体结构用于建筑依然发展较慢。直到 20 世纪初，随着工程界对薄壳结构的试验和理论研究的不断深入，相继建立了多种薄壳理论和近似计算方法，并且计算机电算技术的迅速发展使壳体结构摆脱了繁重的计算难关。20 世纪 30 年代以后，薄壳结构走上了广泛应用的道路。

薄壳结构之所以在建筑中得以广泛应用，这都得益于薄壳结构具有优越的受力性能和丰富多变的造型。

前几章叙述的梁式结构、桁架、拱结构等都属于杆件系统结构，是平面受力状态。在这些结构中，材料性能常常得不到充分发挥，存在材料的浪费。而薄壳结构为双向受力的空间结构，在竖向均布荷载作用下，壳体主要承受曲面内的轴向力（双向法向力）和顺剪力作用。曲面轴力和顺剪力都作用在曲面内，又称为薄膜内力，如图 9-1 所示。且只有在非对称荷载（风、雪等）作用下，壳体才会承受较小的弯矩和扭矩。

由于壳体内主要承受以压力为主的薄膜内力，且薄膜内力沿壳体厚度方向均匀分布，所以材料强度能得到充分利用；而且壳体为凸面，处于空间受力状态，各向刚度都较大，因而用薄壳结构能实现以最少的材料构成最坚固结构的理想。例如，6m×6m 的钢筋混凝土双向板，最小厚度需 130mm；而 35m×35m 的双向扁壳屋盖，壳板厚度仅需 80mm。

由于壳体结构强度高、刚度大、用料省、自重轻、覆盖面积大、无需中柱，而且其造型多变、曲线优美、表现力强，因而深受建筑师们的青睐，故多用于大跨度建筑，如展览厅、食堂、剧院、天文馆、厂房、飞机库等。

不过，薄壳结构也有其自身的不足，由于体形多为曲线、复杂多变，采用现浇结构时，模板制作难度大，会费模费工，施工难度较大；一般壳体既作承重结构又作屋面，由于壳壁太薄，隔热保温效果不好；并且某些壳体（如球壳、扁壳）易产生回声现象，不宜用于对音响效果要求高的大会堂、体育馆、影剧院等建筑。

图 9-1
薄壳的薄膜内力

## 9.2 薄壳结构形式与曲面的关系

工程中，薄壳结构的形式丰富多彩、千变万化，不过其基本曲面形式按其形成的几何特点可分为旋转曲面、平移曲面、直纹曲面和复杂曲面四类。

### 9.2.1 旋转曲面

由一平面曲线作母线绕其平面内的轴旋转而成的曲面，称为旋转曲面。该平面曲线形状不同，因而可得到用于薄壳结构的多种旋转曲面，如球形曲面、旋转抛物面和旋转双曲面等，如图9-2所示。圆顶结构就是旋转曲面的一种。

### 9.2.2 平移曲面

一竖向曲母线沿另一竖向曲导线平移而成的曲面，称为平移曲面。在工程中常见的平移曲面有椭圆抛物面和双曲抛物面，前者是以一竖向抛物线作母线沿另一凸向相同的抛物线作导线平移而成的曲面，如图9-3（a）所示；后者是以一竖向抛物线作母线沿另一凸向相反的抛物线作导线平移而成的曲面，如图9-3（b）所示。

### 9.2.3 直纹曲面

一条直线的两端沿两条固定曲线移动而成的曲面，称为直纹曲面。

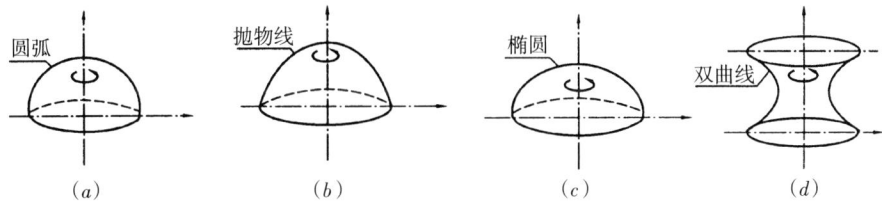

图 9-2
旋转曲面
（a）球形曲面；
（b）旋转抛物面；
（c）椭球面；
（d）旋转双曲面

图 9-3
平移曲面
（a）椭圆抛物面；
（b）双曲抛物面

工程中常见的直纹曲面有以下几种。

**1. 鞍壳与扭曲面**

如图9-3（b）所示的双曲抛物面也可按直纹曲面的方式形成，如图9-4（a）所示。工程中的鞍壳即是由双曲抛物面构成的。

扭曲面则是由一条直母线沿两条相互倾斜且不相交的直导线平移而成的曲面，如图9-4（b）所示。扭曲面也可以是从双曲抛物面中沿直纹方向截取的一部分，如图9-4（a）所示。工程中的扭壳就是由扭曲面构成的。

**2. 柱面与柱状面**

柱面是由直母线沿一竖向曲导线移动而成的曲面，如图9-5（a）所示。工程中的圆柱形薄壳就是由柱面构成的。

柱状面是由一直母线沿着两条曲率不同的竖向曲导线移动，并始终平行于一导平面而成的曲面，如图9-5（b）所示。工程中的柱状面壳就是由柱状面构成的。

**3. 锥面与锥状面**

锥面是一直线沿一竖向曲导线移动，并始终通过一定点而成的曲面，如图9-6（a）所示。工程中的锥面壳就是由锥面构成的。

锥状面是由一直线一端沿一条直线、另一端沿另一条曲线，与一指向平面平行移动而成的曲面，如图9-6（b）所示。工程中的劈锥壳就是由锥状面构成的。

图 9-4
鞍壳与扭曲面
（a）鞍壳；
（b）扭曲面

图 9-5
柱面与柱状面
（a）柱面；
（b）柱状面

图 9-6
锥面与锥状面
（a）锥面；
（b）锥状面

直纹曲面壳体的最大特点是建造时制模容易、脱模方便，工程中采用较多。

### 9.2.4 复杂曲面

在上述的基本几何曲面上任意切取一部分，或将曲面进行不同的组合，便可得到各种各样复杂的曲面，如图 9-7 所示。不过，如果曲面形式过于复杂会造成极大的施工困难，甚至难以实现。

图 9-7
复杂曲面

## 9.3 圆顶薄壳

圆顶结构是极古老的建筑形式，古人仿效洞穴穹顶建造了众多砖石圆顶，其中多为空间拱结构。直到近代，随着人们对圆顶结构受力性能的了解以及钢筋混凝土材料的应用，采用钢筋混凝土建造的圆顶结构大量出现。

圆顶薄壳结构为旋转曲面壳。根据建筑设计需要，圆顶薄壳可采用通过抛物线、圆弧线、椭圆线绕其对称竖轴旋转而成的抛物面壳、球面壳、椭球面壳等，如图 9-8 所示。圆顶薄壳结构具有良好的空间工作性能，能以很薄的圆顶覆盖很大的跨度，因而可以用于大型公共建筑，如天文馆、展览馆、剧院等。目前，已建成的大跨度钢筋混凝土圆顶薄壳结构直径已达 200 多米。中华人民共和国成立后建成的第一座天文馆——北京天文馆，即是直径为 25m 的圆顶薄壳结构，壳厚仅为 60mm。

### 9.3.1 圆顶薄壳的组成及结构形式

圆顶薄壳由壳板、支座环、下部支承结构三部分组成，如图 9-8 所示。

**1. 壳板**

按壳板的构造不同，圆顶薄壳可分为平滑圆顶、肋形圆顶和多面圆顶三种，如图 9-9 所示。

其中，平滑圆顶在工程中应用最为广泛，如图 9-9（a）所示。

当建筑平面不完全是圆形以及其他需要将表面分成单独区格的形状时，可以把实心光板截面改为带肋板、波形截面或"V"形截面等构造方案，使壳板底面构成绚丽的图案，即采用肋形圆顶。肋形圆顶是由径向或环向肋系与壳板组成的，肋与壳板整体相连，为了施工方便一般采用预制装配式结构，如图 9-9（b）所示。

当建筑平面为正多边形时，可采用多面圆顶结构。多面圆顶结构是由数个拱形薄壳相交而成的，如图 9-9（c）所示。

图 9-8
圆顶薄壳的组成

图 9-9
三种圆顶壳板构造
（a）平滑圆顶；
（b）肋形圆顶；
（c）多面圆顶

若建筑需要，也可以把壳面切成三、四、五、六、八边形，形成割球壳，这样可以改变圆顶薄壳原本呆板的造型，使壳体边缘具有丰富的表现力，造型变得活泼。如图 9-39 所示是德国法兰克福市霍希斯特染料厂游艺大厅。

**2. 支座环**

支座环是球壳的底座，它是圆顶薄壳结构保持几何不变性的保证，对圆顶起到箍的作用。它可能要承担很大的支座推力，由此环内会产生很大的环向拉力，因此支座环必须为闭合环形，且尺寸应很大，其宽度一般为 0.5~2m。建筑上常将支座环与挑檐、周圈廊或屋盖等结合起来加以处理，也可以单独自成环梁隐藏于壳底边缘。

**3. 下部支承结构**

圆顶薄壳的下部支承结构一般有以下几种：

（1）圆顶薄壳通过支座环直接支承在房屋的竖向承重结构上，如砖墙、钢筋混凝土柱等，如图 9-10 所示。这时径向推力的水平分力由支座环承担，竖向支承构件仅承担径向推力的竖向分力。

图 9-10
圆顶薄壳支承在竖向
承重结构上（上左）
图 9-11
圆顶薄壳支承在框架
结构上（上中）
图 9-12
罗马奥林匹克小体育
宫（上右）
图 9-13
圆顶薄壳支承在斜拱
上（下）

（2）圆顶薄壳可支承在框架上，由框架结构把径向推力传给基础，如图 9-11 所示。

（3）但当结构跨度较大时，由于推力很大，支座环的截面尺寸也需很大，这样既不经济，也不美观。因而，有的圆顶薄壳就不设支座环而采用斜柱或斜拱支承。圆顶薄壳可以通过周围顺着壳体底缘切线方向的直线形、"Y"形或叉形斜柱把推力传给基础。如图 9-12 所示是罗马奥林匹克小体育宫，它是广为人知的经典之作。有时为了克服斜柱过密不利于出入，也可以将圆顶薄壳支承于周边顺着壳底边缘切线方向的单式或复式斜拱，把径向推力集中起来传给基础，如图 9-13 所示。

这种支承方式往往会收到意想不到的建筑效果。在平面上，斜柱、斜拱可布置为多边形，给人以"天圆地方"的造型美；在立面上，斜柱、斜拱可以外露，既可表现结构的力量之美，又能与其他建筑构件互相配合形成很好的装饰效果，给人以清新、明朗之感。

（4）圆顶薄壳像落地拱直接落地并支承在基础上，如图 9-14 所示。

图 9-14
美国麻省理工学院大
会堂

## 9.3.2 受力特点

一般情况下壳板的径向和环向弯矩较小，可以忽略，壳板内力可按无弯矩理论计算。在轴向对称荷载作用下，圆顶径向受压，径向压力在壳顶小，在壳底大；圆顶环向受力则与壳板支座边缘处径向法线与旋转轴的夹角 $\phi$ 的大小有关，当 $\phi \leqslant 51°49'$ 时，圆顶环向全部受压；当 $\phi > 51°49'$ 时，圆顶环向上部受压，下部受拉，如图 9-15 所示。

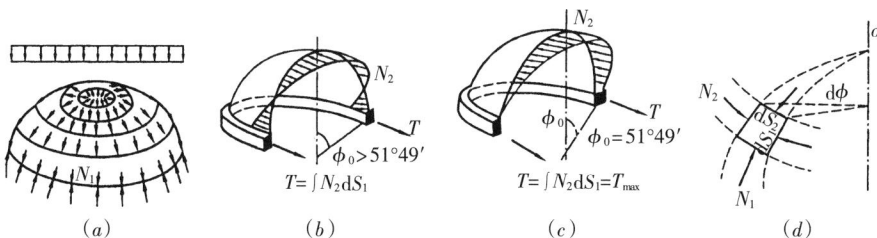

(a)      (b)      (c)      (d)

图 9-15
圆顶薄壳的受力分析
(a) 径向应力状态；
(b) 环向应力状态；
(c) 环向应力状态；
(d) 壳板单元体的主要
内力

9 薄壳结构 **213**

图 9-16
支座环的受力图（左）
图 9-17
壳板边缘径向弯矩及
构造（右）

支座环对圆顶壳板起箍的作用，承受壳身边缘传来的推力。一般情况下，该推力使支座环在水平面内受拉，如图 9-16 所示，在竖向平面内受弯矩和剪力。当 $\phi = 90°$ 时，支座环内不产生拉力，仅承受竖向平面的内力。

同时，由于支座环对壳板边缘变形的约束作用，壳板边缘附近会产生径向局部弯矩，如图 9-17 所示。为此，壳板在支座环附近可以适当增厚，最好采用预应力混凝土支座环。

## 9.4  圆柱形薄壳

圆柱形薄壳的壳板为柱形曲面，由于外形既似圆筒，又似圆柱体，故既称为圆柱形薄壳，也称为柱面壳。

由于壳板为单向曲面，其纵向为直线，可采用直模，因而施工方便、省工省料，故圆柱形薄壳在历史上出现最早，至今仍广泛应用于工业与民用建筑中。

### 9.4.1  圆柱形薄壳的结构组成与形式

圆柱形薄壳由壳板、边梁及横隔三部分组成，如图 9-18 所示。两个边梁之间的距离 $l_2$ 称为波长；两个横隔之间的距离 $l_1$ 称为跨度。在实际工程中，根据需要的不同，圆柱形薄壳的跨度 $l_1$ 与波长 $l_2$ 的比例常常是不同的。一般当 $l_1/l_2 \geqslant 1$ 时，称为长壳，一般为多波形，如图 9-19 （$a$）所示；当 $l_1/l_2 < 1$ 时，称为短壳，大多为单波多跨，如图 9-19 （$b$）所示。

图 9-18
圆柱形薄壳的结构组成

图 9-19
壳面的形式
（$a$）多波；
（$b$）单波多跨；
（$c$）截面尺寸

圆柱形薄壳壳板的曲线线形可以是圆弧形、椭圆形、抛物线等，一般都采用圆弧形，这样可以减少采用其他线形所造成的施工困难。壳板边缘处的边坡（即切线的水平倾角 $\phi$）不宜过大，否则不利于混凝土浇筑，一般 $\phi$ 取 35°~40°，如图 9-19（c）所示。

壳体截面的总高度 $f$ 一般不应小于（1/15~1/10）$l_1$，矢高 $f_1$ 不应小于 $l_2/8$。

壳板的厚度一般为 50~80mm，一般不宜小于 35mm。壳板与边梁连接处可局部加厚，以抵抗此处局部的横向弯矩。

边梁与壳板共同受力，截面形式对壳板的内力分布有很大影响，并且也是屋面排水的关键之处。常见的边梁形式如图 9-20 所示。

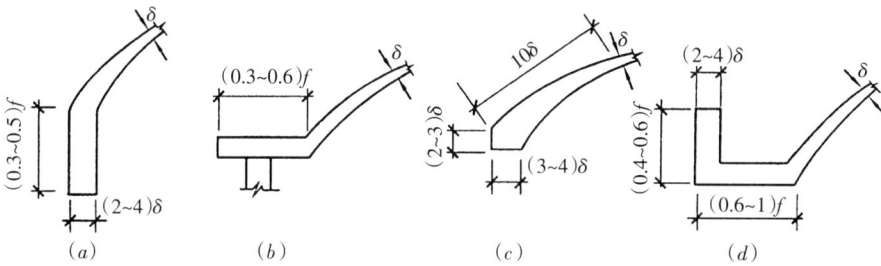

图 9-20
常见边梁形式

形式（a）的边梁竖放，增加了薄壳的高度，对薄壳受力有利，是最经济的一种。

形式（b）的边梁平放，水平刚度大，有利于减小壳板的水平位移，但竖向刚度小，适用于边梁下有墙或中间支承的建筑。

形式（c）的边梁适用于小型圆柱形薄壳。

形式（d）的边梁可兼作排水天沟。

横隔是圆柱形薄壳的横向支承，没有它，就不是圆柱形薄壳结构，而是筒拱结构。常见的圆柱形薄壳横隔形式如图 9-21 所示。

此外，如有横墙可利用墙上的曲线圈梁作为横隔，这样比较经济。

## 9.4.2 受力特点

圆柱形薄壳是空间结构，内力计算比普通结构要复杂得多。圆柱形薄壳与筒拱的外形都为筒形，极其相似，常为人混淆，但两者的受力本质是不同的。筒拱两端无横隔支承，而圆柱形薄壳两端有横隔支承。因而两者在承荷和传力上有本质区别。筒拱在横向以拱的形式单向承荷和传力，纵向不传力，是平面结构；而圆柱形薄壳在横向以拱的形式承荷和传力，在曲面内产生横向压力，在纵向以纵梁的形式把荷载传给横隔。因此，圆柱形薄壳是横向拱与纵向梁共同作用的空间受力结构。

当圆柱形薄壳的跨波比 $l_1/l_2$ 不同时，圆柱形薄壳的受力状态也存在很大区别。一般，圆柱形薄壳的受力特点分以下三种情况。

图 9-21
横隔形式
(a) 弧形横隔；
(b) 等高横隔；
(c) 拉杆拱横隔；
(d) 拱形刚架横隔；
(e) 拱形桁架横隔；
(f) 悬挑桁架横隔；
(g) 空腹桁架横隔；
(h) 框架横隔

**1. 当 $l_1/l_2 \geqslant 3$ 时**

由于圆柱形薄壳的跨度较长，横向拱的作用明显变小，横向压力较小，而纵向梁的传力作用显著，如图 9-22 所示，故圆柱形薄壳近似梁的作用可按材料力学中梁的理论来计算。

**2. 当 $l_1/l_2 \leqslant 1/2$ 时**

试验研究表明，由于圆柱形薄壳的跨度较小，圆柱形薄壳横向的拱作用明显，而纵向梁的传力作用很小，因此近似拱的作用，而且壳体内力主要是薄膜内力，故可按薄膜理论来计算。

**3. 当 $1/2 < l_1/l_2 < 3$ 时**

由于圆柱形薄壳的跨度既不太长，也不太短，其受力时拱和梁的作用都明显，壳体既存在薄膜内力，又存在弯曲应力，可用弯矩理论或半弯矩理论来计算。边梁是壳板的边框，与壳板共同工作、整体受力。一般边梁主要承受纵向拉力，因此需集中布置纵向受拉钢筋，同时由于它的存在，壳板的纵向和水平位移可大大减小。

图 9-22
圆柱薄壳按梁理论受力分析

力的传递路线

截面应力状态

横隔作为圆柱形薄壳纵向支承，它主要承受壳板传来的顺剪力，如图 9-22 所示。

### 9.4.3 圆柱形薄壳的采光与洞口处理

一般圆柱形薄壳覆盖面积较大，其采光和通风处理的好与坏直接影响建筑物的使用功能。通常情况下，圆柱形薄壳的采光可以采用以下几种方法：第一种，可在外墙上开侧窗；第二种，可在圆柱形薄壳混凝土中直接镶嵌玻璃砖；第三种，不论长短壳，可在壳顶开纵向天窗，如图 9-23 所示，而短圆柱形薄壳还可沿曲线方向开横向天窗；第四种，可以布置锯齿形屋盖，如图 9-25 所示。

由于圆柱形薄壳是整体受力，开设在圆柱形薄壳上的天窗洞口或天窗带会直接影响壳体的受力性能，因此壳体上的洞口开设有较严格的规定。

由于圆柱形薄壳的壳体中央受力最小，故洞口宜在壳顶沿纵向布置。洞口的宽度：对于短壳不宜超过波长的 1/3，对于长壳不宜超过波长的 1/4；纵向长度不受限制，但孔洞四周必须加边框，沿纵向还须每隔 2~3m 设置横撑，如图 9-23 所示。开洞口处理如图 9-24 所示。

图 9-23
带有天窗孔的壳体图
（左）
图 9-24
圆柱形薄壳的开洞处理（右）

图 9-25
锯齿形圆柱形薄壳屋盖

## 9.5 双曲扁壳

圆柱形薄壳与球壳的结构空间非常大，对无需如此大的空间使用者来说会造成较大的浪费，因此都欲降低其结构空间。当薄壳的矢高与被其覆盖的底面最小边长之比 $f/b \leqslant 1/5$ 时，人们称之为扁壳。因为扁壳的矢高与底面尺寸和中面曲率半径相比要小得多，所以扁壳又称为微弯平板。实际上，有很多壳体都可看作是扁壳，如属双曲扁壳的扁球壳为球面壳的一部分，属单曲扁壳的扁圆柱形薄壳为柱面壳的一部分等。本节所讨论的双曲扁壳为采用抛物线平移而成的椭圆抛物面扁壳，如图 9-26 所示。

由于双曲扁壳矢高小、结构空间小，屋面面积相应减小，比较经济。同时，双曲扁壳平面多变，适用于圆形、正多边形、矩形等建筑平面，因此，在实际工程中得到广泛应用。

### 9.5.1 双曲扁壳的结构组成与形式

双曲扁壳由壳板和周边竖直的边缘构件组成，如图 9-27 所示。壳板是由一条上凸的抛物线作竖直母线，其两端沿两条上凸的相同抛物线作导线平移而成的。双曲扁壳的跨度可达 3~40m，最大可至 100m，壳厚 $\delta$ 比圆柱形薄壳薄，一般为 60~80mm。

由于扁壳较扁，其曲面外刚度较小，设置边缘构件可增加壳体刚度，保证壳体不变形，因此边缘构件应有较大的竖向刚度，且边缘构件在四角应有可靠连接，使之成为扁壳的箍，以约束壳板变形。边缘构件的形式多样，可以采用变截面或等截面的薄腹梁、拉杆拱或拱形桁架等，也可采用空腹桁架或拱形刚架。

双曲扁壳可以采用单波或多波。当双向曲率不等时，较大曲率与较小曲率之比以及底面长边与短边之比均不宜超过 2。

### 9.5.2 受力特点

双曲扁壳在满跨均布竖向荷载作用下，壳板的受力以薄膜内力为主，在壳体边缘受一定的横向弯矩，如图 9-28 所示。根据壳板中内力分布的规律，一般把壳板分为三个受力区。

（1）中部区域：该区域占整个壳板的大部分，约 80%，壳板主要承受双

图 9-26
双曲扁壳（左）
图 9-27
双曲扁壳的结构组成
（右）

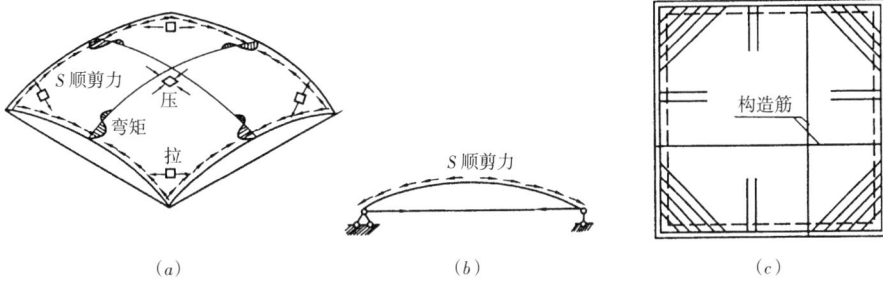

图 9-28
双曲扁壳的受力分析

$(a)$      $(b)$      $(c)$

向轴压力，该区域强度潜力很大，仅按构造配筋即可。一般洞口开设在此区域。

(2) 边缘区域：该区域主要承受正弯矩，使壳体下表面受拉，为了承受弯矩应相应布置钢筋。当壳体越高越薄，弯矩则越小，弯矩作用区也小。

(3) 四角区域：该区域主要承受顺剪力，且较大，因此会产生很大的主应力。为承受主压应力应将混凝土局部加厚，为承受主拉应力应配置45°斜筋。

在双曲扁壳的边缘区域和四角区域均不允许开洞。双曲扁壳边缘构件上主要承受壳板边缘传来的顺剪力。其做法同圆柱形薄壳横隔。

## 9.6 鞍壳、扭壳

鞍壳是由一抛物线沿另一凸向相反的抛物线平移而成的，而扭壳是从鞍壳面上沿直纹方向取出来的一块壳面，如图9-4 $(a)$ 所示。由此可见，鞍壳、扭壳均为双曲抛物面壳，并且也是双向直纹曲面壳。由于鞍壳、扭壳受力合理，壳板的配筋和模板制作都很简单，造型多变、式样新颖、深受欢迎、发展很快。

### 9.6.1 鞍壳、扭壳的结构组成与形式

双曲抛物面的鞍壳、扭壳结构由壳板和边缘结构组成。

当采用鞍壳作屋顶结构时，应用最为广泛的是预制预应力鞍壳板，如图9-29、图9-30所示。鞍壳板宽 $l_x = 1.2\sim3\text{m}$，跨度 $l_y = 6\sim27\text{m}$，矢高 $f_x = (1/34\sim1/24)\ l_x$，$f_y = (1/75\sim1/35)\ l_y$，一般用于矩形平面建筑。由于鞍壳板结构简单、规格单一，采用胎模叠层生产，生产周期短、造价低，因此已被广泛应用于食堂、礼堂、仓库、商场、车站站台等建筑。

除此之外，也可采用单块鞍壳作屋顶，但很少，如墨西哥城大学的宇宙射线馆，如图9-31所示。当采用多块鞍壳组成瓣形组合作屋顶时，可形成优

图 9-29
预制预应力鞍壳板
（左）
图 9-30
鞍壳板屋顶（右）

图 9-31
墨西哥城大学的宇宙
射线馆

(a)

(b)

(c)

美的花瓣造型，如由墨西哥工程师坎迪拉设计的霍奇米尔餐厅，即是由八瓣鞍壳单元以"高点"为中心组成的八点支承的屋顶，如图 9-48 所示。

　　当采用鞍壳作为屋顶的壳板时，一般其边缘构件根据具体情况而定。如当采用预制鞍壳板时，其边缘构件可采用抛物线变截面梁、等截面梁或带拉杆双铰拱等。

　　墨西哥的霍奇米尔餐厅，由于每相邻两鞍壳相交形成刚度极大的折谷，而两两相对的折谷犹如三铰拱，从而又构成了空间稳定性极好的八叉拱，因而鞍壳屋顶的边缘无需边缘构件。

　　当屋盖结构采用扭壳时，常用的扭壳形式有双倾单块扭壳、单倾单块扭壳、组合型扭壳，如图 9-32 所示。在实际工程中，可用单块作为屋盖，也可用多块组合成屋盖，如图 9-33 所示。当采用多块扭壳组合时，其造型多变、形式新颖，往往可以获得意想不到的艺术效果，图 9-34所展示的是扭壳的瓣形组合。

图 9-32
双曲抛物面扭壳的形式
(a) 双倾单块扭壳；
(b) 单倾单块扭壳；
(c) 组合型扭壳

图 9-33
日本静冈议会大厅

图 9-34
扭壳的瓣形组合

扭壳结构的边缘构件布置较为简单，一般为直线，可采用直杆、三角形桁架、人字拱等。为了改善扭壳边缘的表现力，也可把扭壳边缘做成曲线，其边缘构件不仅承受轴向力，还要承受一定的弯矩。

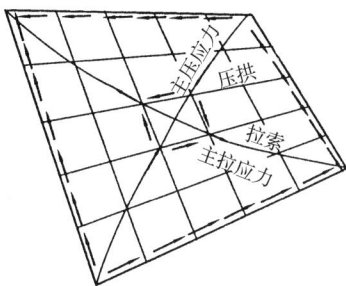

图 9-35
扭壳的受力分析

### 9.6.2 受力特点

鞍壳、扭壳的受力是非常理想的，一般均按无弯矩理论计算。在竖向均布荷载作用下，曲面内不产生法向力，仅存在平行于直纹方向的顺剪力，且壳体内的顺剪力 $S$ 为常数，因而壳体内各处的配筋均一致。顺剪力 $S$ 产生的主拉应力和主压应力作用在与剪力成 45° 角的截面上，如图 9-35 所示。主拉应力沿壳面下凹的方向作用，为下凹抛物线索，主压应力沿壳面上凸的方向作用，为上凸抛物线拱。因此，鞍壳、扭壳可看成是由一系列拉索和一系列受压拱正交组成的曲面，受拉索把壳向上绷紧，从而减轻拱向负担，同时，受压拱把壳面向上顶住，减轻索向负担。这种双向承受并传递荷载的方式，是受力最好、最经济的方式。

扭壳的边缘构件一般为直杆，它承受壳板传来的顺剪力 $S$，一般为轴心受拉或轴心受压构件。

对于单块扭壳屋盖，其结构直接支承在 $A$、$B$ 两个基础上，顺剪力 $S$ 将通过边缘构件以合力 $R$ 的方式传至基础。这时，$R$ 的水平分力 $H$ 对基础有推移作用，当地基的抗侧移能力不足时，应在两基础之间设置拉杆，以保证壳体不变形，如图 9-36 所示。

对于屋盖为单块扭壳并支承于边缘构件上的屋盖，边缘构件承受壳边传来的顺剪力 $S$ 的作用，并将在拱的方向的支座处产生对角线方向的推力 $H$，此推力 $H$ 可由设置在对角线方向的水平拉杆承担，也可由设置在该支座附近的锚于地下的斜拉杆来承担，如图 9-37 所示。

当屋盖为四块扭壳组合的四坡顶时，扭壳的边缘构件一般采用三角形桁架，桁架的上弦杆受压，下弦杆受拉，如图 9-38 所示。

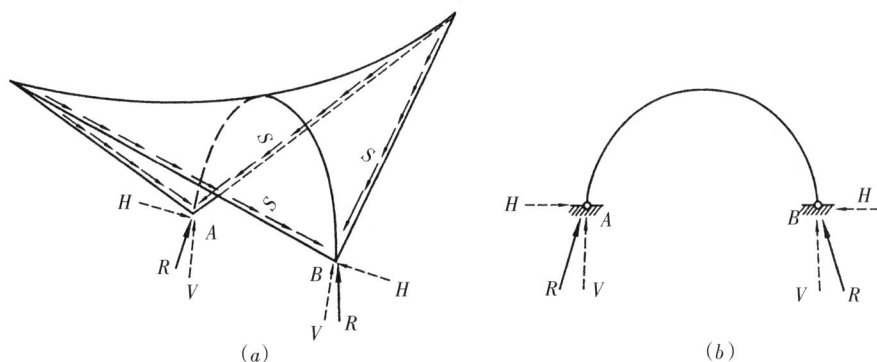

(a)

(b)

图 9-36
落地扭壳的受力分析

图 9-37
扭壳屋盖水平推力的
平衡

(a)　　　　　　　　(b)

图 9-38
组合扭壳边缘构件的
受力

## 9.7　薄壳结构工程实例

### 9.7.1　圆顶薄壳工程实例

#### 1. 德国法兰克福市霍希斯特染料厂游艺大厅

工程采用正六边形割球壳屋顶，如图 9-39 所示，球壳的半径为 50m，矢高为 25m，壳体的厚度为 130mm。该球壳结构直接支承于六个支座上，相邻支座间为 43.3m 跨的拱形桁架，支承点之间的球壳边缘做成拱券形，造型比较活泼。该大厅可容纳 1000~1400 名观众，可举行音乐会、体育表演、电影放映等活动。

#### 2. 罗马小体育宫

1954 年建成的罗马小体育宫采用钢筋混凝土网肋形扁圆球壳，如图 9-40 所示。球壳直径为 59.13m，采用预制钢丝网水泥菱形构件作模板，与壳板一起现浇成整体肋形球壳，从而形成一幅绚丽的葵花图案。

球壳底部边缘呈微波的荷叶边形，在其洼处把壳身荷载传至明显顺着壳底边缘切线方向倾斜的 36 根 "Y" 形外露斜柱，再由它们把荷载传至基础，这充分体现了体育建筑力与美的完美结合。

(a)　　　　　　　　(b)

图 9-39
德国法兰克福市霍希
斯特染料厂游艺大厅
(a) 外观透视图；
(b) 剖面图

图 9-40
罗马小体育宫

**3. 我国某机械厂金工车间**

此金工车间采用圆形钢筋混凝土薄壳屋盖，椭圆形旋转曲面。圆顶直径60m，矢高 11.5m，壳顶标高 17m，沿周长按圆心角 6° 等距设置 490mm×1000mm 的砖柱，柱间采用大玻璃窗采光，如图 9-41 所示。

图 9-41
我国某机械厂金工车间

### 9.7.2 圆柱形薄壳工程实例

圆柱形薄壳由于适用跨度大、平面进深大、支承结构可以多样化，因而被广泛应用于工业与民用建筑中。

根据对建筑造型及建筑功能的不同要求，圆柱形薄壳可以做成单波单跨、单波多跨、多波单跨以及多波多跨等各种形式，有时还可以做成悬挑的。当把圆柱形薄壳进行不同形式的组合时，可以得到丰富多彩、美观多变的建筑造型。

（1）我国许多纺织厂采用锯齿形的长圆柱形薄壳，如图 9-42 所示。

图 9-42
锯齿形的长圆柱形薄壳

图 9-43
典型圆柱形薄壳建筑
(a) 哥伦比亚塔基纳运动场雨篷；
(b) 火车站；
(c) 飞机库；
(d) 某大礼堂方案；
(e) 圣路易市航空港

(2) 几个典型圆柱形薄壳建筑实例，如图 9-43 所示。

## 9.7.3 双曲扁壳工程实例

### 1. 北京火车站

北京火车站的中央大厅和检票口的通廊屋顶共用了六个扁壳，中央大厅屋顶采用方形双扁壳，平面尺寸为 35m×35m，矢高为 7m，壳板厚 80mm；检票口通廊屋顶采用五个扁壳，中间的平面尺寸为 21.5m×21.5m，两侧的四个为 16.5m×16.5m，矢高为 3.3m，壳板厚 60mm；边缘构件为双铰拱。此建筑把新结构和中国古典建筑形式很好地结合起来，获得了较好的效果，是一个成功的建筑实例，如图 9-44 所示。

### 2. 北京网球馆

北京网球馆的屋顶采用钢筋混凝土双曲扁壳。扁壳的平面尺寸为 42m×42m，壳板厚 90mm。该建筑的最大特点是扁壳隆起的室内空间适应网球的运动轨迹，如图 9-45 所示。

## 9.7.4 扭壳工程实例

### 1. 大连海港转运仓库

大连海港转运仓库于 1971 年建成，为了建筑造型美观，采用了四块组合型双曲抛物面扭壳屋盖，如图 9-46 所示。仓库柱距为 23m×23.5m（24m），每个扭壳的平面尺寸为 23m×23m，壳厚为 60mm，屋盖由 16 块组合型扭壳

图 9-44
北京火车站（左）
图 9-45
北京网球馆（右）

($a$)

雨水管　排水沟

($b$)

1—1

($c$)

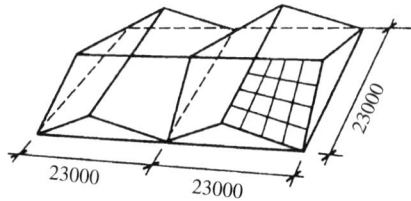

($d$)

图 9-46
大连海港转运仓库

组成。边缘构件为"人"字形拉杆拱，壳体
及边拱均为现浇钢筋混凝土结构，采用 C30
混凝土。

**2. 布鲁塞尔国际博览会问讯亭**

问讯亭采用直接落地的单块扭壳，为了
提高扭壳边缘的表现力，其采用了拱形的曲
边扭壳，如图 9-47 所示。

**3. 墨西哥的霍奇米尔餐厅**

该建筑由八瓣鞍壳交叉组成，相交处加厚形成刚度极大的拱肋，直接
支承在八个基础上，建筑平面为 30m×30m 的正方形，两对点之间的距离为
42.5m，壳厚为 40mm。壳体外围的八个立面是倾斜的，整个建筑造型独特、
构思精巧，是当地的一个标志性建筑，如图 9-48 所示。

**4. 华南理工大学体育馆**

华南理工大学体育馆采用预应力钢筋混凝土双曲抛物面组合扭壳，壳体厚
130mm，屋盖的平面投影长轴 99.8m，短轴 70.0m，水平投影面积约 6568m²。
组合扭壳由四片扭壳组成，支承于周边边缘构件和两榀正交拱架上。两榀落地
拱架跨度分别为 149.33m 和 108.95m，如图 9-49 所示。

图 9-47
布鲁塞尔国际博览会问
讯亭

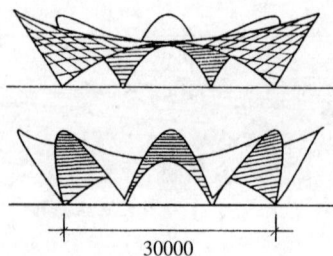

図 9-48
墨西哥的霍奇米尔餐厅
（上）
图 9-49
华南理工大学体育馆
（下）

## 习 题

9.1 何为薄壳结构？简述薄壳结构的特点。

9.2 简述圆顶薄壳、圆柱形薄壳、双曲扁壳和扭壳的组成。

9.3 常用的圆顶薄壳的下部支承结构有哪几种？

9.4 简述圆顶薄壳结构的壳板和支座环的受力特点。

9.5 对于不同跨波比的圆柱形薄壳，是如何对其进行受力分析的？

9.6 圆柱形薄壳有哪几种采光方法？

9.7 何种薄壳称为扁壳？

9.8 简述双曲扁壳的受力特点。

9.9 简述扭壳的受力特点。

9- 习题参考答案

建筑结构选型（第二版）

■ **本章提要**

　　本章介绍了网架结构的特点、类型及组成，阐述了网架结构选型的一般原则，同时对网架的杆件和节点设计及屋面做法作了介绍，结合工程实例说明了网架结构在工程中的广泛应用。

## 10.1 网架、网壳结构的特点及其适用范围

网架结构是由很多杆件通过节点按照一定规律组成的网状空间杆系结构。网架结构根据外形可分为平板网架和曲面网架。通常情况下，平板网架简称为网架，曲面网架简称为网壳，如图 10-1 所示。网壳结构是曲面型的网格结构，兼有杆系结构和薄壳结构的特性，受力合理、覆盖跨度大，是一种颇受国内外关注、半个世纪以来发展最快、有着广阔发展前景的空间结构。网壳结构具有优美的建筑造型，无论是建筑平面、外形还是形体都能给设计师以充分的创作自由。在建筑平面上，其可以适应多种形状，如圆形、矩形、多边形、三角形、扇形以及各种不规则的平面；在建筑外形上，其可以形成多种曲面，如球面、椭圆面、旋转抛物面等，建筑的各种形体均可通过曲面的切割和组合得到；在结构上，网壳受力合理，可以跨越较大的跨度，由于网壳曲面的多样化，结构设计者可以通过精心的曲面设计使网壳受力均匀；在施工上，其采用的较小的构件在工厂预制，通过工业化生产，现场安装简便快速，不需要大型设备，综合经济指标较好。本章仅介绍平板网架和网壳结构。

网架、网壳结构是一种空间杆系结构，具有三维受力特点，能承受各个方向的作用，并且网架结构一般为高次超静定结构，倘若一杆局部失效，仅少一次超静定次数，内力可重新调整，整个结构一般并不失效，具有较高的安全储备。

网架、网壳结构中空间交汇的杆件既为受力杆件又为支撑杆件，工作时互为支撑、协同工作，因此它的整体性好、稳定性好、空间刚度大，能有效承受非对称荷载、集中荷载和动荷载，并有较好的抗震性能。

在节点荷载作用下，各杆件主要承受轴向的拉力和压力，能充分发挥材料的强度、节省钢材。

平板网架结构是一种无平推力或拉力的空间结构，其与网壳结构相比，支座构造较为简单，一般简支即可，便于下部支承结构处理；而网壳结构由于其结构形式受力更趋于合理，可以达到更好的外观效果。

网壳结构的主要不足在于：杆件和节点几何尺寸的偏差以及曲面的偏离对网壳的内力、整体稳定性和施工精度影响较大，给结构设计带来了困难；为

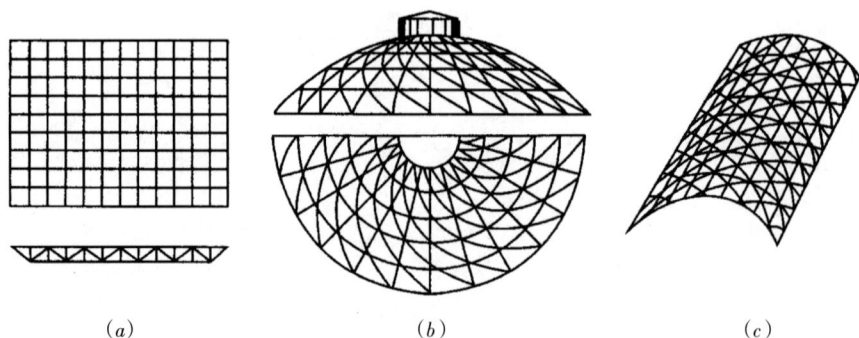

*(a)*          *(b)*          *(c)*

图 10-1
网架、网壳形式
(*a*) 平板型网架（双层）；
(*b*) 网壳（单层、双曲）；
(*c*) 网壳（单层、单曲）

减小初始缺陷，对于杆件和节点的加工精度应提出较高的要求，制作加工难度大；网壳的矢高很大时会增加屋面面积和不必要的建筑空间，同时增加建筑材料和能源的消耗。这些问题在大跨度网壳结构中显得更加突出。

由于网架、网壳结构组合有规律，大量杆件和节点的形状、尺寸相同，并且杆件和节点的规格较少，便于工厂成批生产，产品质量高、现场拼装容易、可提高施工速度。

网架、网壳结构不仅实现了利用较小规格的杆件束建造大跨度结构，而且结构占用空间较小，更能有效利用空间，如在网架和多层网壳结构上下弦之间的空间布置各种设备及管道等。

网架、网壳结构平面布置灵活，可用于矩形、圆形、椭圆形、多边形、扇形等多种建筑平面，建筑造型新颖、轻巧、壮观，极富表现力，深受建筑师和业主的青睐。

由于网架、网壳结构具有以上诸多特点，我国从 1964 年在上海师范学院球类房开始应用网架结构以来，已建成为数众多的不同类型、不同平面形式的网架结构(参见表 10-2)。特别值得一提的是，目前我国可以说是网架生产大国，其年生产规模、建筑面积已为世界之最。

网壳结构在我国的发展和应用历史不长，但已显现出很强的活力，应用范围在不断扩大。多年来，我国在网壳结构的合理选型、计算理论、稳定性分析、节点构造、制作安装、试制试验等方面已做了大量的工作，取得了一批成果，且具有我国的特色。

由于网架、网壳结构能适应不同跨度、不同平面形状、不同支承条件、不同功能需要的建筑物，不仅在中、小跨度的工业与民用建筑中有应用，而且被大量应用于中、大跨度的体育馆、展览馆、大会堂、影剧院、车站、飞机库、厂房、仓库等建筑中。

网架、网壳多采用钢结构，也有钢筋混凝土结构网架和钢-混凝土组合结构网架（网架上弦采用预制或现浇混凝土平板代替上弦钢杆件），但目前很少应用，因此本章不作介绍。

## 10.2　网架、网壳的分类

通常网架是由上弦杆、下弦杆两个表面及上下弦面之间的腹杆组成，称为双层网架；有时网架是由上弦、下弦、中弦三个弦杆面及三层弦杆之间的腹杆组成，称为三层网架。当跨度大于 50m 时，可考虑采用三层网架；当跨度大于 80m 时，可优先采用三层网架，以降低用钢量。有时也采用钢筋混凝土板代替网架上弦杆，由钢筋混凝土板、下弦杆和腹杆组成组合网架，这样不但节约了钢材，而且使钢筋混凝土板和网架形成共同工作，改善了网架的受力性能，其作为大跨度的楼层结构比较经济。

### 10.2.1 平板网架的分类

通常网架有两大类，一类是由不同方向的平行弦桁架相互交叉组成的，故称为交叉桁架体系网架；另一类是由三角锥、四角锥或六角锥等锥体单元（图10-2）组成的空间网架结构，故称为角锥体系网架。

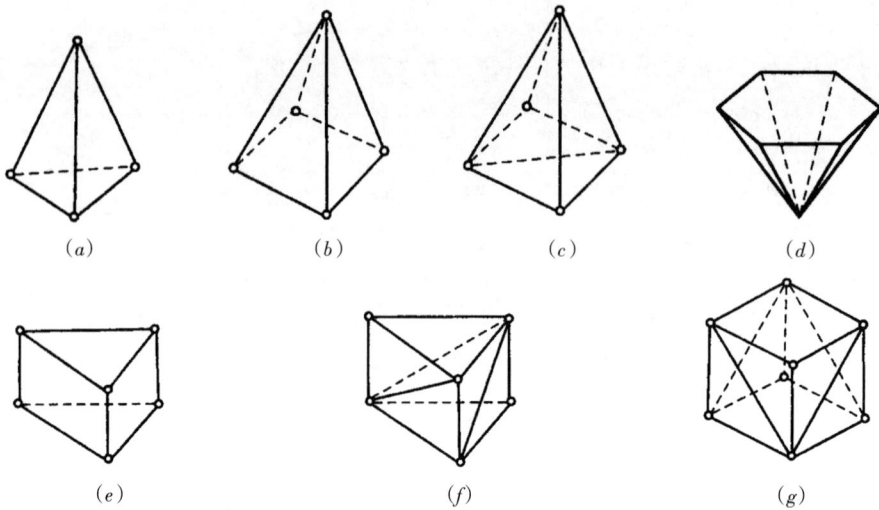

(a)　　　　　(b)　　　　　(c)　　　　　(d)

(e)　　　　　　　(f)　　　　　　　(g)

图 10-2
角锥单元图

#### 1. 交叉桁架体系网架

（1）两向正交正放网架

这种网架由两组相互交叉成 90° 的平面桁架组成，且两组桁架分别与与其相应的建筑平面边线平行，如图 10-3 所示。当网架两个方向的跨度相等或接近时，两个方向的桁架共同传递荷载，且两个方向的杆件内力差别不大、受力均匀、空间作用明显；但当两个方向的边长比变大时，荷载沿短向桁架传力明显，类似于单向板传力，网架的空间作用将大为减弱。

这种网架上下弦的网格尺寸相同，同一方向各平面桁架的长度相同，因

图 10-3
两向正交正放网架

$14 \times 2500 = 35000$

$14 \times 2500 = 35000$

$2500$

此构造简单、便于制作安装；其上下弦网格平面均为方形网格，属于几何可变体系，需要适当设置水平支撑，以保证其在水平力作用下的几何不变性；它适用于正方形或近似正方形的建筑平面，跨度以 30~60m 的中等跨度为宜。

（2）两向正交斜放网架

这种网架由两组相互交叉成 90° 的平面桁架组成，且两组桁架分别与建筑平面边线成 45° 角，如图 10-4 所示。

从这种网架的布置方法看，各榀桁架长短不一，但最长桁架的长度为 $\sqrt{2}\,l_1$（$l_1$ 为平面短边），它的长度并不因平面长边的增加而改变，而且是从两个方向传递荷载，因此克服了两向正交正放网架在建筑平面为长条矩形时接近于单向受力状态的缺点。另外，两向正交斜放网架的周边区格为三角形，为几何不变体系，其刚度较两向正交正放网架大大提高。因此，这类网架适用于建筑平面为正方形或长方形的中、大跨度建筑，应用范围更为广泛。由于各榀桁架长度不同，靠角部的短桁架刚度较大，对与其垂直的长桁架起弹性支承作用，可大大减小长桁架的跨中弯矩，这是有利的；但同时会使长桁架的两端产生负弯矩，使四角支座产生较大拉力，可能造成四角翘起，因此要特别注意四角抗拉支座的设计。

（a）　　　　　　　　　　　（b）

图 10-4
两向正交斜放网架

这种网架一般宜采用如图 10-5 所示的布置方式，在设计中抽去角柱，由角部两根柱子共同承担则可避免拉力集中。北京国际俱乐部网球馆的两向正交斜放网架即采用此种方法。

（3）两向斜交斜放网架

这种网架由两组平面桁架斜交而成，桁架与建筑边界成一斜角。这类网架由于构造复杂、受力性能不好，因而很少采用，一般用于建

图 10-5
北京国际俱乐部网球馆的两向正交斜放网架图

筑平面两方向柱距不等的情况，如图 10-6 所示。

（4）三向交叉网架

这种网架由三组互成 60° 夹角的平面桁架相交而成，如图 10-7 所示。因为其上下弦网格均为三角形，故其刚度较双向平面桁架大、受力也较为均匀，但由于多了一个方向的桁架，节点汇交的杆件较多，节点构造比较复杂，宜采用圆钢管杆件及球节点。这种网架适用于大跨度建筑（$l > 60\text{m}$），特别适用于三角形、多边形和圆形建筑平面，如图 10-7 所示。

图 10-6
两向斜交斜放网架

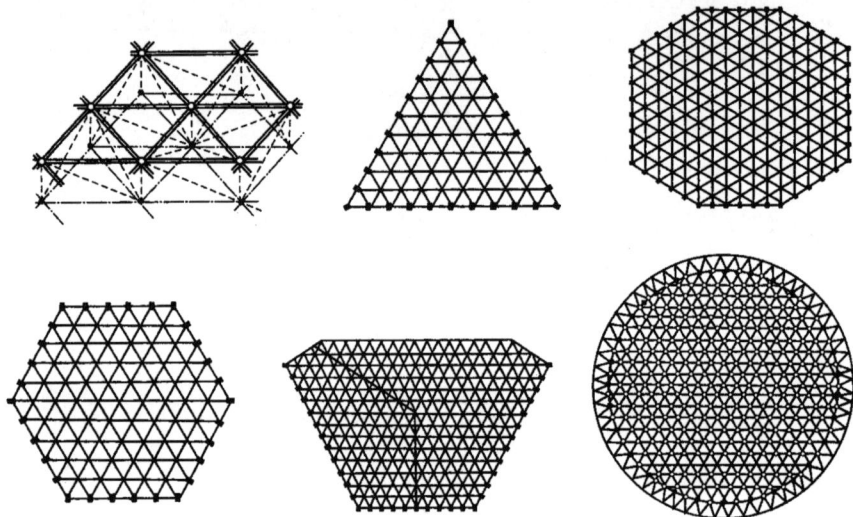

图 10-7
三向交叉网架

2. 角锥体系网架

（1）三角锥体网架

三角锥体网架的基本组成单元是三角锥体。由于三角锥单元体布置的不同，上下弦网格可为三角形或六边形，从而可形成以下几种不同的三角锥网架。

①三角锥网架。这种网架的上下弦平面均为三角形网格，如图 10-8 所示。

②抽空三角锥网架。这种网架是基于三角锥网架抽去部分三角锥单元的腹杆和下弦杆而成的，上弦面为三角形网格，下弦面由三角形和六边形网格组成，或全为六边形网格，如图 10-9 所示。

此种网架杆件较少、用料较省、构造也较简单，但空间刚度不如前者，适用于跨度较小的三角形、六边形和圆形平面的建筑。天津塘沽车站候车室采用了这种网架。

③蜂窝形三角锥网架。这类网架的上弦平面为三角形和六边形网格，下弦平面为六边形网格，上弦平面的六边形网格增加了屋面板布置与屋面找坡的困难。这种网架适用于中、小跨度周边支承的六边形、矩形和圆形平面的建筑。开滦林西矿会议室采用了这种网架。

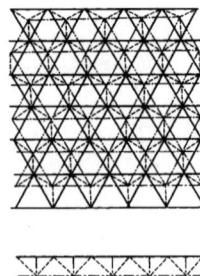

图 10-8
三角锥网架

总之，三角锥体网架受力均匀，空间刚度较其他类型网架大，是目前各国在大跨度建筑中广泛采用的一种形式。它适用于矩形、三边形、六边形和圆形等建筑平面。

(2) 四角锥体网架

四角锥体网架的上下弦平面均为正方形网格，且相互错开半格，使下弦网格的角点对准上弦网格的形心，再用斜腹杆将上下弦的网格节点连接起来，即形成一个个互连的四角锥体。

目前，常用的四角锥体网架有正放四角锥网架、正放抽空四角锥网架、斜放四角锥网架、星形四角锥网架、棋盘形四角锥网架和单向折线形网架。

① 正放四角锥网架。正放四角锥网架的底边与相应建筑平面的边界平行，四角锥单元的锥尖可以向下也可以向上，如图 10-10 所示。

这类网架杆件受力较均匀，空间刚度较好，由于上弦平面均为正方形网格，因此屋面板规格统一，上下弦杆长度相同，制作、构造简单，但杆件数量多、用钢量大，适用于建筑平面接近正方形的中、小跨度周边支承的建筑，也适用于大柱网、点支承、设有悬挂吊车的工业厂房建筑。

图 10-9
天津塘沽车站候车室的抽空三角锥网架

(a)

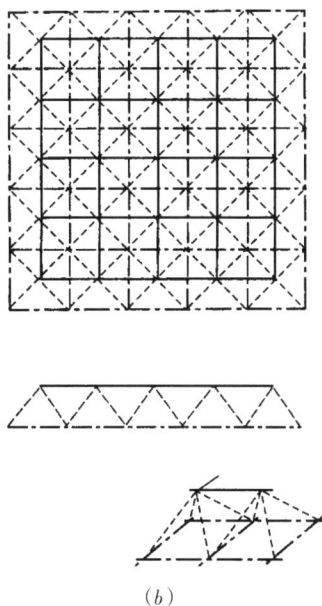

(b)

图 10-10
正放四角锥网架
(a) 锥尖向下；
(b) 锥尖向上

图 10-11
正放抽空四角锥网架
（左）
图 10-12
斜放四角锥网架（右）

②正放抽空四角锥网架。在正放四角锥网架的基础上，为了节约钢材、便于采光和通风，可适当抽去一些四角锥单元中的腹杆和下弦杆，使下弦网格尺寸扩大一倍，形成正放抽空四角锥网架，如图 10-11 所示。

③斜放四角锥网架。这种网架的上弦与建筑平面边界成 45° 角，下弦与建筑边界平行或垂直。斜放四角锥网架的上弦杆约为下弦杆长度的 0.7 倍，如图 10-12 所示。一般情况下，上弦受压、下弦受拉，受力合理，可以充分发挥材料的强度；节点汇集的杆件数目少，构造简单。

这种网架适用于中、小跨度和矩形平面的建筑，当为点支承时，要注意在周边布置封闭的边桁架，以保证网架的稳定。

④星形四角锥网架。这种网架的单元体由两个倒置的三角形小桁架相互交叉而成，两个三角形小桁架底边构成网架上弦，与边界成 45° 角。两个小桁架交汇处设有竖杆，各单元顶点相连即为下弦杆，下弦为正交正放，如图 10-13、图 10-14 所示。星形网架的上弦杆比下弦杆短，受力合理，但在角部上弦杆可能受拉，该处支座可能出现拉力。这种网架刚度较正放四角锥网架差，适用于中、小跨度周边支承的建筑。

⑤棋盘形四角锥网架。这种网架是将斜放四角锥网架水平转动 45°，并加设平行于边界的周边下弦而形成的，如图 10-15 所示。

这种网架受力合理、均匀，杆件较少，屋面板规格统一，适用于小跨度周边支承的建筑。

⑥单向折线形网架。这种网架由正放四角锥网架演变而来。当建筑平面为狭长的矩形时，短向传力明显，此时网架长向弦杆内力很小，可不设置，因此就形成了折线形网架，如图 10-16 所示。此种网架适用于狭长矩形平面的建筑。

（3）六角锥体网架

这种网架由六角锥体单元组成，如图 10-17 所示。但由于此种网架的杆件多，节点构造复杂，屋面板为三角形或六边形，施工较困难，现已很少采用。

| 平面 | 上弦 |
|---|---|
| 下弦 | 腹杆 |

图 10-13
图例

图 10-14
星形四角锥网架

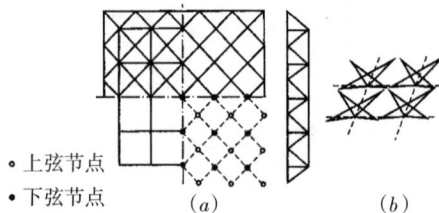

• 上弦节点
• 下弦节点

(a)　　　(b)

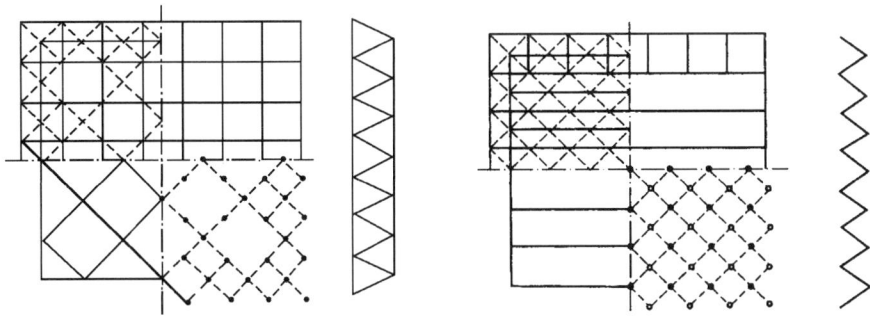

图 10-15
棋盘形四角锥网架（左）
图 10-16
单向折线形网架（右）

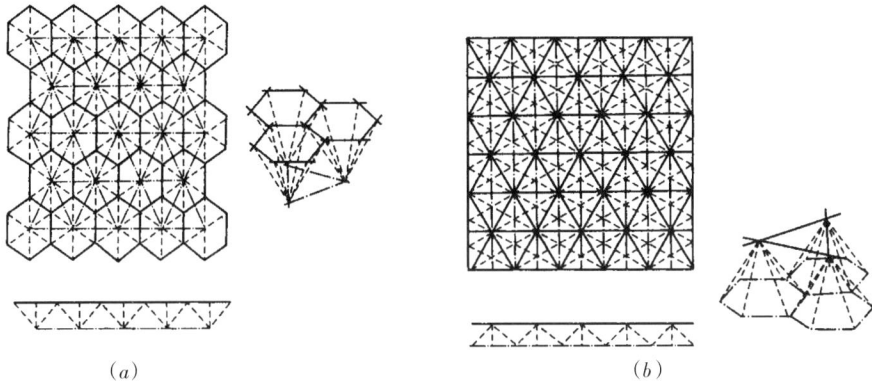

图 10-17
六角锥体网架
(a) 锥尖向下;
(b) 锥尖向上

## 10.2.2 网壳的分类

当网壳结构的曲面形式确定后，根据曲面结构的特性，支承的数目、位置、形式，杆件材料和节点形式等，便可确定网壳的构造形式和几何构成。其中最重要的问题是曲面网格划分（分割）。进行网格划分时，一是要求杆件和节点的规格尽可能少，以便工业化生产和快速安装；二是要求使结构为几何不变体系。不同的网格划分方法将得到不同形式的网壳结构。网壳结构形式较多，可按不同方法进行分类。

### 1. 按高斯曲率分类

按高斯曲率划分，有零高斯曲率网壳、正高斯曲率网壳和负高斯曲率网壳。

零高斯曲率是指曲面一个方向的主曲率半径 $R_1 = \infty$，即 $k_1 = 0$；而另一个方向的主曲率半径 $R_2 = \pm a$（a 为某一数值），即 $k_2 \neq 0$，故又称为单曲网壳，如图 10-18 (a) 所示。

零高斯曲率的网壳有柱面网壳、圆锥形网壳等。

正高斯曲率是指曲面两个方向的主曲率同号，均为正或均为负，即 $k_1 \times k_2 > 0$，如图 10-18 (b) 所示。

正高斯曲率的网壳有球面网壳、双面扁网壳、椭圆抛物面网壳等。

负高斯曲率是指曲面两个方向的主曲率异

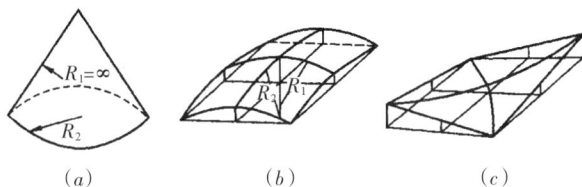

图 10-18
高斯曲率网壳
(a) 圆锥网壳;
(b) 双曲扁网壳;
(c) 单块扭网壳

(a)　　　　　　　　(b)　　　　　　　(a)　　　　　(b)

号，即 $k_1 \times k_2 < 0$，这类曲面一个方向是凸面，一个方向是凹面，如图 10-18（c）所示。

负高斯曲率的网壳有双曲抛物面网壳、单块扭网壳等。

**2. 按层数分类**

网壳结构按层数可分为单层网壳、双层网壳（图 10-19）和变厚度网壳三种。

（1）单层网壳

单层网壳的曲面形式有柱面和球面之分。

①单层柱面网壳。单层柱面网壳的形式有单斜杆柱面网壳（图 10-20a）和双斜杆柱面网壳（图 10-20b）。

单斜杆柱面网壳杆件小，连接处理容易，但刚度较双斜杆柱面网壳差。

三向网格型柱面网壳（图 10-21）在单层柱面网壳中刚度最好，杆件品种也少，是一种较为经济合理的形式。

②单层球面网壳。球面网壳的网格形状有正方形、梯形（如肋环型球面网壳）、菱形（如无纬向杆联方型球面网壳）、三角形（如施威德勒型球面网壳、有纬向杆联方型球面网壳等）和六边形等。从受力性能考虑，最好选用三角形网格。

现简单介绍梯形、菱形和三角形三种网络形状的网壳。

a. 梯形（肋环型球面网壳）。肋环型球面网壳是从肋型穹顶发展起来的。肋型穹顶由许多相同的辐射实腹肋或桁架相交于穹顶顶部，下部安置在支座拉力环上，肋与肋之间放置檩条。当穹顶矢跨比较小时，支座上会产生很大的水平推力，肋的用钢量较大。为了克服这一缺点，将纬向檩条（实腹的或格构的）与肋连成一个刚性立体体系，称为肋环型网壳（图 10-22）。此时，檩条与肋共同工作，除受弯外（当檩条上直接作用有荷载时），还承受纬向拉力。

肋环型网壳只有经向和纬向杆件，大部分网格呈梯形。由于它的杆件种类少，每个节点只汇交四根杆件，故节点构造简单，但是节点一般为刚性连接，承受节点弯矩。这种网壳通常适用于中、小跨度的穹顶。

b. 菱形（无纬向杆联方型球面网壳）。无纬向杆联方型球面网壳是由左斜杆和右斜杆组成的菱形网格网壳（图 10-23），两斜杆的夹角为 30°~50°，其造型优美，通常采用木材、工字钢、槽钢和钢筋混凝土等构件建造。

c. 三角形（有纬向杆联方型球面网壳、施威德勒型球面网壳）。为了增强无纬向杆联方型球面网壳的刚度和稳定性，可加设纬向杆件组成三角形网格（图 10-24），使得网壳在风荷载及地震灾害作用下具有良好的性能。从受力性能考虑，球面网壳的网格形状最好选用三角形网格。

图 10-19
单层或双层网壳（左）
(a) 单层；
(b) 双层
图 10-20
单层柱面网壳（右）
(a) 单斜杆柱面网壳；
(b) 双斜杆柱面网壳

图 10-21
三向网格型柱面网壳

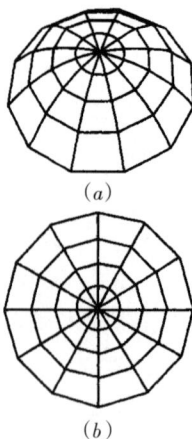

(a)

(b)

图 10-22
肋环型球面网壳

图 10-23
无纬向杆联方型球面
网壳（左）
图 10-24
有纬向杆联方型球面
网壳（右）

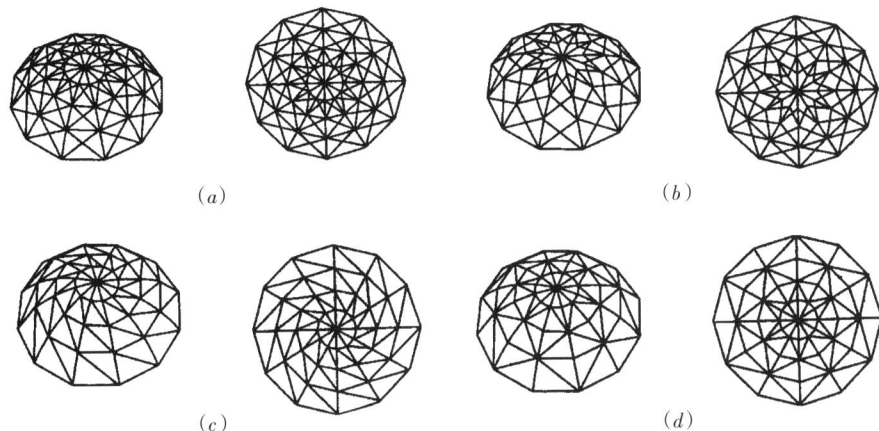

(a)　　　　　　　　　　　　　　(b)

图 10-25
施威德勒型球面网壳
(a) 左斜单斜杆；
(b) 左右斜单斜杆；
(c) 双斜杆；
(d) 无纬向杆的双斜杆

(c)　　　　　　　　　　　　　　(d)

施威德勒型球面网壳（图 10-25）是肋环型球面网壳的改进形式，因其刚度大，常用于大、中跨度的穹顶。这种网壳由经向杆、纬向杆和斜杆构成，设置斜杆的目的是增强网壳的刚度并使其能承受较大的非对称荷载。斜杆布置方法主要有左斜单斜杆（图 10-25a）、左右斜单斜杆（图 10-25b）、双斜杆（图 10-25c）和无纬向杆的双斜杆（图 10-25d）。选用时根据网壳的跨度、荷载的种类和大小等确定。左斜单斜杆体系因其节点上汇交的杆件较少，应用普遍。

（2）双层网壳

单层网壳的设计往往由稳定性控制，实际应力很小，具有构造简单、自重轻、材料省等特点。但由于其稳定性差，仅适用于中、小跨度的屋盖。跨度在 40m 以上或有特殊技术要求（如在两层之间安装照明、音响和空调等设备）时，往往选用双层网壳。

双层网壳由两个同心或不同心的单层网壳通过斜腹杆连接而成。按照网壳曲面形成的方法，双层网壳又可分为双层柱面网壳和双层球面网壳，其结构形式可分为交叉桁架和角锥（包括三角锥、四角锥、六角锥，抽空的、不抽空的）两大体系。

①交叉桁架体系。交叉桁架体系由两个或三个方向的平面桁架交叉构成。

对于双层球面交叉桁架体系，其构造较为简单，可参照普通钢桁架进行设计；对于双层柱面交叉桁架体系，可分为两向正交正放网壳（图 10-26a）、两向正交斜放网壳（图 10-26b）和三向网壳（图 10-26c、d）。

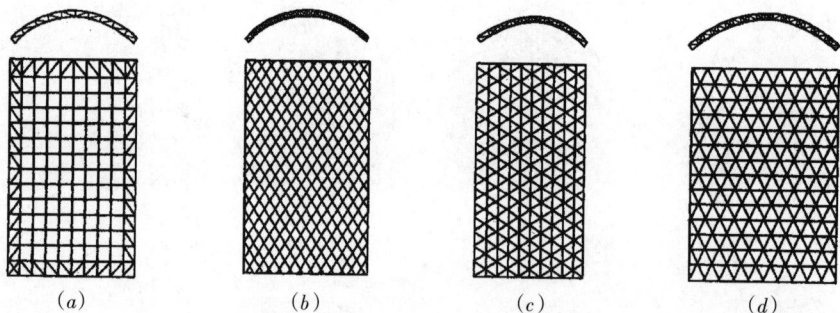

图 10-26
双层柱面交叉桁架体系
(a) 两向正交正放柱面网壳；
(b) 两向正交斜放柱面网壳；
(c) 三向柱面网壳（一）；
(d) 三向柱面网壳（二）

在两向正交正放网壳的周边网格内，有一部分弦杆是为了防止结构几何可变而设置的。三向网壳由三个方向的平面桁架交叉构成，其中一个方向的桁架平行于曲面的母线。一般情况下，其上层网格为正三角形，下层网格为等腰三角形。也可采用一个方向的桁架平行于拱跨方向（图 10-26d）。

②角锥体系。角锥体系包括三角锥、四角锥、六角锥等形式，在三角锥和四角锥单元中，有时适当抽掉一些腹杆和下层杆就形成了"抽空角锥"。

对于双层球面网壳，由三角锥体构成联方型三角锥球面网壳（图 10-27）；由四角锥体构成肋环型四角锥球面网壳（图 10-28）。

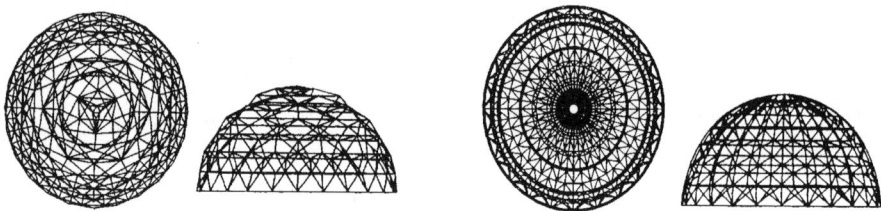

图 10-27
联方型三角锥球面网壳（左）
图 10-28
肋环型四角锥球面网壳（右）

对于双层柱面网壳，由三角锥体构成三角锥柱面网壳（图 10-29a）和抽空三角锥柱面网壳（图 10-29b）；由四角锥体构成正放四角锥柱面网壳（图 10-30a）和正放抽空四角锥柱面网壳（图 10-30b）。

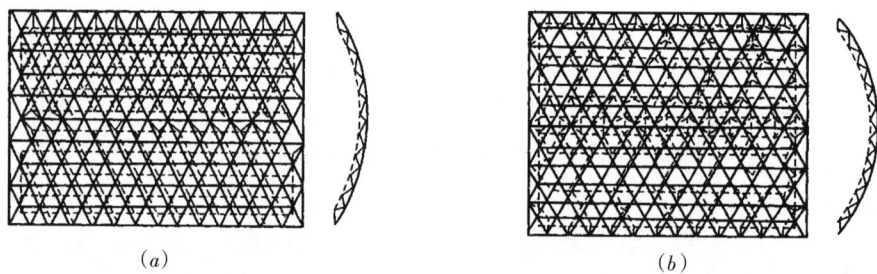

图 10-29
由三角锥构成的双层柱面网壳
(a) 三角锥柱面网壳；
(b) 抽空三角锥柱面网壳

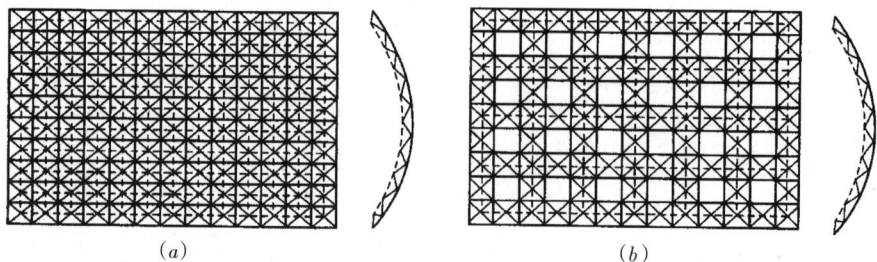

图 10-30
由四角锥构成的双层柱面网壳
(a) 正放四角锥柱面网壳；
(b) 正放抽空四角锥柱面网壳

（3）变厚度网壳

从网壳杆件的内力分布来看，一般周边部分的构件内力大于中央部分的杆件内力。因此，设计中采用变厚度或局部双层网壳，使网壳既具有单、双层网壳的主要优点，又可避免单层网壳稳定性不好的缺点，充分发挥杆件的承载力。这种网壳由于厚度不同，在进行网格和杆件布置时，应尽量使杆件只产生轴向力，避免产生弯曲内力，同时应使网壳便于制作和安装。

变厚度双层球面网壳的形式很多，常见的有：从支承周边到顶部，网壳的厚度均匀地减少（图10-31），其大部分为单层，仅在支承区域内为双层（图10-32），且在双层等厚度网壳上大面积抽空等。

—外层杆件
---内层杆件
—腹杆

（a）

（b）

图 10-31
变厚度球面网壳（左）
图 10-32
仅在支承区域内为双层的球面网壳（右）

图 10-33
钢筋混凝土柱面网壳

3. 按材料分类

网壳结构所采用的材料较多，主要为钢筋混凝土、钢材、木材、铝合金、塑料及复合材料等，其主要发展趋势是轻质高强材料的大量使用。材料的选择取决于网壳的形式、跨度与荷载、计算模型、节点体系、材料来源与价格以及制造与安装条件等。

（1）钢筋混凝土网壳

柱面联方型网壳常采用钢筋混凝土预制网片建造，如图10-33所示，平面尺寸为40m×50m，采用预制钢筋混凝土网片组成菱形网格的柱面网壳支承在间距为8m的三角形支座上。由于钢筋混凝土网壳自重大、节点构造较复杂，在大跨度网壳中应用较少。

（2）钢网壳

钢网壳结构通常采用的是HPB235级钢，也有采用高强度低合金钢的。杆件形式主要采用钢管、工字钢、角钢、槽钢、冷弯薄壁型钢及钢板焊接成的"工"字形或箱形截面钢。肋型、肋环型体系的网壳多采用"工"字

通风窗
网壳
边梁
$R$
±0.00

$\frac{1}{2}L$
$L'$

4000 4000 4000 4000
8000
$7\times8000=56000$
8000
边梁
网片
8000
4000 4000
边拱

纵向拉索
纵向拉索
纵向拉索

中线
$L'$
$\frac{1}{2}L$

形截面，两向格子型网壳通常采用矩形截面的冷弯薄壁型钢或工字钢，其他体系的网壳大多采用圆钢管。还有一些网壳采用了两种或多种不同截面形式的杆件，如上、下弦采用普通或异形型钢，而腹杆采用钢管。

（3）铝合金网壳

铝合金型材具有自重轻、强度高、耐腐蚀等特点，易于加工、制造和安装，适用于控制空间受力的网壳结构。国外已建成的铝合金网壳采用的杆件为圆形、椭圆形、方形或矩形截面的管材，网壳直径达 130m。国内铝材的规格和产量较少，价格也高，较少用于网壳结构。

图 10-34
塑料折板网壳

（4）木网壳

木材较早被应用于球面和柱面网壳，其中以肋环型和联方型网壳最多。层压胶合木被广泛用于建造体育馆、会堂、音乐厅、谷库等网壳。木材最大的优点是经济、易于加工制造。目前，世界上跨度最大的木网壳其跨度达 162m。

（5）塑料网壳及其他材料

塑料在国外已开始被应用于网壳结构。塑料的自重轻、强度高、透明或半透明、耐腐蚀、耐磨损、易于工厂加工制造。图 10-34 所示为塑料网壳应用于折板屋盖。

另外，国外在 20 世纪 60 年代就开始研究复合材料应用于网架结构，常见的有玻璃丝增强树脂（GRP，俗称玻璃钢）、碳纤维和阿拉密德（Aramid）。复合材料最大的优点是强度高、自重轻，单位密度的强度指标都很优越。目前，复合材料已成功用于修建连续体的壳体与折板上，它也可以用来制作索、棒与管。

## 10.3 网架、网壳的结构选型

### 10.3.1 网架的结构选型

网架结构的类型较多，具体选择哪种类型要综合考虑以下因素：建筑物的平面形状和尺寸、支承情况、荷载大小、屋面构造、制作安装方法和建筑功能要求等。选型应坚持以下原则：安全可靠、技术先进、经济合理、美观适用。

《空间网格结构技术规程》JGJ 7—2010 推荐了下列选型规定，以供选型时参考。

（1）平面形状为矩形的周边支承网架，当其边长比（长边比短边）小于或等于 1.5 时，宜选用正放四角锥网架、斜放四角锥网架、棋盘形四角锥网架、正放抽空四角锥网架、两向正交斜放网架、两向正交正放网架。当其边长比大于 1.5 时，宜选用两向正交正放网架、正放四角锥网架或正放抽空四角锥网架。

（2）平面形状为矩形、三边支承一边开口的网架可按上述第一条规定进行选型，开口边必须具有足够的刚度并形成完整的边桁架，当刚度不满足要求时可采用增加网架高度、增加网架层数等办法加强。

（3）平面形状为矩形、多点支承的网架可根据具体情况选用正放四角锥网架、正放抽空四角锥网架、两向正交正放网架。

（4）平面形状为圆形、正六边形及接近正六边形等周边支承的网架，可根据具体情况选用三向网架、三角锥网架或抽空三角锥网架。对中小跨度建筑，也可选用蜂窝形三角锥网架。

### 10.3.2　网壳结构选型

网壳结构的种类形式很多，在设计和选择时应考虑到使用功能、美学、空间、工程的平面形状与尺寸、荷载的类别与大小、边界条件、屋面构造、材料、节点体系、制作与施工方法等因素。选型适当与否，直接关系到网壳结构的适用性、可靠性和技术经济指标。现就网壳结构选型的一般原则阐述如下。

**1. 满足建筑使用要求**

（1）立面设计

进行网壳立面设计时，特别是对于大跨度建筑，结构与建筑设计应密切配合，在满足建筑使用功能的前提下，使网壳与周围环境相协调、整体比例适当。当空间要求大时，可选用矢高较大的球面或柱面网壳；当空间要求较小时，可选用矢高较小的双曲扁网壳或落地式的双面抛物面网壳；如网壳的矢高受到限制又要求较大的空间时，可将网壳支承于墙或柱上。

（2）平面设计

网壳适用于各种形状的建筑平面。若为圆形平面，可选用球面网壳、组合柱面或组合双曲抛物面网壳等；若为方形或矩形平面，可选用柱面、双曲抛物面和双曲扁网壳；若平面狭长，宜选用柱面网壳；若为菱形平面，可选用双曲抛物面网壳；若为三角形或多边形平面，可对球面、柱面或双曲抛物面等作适当的切割或组合以实现要求的平面。

**2. 网壳跨度**

网壳的跨度是根据建筑使用功能确定的，跨度越大，用钢量越多。除此之外，荷载（特别是非对称荷载）对网壳受力性能和用钢量的影响很大，当跨度确定后，用钢量随荷载的增加而按比例增加。因此，设计时应尽可能采用轻型屋面。

在非对称荷载作用下，杆件和节点会产生相当大的位移，从而产生几何形状的变化，并改变结构内力分布。因此，当非对称荷载较大时，对单层网壳应慎重对待。一般来说，在同等条件下，单层网壳比双层网壳用钢量少，但是，单层网壳由于受稳定性控制，当跨度超过一定数值后，双层网壳的用钢量可能更省。此外，双层网壳的厚度也是影响网壳挠度和用钢量的重要参数。在多大跨度下采用单层还是双层，目前还没有明确的界限，可通过分析比较进行选择。

根据受力性能比较，对于球面网壳可优先选用短程线型，其次为凯威特型、施威德勒型和联方型网壳；对于柱面网壳可优先选用双斜杆型和联方型。

矢跨比为1:5.5   1—荷载为15lb/ft²;
- - - 矢跨比为1:7   2—荷载为30lb/ft²;
                3—荷载为60lb/ft²

(注：1ft=0.3048m，1lb=0.45359237kg)

图 10-35
球面网壳钢管用钢量
(a) 单层；
(b) 双层

图 10-35 为 Triodefic 结构有限公司对三种不同跨度、不同恒荷载和不同矢跨比的单双层球面网壳进行的跨度与用钢量关系的计算分析，仅供参考。

### 3. 考虑工程的经济性

（1）网格数和网格尺寸

网格数或网格尺寸对于网壳的挠度影响较小，而对用钢量影响较大。网格尺寸越大，用钢量越省。但从受力性能角度来看，如网格尺寸太大，对压杆的稳定和钢材的利用均不利。另外，网格尺寸应与屋面板模数相协调。

（2）支承条件

支承条件是影响网壳结构静力特性和经济设计的重要因素。支承条件包括支承的位置、数目、种类和楼层（柱）的支承标高。支承数目越多，杆件内力分布越均匀；支承刚性越大，节点挠度越小，网壳的横向稳定性越大，但支座和基础的造价越高。

总之，必须根据工程的实际情况综合考虑各种因素，通过技术经济综合比较分析合理地确定网壳形式。

## 10.4  网架、网壳的主要尺寸及构造

网架的主要尺寸有网格尺寸和网架高度。网架高度和网格尺寸对网架的经济效益影响很大。

### 10.4.1  网架的高度

平板网架从整体上来说是一个受弯构件，网架高度越大，弦杆内力就越小，弦杆用钢量也会减少；但腹杆长度增长，腹杆用钢量增多，并且围护结构材料增多。因而，网架高度应适当。由于网架属于受弯构件，而且弯矩近似按跨度的二次方增加，因而网架对沿跨度方向的网架空间刚度要求很大，此刚度与网架高度直接相关，因此网架的高度主要取决于网架的跨度。同时，网架的高度还与屋面荷载的大小、建筑要求、建筑平面的形状、节点形式、支承条件等有关。当屋面荷载较大时，网架高度应大些，反之，网架高度则可小些；当网架

中有管道穿行时，网架高度要满足此要求；当建筑平面为圆形、正方形或接近方形时，网架高度可小些。一般，采用螺栓球节点的网架高度可比采用焊接空心球节点的网架高度小些。周边支承时，网架高度可取小些；点支承时，网架高度应取大些。

合理的网架高度可按表 10-1 中的高跨比来确定。

网架的上弦网格数和高跨比　　　　　表 10-1

| 网架形式 | 钢筋混凝土屋面体系 | | 钢檩条屋面体系 | |
|---|---|---|---|---|
| | 网格数 | 高跨比 | 网格数 | 高跨比 |
| 正放抽空四角锥网架、两向正交正放网架、正放四角锥网架 | (2~4)+0.2$L_2$ | 10~14 | (6~8)+0.07$L_2$ | (13~17)+0.03$L_2$ |
| 两向正交斜放网架、棋盘形四角锥网架、斜放四角锥网架、星形四角锥网架 | (6~8)+0.08$L_2$ | | | |

注：(1) $L_2$ 为网架短向跨度，单位 m；
　　(2) 当跨度在 18m 以下时，网格数可适当减小。

## 10.4.2　网格尺寸

网格尺寸的大小主要是上弦网格尺寸。网格尺寸主要与网架的跨度、屋面材料、网架的形式、网架高度、荷载大小等因素有关。

当屋面采用钢筋混凝土屋面板、钢丝网水泥板时，网格尺寸一般为 2~4m；当采用轻型屋面材料时，网格尺寸一般为 3~6m。

通常斜腹杆与弦杆的夹角为 45°~60°，否则节点构造麻烦，因此网格尺寸与网架高度应有合适的比例关系。

对于周边支承的各类网架，可按表 10-1 确定网架沿短跨方向的网格数，进而确定网格尺寸。

## 10.4.3　腹杆布置

腹杆布置的原则是：尽量使压杆短、拉杆长，使网架受力合理。对于交叉桁架体系网架，腹杆的倾角一般在 40°~55°；对于角锥体系网架，斜腹杆的倾角宜采用 60°，这样可以使杆件标准化，便于制作，如图 10-36 所示。

当网架跨度较大时，会造成网格尺寸较大，其上弦一般受压，为减小上弦长度宜采用再分式腹杆，如图 10-36 (b) 所示。

## 10.4.4　网架的杆件

网架常采用圆钢管、角钢、薄壁型钢作为杆件。圆钢管截面封闭且各向同性，抗弯刚度各向都相同，回转半径大，抗扭刚度大，因此受力性能较好，承载力高。杆件优先选用圆钢管，且最好是薄壁钢管，但圆钢管价格较高，因而对于中、小跨度且荷载较小的网架，也可采用角钢或薄壁型钢。

杆件的材料一般用 HPB235 钢和 16Mn 钢。16Mn 钢强度高、塑性好，当

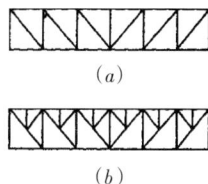

(a)

(b)

图 10-36
腹杆布置
(a) 一般式；
(b) 再分式

荷载较大或跨度较大时，宜采用 16Mn 钢，如此可以减轻网架自重并节约钢材。

由于铝合金、不锈钢等材料有减轻结构自重、抵御大气腐蚀和提高建筑美学效果等的作用，近年来我国也兴建了采用铝合金、不锈钢等金属材料的网架结构。

某航天实验研究中心零磁试验室采用了我国自行研制、设计、制造的螺栓球节点铝合金全网架结构（包括屋盖与墙体），平面尺寸为 22m×30m，墙体高度为 11m，按展开面积的材料用量仅为 8.56kg/m²。

### 10.4.5 网架的节点

网架中的节点起着连接各方向的汇交杆件，并传递杆件内力的作用。网架结构是空间结构，节点上汇交的杆件多，最少有 6 根，最多可达 13 根，而且呈空间汇交关系。因此，节点选型与设计是网架设计的重要部分，网架节点设计应力求做到受力合理、构造简单、制作安装方便、节约钢材。

节点的种类很多，常用的节点有钢板节点、焊接空心球节点和螺栓球节点。

1. 钢板节点（图 10-37）

当网架的杆件采用角钢或薄壁型钢时，应采用此种节点。此种节点刚度大、整体性好、制作加工简单。当网架的杆件采用圆钢管时，采用钢板节点就不合理，不但节点构造复杂，而且不能充分发挥钢管的优越性能。

2. 焊接空心球节点（图 10-38）

它是用两块圆钢板经热压或冷压成的两个半球，然后对焊成整体。为了加强球的强度和刚度，可先在一半球中加焊一加劲肋，因而焊接空心球节点又分为加肋与不加肋两种，如图 10-38（b）、（c）所示。

焊接空心球节点适用于连接圆钢管，只要钢管沿垂直于本身轴线切断，杆件就能自然对准球心，且可与任意方向的杆件相连，它的适应性强、传力明确、造型美观。目前，网架多采用此种节点，但其对焊接质量要求高、焊接量大、易产生焊接变形，并且要求杆件下料正确。

3. 螺栓球节点（图 10-39）

这种节点是在实心钢球上钻出螺钉孔，然后用高强度螺栓将汇交于节点处的焊有锥头或封板的圆钢管杆件连接而成。

这种节点具有焊接空心球节点的优点，同时又不用焊接，能加快安装速度、缩短工期。但这种节点构造复杂，机械加工量大。

(a)　　　　(b)　　　　(a)　　　　(b)　　(c)

图 10-37
钢板节点（左）
（a）角钢钢板节点；
（b）管筒米字型板节点
图 10-38
焊接空心球（右）
（a）焊接空心球；
（b）无肋空心球；
（c）有肋空心球

图 10-39
螺栓球节点

## 10.5 网架的支承方式、屋面材料与坡度的设置

### 10.5.1 网架的支承方式

网架的支承方式与建筑功能要求有直接关系，具体选择何种支承方式，应结合建筑功能要求和平立面设计来确定。目前常用的支承方式有以下几种。

#### 1.周边支承

这种支承方式如图 10-40 所示。如图 10-40（a）所示，当所有边界节点都支承在周边柱上时，虽然柱子布置较多，但传力直接明确，网架受力均匀，适用于大、中跨度的网架。如图 10-40（b）所示，当所有边界节点支承于梁上时，这种支承方式柱子数量较少，而且柱距布置灵活，从而便于建筑设计，且网架受力均匀，它一般适用于中、小跨度的网架。以上两种周边支承方式都不需要设边桁架。

#### 2.点支承

这种支承方式一般将网架支承在四个支点或多个支点上，柱子数量少，建筑平面布置灵活，建筑使用方便，特别对于大柱距的厂房和仓库较适用，如图 10-41（a）所示。

为了减少网架跨中的内力或挠度，网架周边宜设置悬挑，而且建筑外形轻巧美观，如图 10-41（b）所示。

（a）            （b）

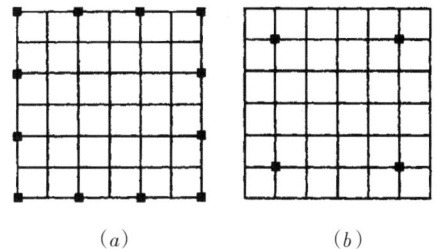

（a）            （b）

图 10-40
周边支承（左）
图 10-41
点支承（右）

### 3. 周边支承与点支承结合

由于建筑平面布置以及使用的要求，有时要采用边点混合支承，或三边支承一边开口，或两边支承两边开口等方式，如图 **10-42** 所示。这种支承方式适用于飞机库或飞机的修理及装配车间。此时，开口边应设置边梁或边桁架梁。

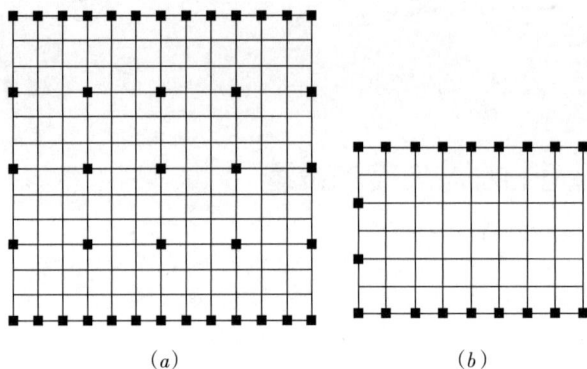

图 10-42
周边支承与点支承结合

(a)　　　　　　　　(b)

## 10.5.2　网架的支座节点

网架结构的支座节点一般采用铰支座。为安全准确地传递支座反力，支座节点要力求构造简单、传力可靠明确，且尽量符合网架的计算假定，以免网架的实际内力和变形与根据计算假定得到的计算值相差较大，而造成危及结构安全的隐患。

网架的支座节点类型较多，具体选择哪种应根据网架的跨度大小、支座受力特点、制造安装方法以及温度等因素进行综合考虑。

根据支座受力特点，网架的支座节点可分为压力支座节点和拉力支座节点两大类。以下介绍几种常用的网架支座节点形式。

#### 1. 平板压力支座节点（图 10-43）

由于支座底板与支承面间的摩擦力较大，支座不能转动或移动，与计算假定中的铰接假定不太相符，因此只适用于小跨度网架。

#### 2. 单面弧形压力支座节点（图 10-44）

由于在支座底板和柱顶板之间加设了一弧形钢板，支座可产生微量转动和移动，与铰接的计算假定较符合，这种支座节点适用于中、小跨度的网架。

加弹簧盒

图 10-43
平板压力或拉力支座
（左）
图 10-44
单面弧形压力支座（右）

(a)　　　　(b)　　　　(a)　　　　(b)

3. 双面弧形压力支座节点（图 10-45）

这种支座又称为摇摆支座，它是在支座底板与柱顶板之间加设了一块上下两面为弧形的铸钢块，因而支座可以沿钢块的上下两弧形面作一定的转动和侧移。

当网架跨度大、周边支承约束较强且温度影响较显著时，其支座产生的转动和侧移对网架受力的影响就不容忽视。此前两种支座节点一般不能满足计算假定对支座处既能产生自由转动又能侧移的要求，而双面弧形压力支座节点比较适合。但这种支座节点构造较复杂、加工工艺繁琐、造价高，而且只能在一个方向转动，不利于抗震。

图 10-45
双面弧形压力支座

4. 球铰压力支座节点（图 10-46）

这种支座节点是将一个凸出的实心半球嵌合在一个凹进半球内，其在任意方向都能转动，不产生弯矩，并在 $x$、$y$、$z$ 三个方向都不产生线位移，因而此种支座节点有利于抗震。这种支座节点比较适用于多点支承的大跨度网架，或带悬挑的四点支承网架。

5. 板式橡胶支座节点（图 10-47）

这种支座节点是在支座底板和柱顶板之间加设一块板式橡胶支座垫板，它是由多层橡胶与薄钢板制成的。这种支座不仅可沿切向及法向移动，还可绕 $N$ 向转动。其构造简单、造价较低、安装方便，适用于大、中跨度的网架。

图 10-46
球铰压力支座（左）
图 10-47
板式橡胶支座（右）

6. 平板拉力支座节点（图 10-43）

此种支座节点的连接形式同平板压力支座节点，支座的垂直拉力由锚栓承受，这种支座节点适用于较小跨度的网架。

7. 单面弧形拉力支座节点（图 10-48）

此种支座节点与单面弧形压力支座节点相似，适用于中、小跨度的网架。

平板拉力支座节点和单面弧形拉力支座节点只适用于有些在角部支座处产生垂直拉力的网架，如斜放四角锥网架、两向正交斜放网架。

通常考虑到网架在不同方向自由伸缩和转动约束的不同，一个网架可以采用多种支座节点形式。

图 10-48
单面弧形拉力支座

### 10.5.3　网架的屋面材料及构造

网架结构一般采用轻质、高强、保温、隔热、防水性能良好的屋面材料，以实现网架结构经济、省钢的优点。

由于选择屋面材料的不同，网架结构的屋面有无檩体系和有檩体系两种。

**1. 无檩体系屋面**

当屋面材料选用钢丝网水泥板或预应力混凝土屋面板时，一般它们的尺寸较大，所需的支点间距较大，因而采用无檩体系屋面。通常屋面板的尺寸与上弦网格尺寸相同，屋面板可直接放置在上弦网格节点的支托上，并且至少有三点与网架上弦节点的支托焊牢。此种做法即为无檩体系屋面，如图 10-49 所示。

无檩体系屋面零配件少，施工、安装速度快，但屋面板自重大，会导致网架用钢量增加。

**2. 有檩体系屋面**

当屋面材料选用木板、水泥波形瓦、纤维水泥板或各种压型钢板时，此类屋面材料的支点距离较小，因而采用有檩体系屋面。

有檩体系屋面通常做法如图 10-50 所示。

图 10-49
无檩体系屋面构造（左）
图 10-50
有檩体系屋面构造（右）

近年来，压型钢板作为新型屋面材料得到较广泛的应用。由于这种屋面材料轻质高强、美观耐用，且可直接铺在檩条上，因而加工、安装已达标准化、工厂化，施工周期短，但价格较高。

### 10.5.4　屋面坡度

网架结构屋面的排水坡度较平缓，一般取 1%~4%。屋面坡度的做法一般可采用以下几种：

（1）上弦节点上加小立柱找坡。

（2）网架变高。

（3）整个网架起坡。

（4）支承柱变高。

## 10.6 网架、网壳结构工程实例

由于网架、网壳结构具有很多优点，在建筑工程中，国内外大量采用，采用网架、网壳较多的国家有美国、日本、英国、法国、德国、俄罗斯等。网架、网壳结构除了应用于大跨度的体育馆、国际博览会馆、飞机库等建筑外，还广泛应用于工业与民用建筑中；除了用作屋盖结构外，还可用作多层建筑的楼盖。

国内外的实践和研究表明，网架、网壳结构是一种很有活力、适应性强、方兴未艾的空间结构。21 世纪，网架结构将向着能跨越更大跨度、覆盖更大面积的方向发展，组合网架、预应力网架、新材料网架及网架与其他结构的组合结构将会得到更广泛的应用。

### 10.6.1 国内外网架结构工程实例

国内外网架实例如表 10-2 所示。

**网架工程实例**　　　　　　　　　　　　　　　　　　　　表 10-2

| 序号 | 工程名称 | 平面尺寸（m） | 网架类型 | 提供资料单位及人员 |
|---|---|---|---|---|
| 1 | 肯尼亚体育馆 | 八边形对边 68.87，柱距 26.18，四周挑 2.645 | 正交正放 | 中国建筑西南设计院　陈玉玉 |
| 2 | 秦俑博物馆二号坑展馆 | 96×96（变高）−28.7×48×4 | 正交正放 | |
| 3 | 大连体育馆 | 八支点，不等边，八角形 74×74 | 正交正放 | 中国建筑东北设计院　苑振芳 |
| 4 | 贵州人民银行干部礼堂（钢筋混凝土网架） | 14×18 | 正交正放 | 贵州工学院　马克俭 |
| 5 | 广州白云机场（高低整体网架） | 80×69.6 | 正交正放（高强度螺栓） | 航空工业设计研究院　刘树屯 |
| 6 | 咸阳机库（相贯节点） | 48×54 | 正交正放 | 航空工业设计研究院　高蕊芬 |
| 7 | 文登市米山路加油站 | 10×20×1 | 正交正放 | 文登市建筑设计院　周祥智 |
| 8 | 河北省体育馆 | 70.4×83.2 | 正交斜放 | 河北省建筑设计院　吕一心 |
| 9 | 北京大学生体育馆 | 76×76（四周挑 6） | 正交斜放 | 北京市建筑设计院　侯光瑜 |
| 10 | 约旦伊尔比德市郊哈桑体育馆 | 62.7×74.1（四周挑 1.85） | 正交斜放 | 徐州飞虹网架公司　刘锡霖 |
| 11 | 厦门太古飞机库 | 70×184 | 正交斜放 | 北京汇光建筑事务所　丁云孙 |
| 12 | 芜湖市委礼堂（空腹半球节点） | 不等边六边形 30.6×77.618 | 交叉斜放 | 芜湖建筑设计院　陈家福 |
| 13 | 广州天河体育馆 | 六点支承，边长 61.85 | 三向 | 广州建筑设计院　梁少鹏 |
| 14 | 上海体育馆 | $D=110$（周边支承） | 三向 | |
| 15 | 上海银河宾馆 | 等边外凸三角形边，边长 48 | 三角锥 | 华东建筑设计院　陆道渊 |
| 16 | 江西体育馆（拱下吊两片网架） | 38.16（25.83+70.11） | 三角锥 | 江西有色冶金设计院　吴东 |

| 序号 | 工程名称 | 平面尺寸（m） | 网架类型 | 提供资料单位及人员 |
|---|---|---|---|---|
| 17 | 天津塘沽车站候车室 | $D=47.18$ | 跳格三角锥 | |
| 18 | 南航风雨操场 | $44 \times 60.5 \times 2.75$ | 斜放四角锥 | 马鞍山建筑设计院　江大魁 |
| 19 | 邯郸体育馆 | $60 \times 75 \times 4$ | 斜放四角锥 | 天津大学　刘锡良 |
| 20 | 辽宁省体育中心击剑馆<br>（组合网架楼盖） | $39 \times 39 \times 2.5983$ | 斜放四角锥 | 辽宁省建筑设计院　薛宏伟 |
| 21 | 江西省纺织大厦<br>（预应力离心混凝土管式网架） | $16 \times 28.8$ | 斜放四角锥 | 江西科学院　罗凤麟 |
| 22 | 成都火车站 | $36\ (64.8+36+64.8)$<br>四周挑 5.4 | 斜放四角锥 | 四川省建筑设计院　徐蕴明 |
| 23 | 长春高尔夫轿车总装厂房 | $189.4 \times 421.6$<br>（$12 \times 21$ 柱网） | 正放抽空四角锥 | 陕西省机施公司　金虎根 |
| 24 | 空军网球馆<br>（起脊网架） | $36 \times 49.5 \times 1.2$ | 正放四角锥 | 空军设计研究局　王天应 |
| 25 | 安庆石油化工总厂干煤库<br>（三层网架） | $68 \times 72 \times 3.556$（外挑 2） | 正放四角锥 | 航空工业设计研究院　丁芸孙 |
| 26 | 青岛第二橡胶厂内轮胎车间<br>（3t 悬吊） | $72 \times 84$（$12 \times 24$ 柱网） | 正放四角锥 | 化工部北京橡胶设计研究　陶庆林 |
| 27 | 天津无缝钢管厂厂管加工车间<br>（有天窗） | $3-36 \times 564$ | 正放四角锥 | 北京钢铁设计研究总院　李青芳 |
| 28 | 天津静海棉纺二厂 | $80 \times 246$<br>（$20 \times 22$，$18 \times 20$ 柱网） | 正放四角锥 | 天津市纺织设计院　刘大宁 |
| 29 | 天津市纺织局原棉一库火车站罩棚 | $30 \times 60$ | 正放四角锥 | 天津市纺织设计院　刘智 |
| 30 | 西班牙 1992 年世界博览会 | $39.2 \times 49.6 \times 2.8$ | 正放四角锥 | 空军设计研究局　王天应 |
| 31 | 山西体育中心体育场挑棚 | $39\ (115.9-145)$ 挑 26.8 | 正放四角锥 | 山西省建筑设计院　赵发光 |
| 32 | 孝感体育场挑棚 | $2-23.185 \times 104$ 挑 17.185 | 正放四角锥 | 天津大学　程万海 |
| 33 | 徐州教育学院<br>（组合网架楼盖） | $20 \times 30 \times 2.2$ | 正放四角锥 | 徐州建筑设计院　张澄亚 |
| 34 | 抚州体育馆<br>（组合网架屋盖） | $4S \times 58.5 \times 3.2$ | 正放四角锥 | 抚州地区建筑设计院　黄茂田 |
| 35 | 新乡百货大楼<br>（组合网架楼盖） | $34 \times 34$（四层） | 正放四角锥 | 河南省网架厂　刘青文 |
| 36 | 约旦伊尔比德市郊哈桑体育馆挑棚 | $32 \times 136$ | | 徐州飞虹网架公司　刘锡霖 |
| 37 | 厦门中国台湾工业园 14 号厂房 | $30 \times 99$ | 折板型 | 苏州网架厂　朱瑾 |
| 38 | 石家庄体委水上游乐中心 | $30 \times 120$ | 折板型 | 空军设计研究局　王天应 |
| 39 | 山西大同矿务局机电修配厂下料<br>车间 | $21 \times 78$ | 单向折线形 | |
| 40 | 石家庄体委水上游乐中心 | $30 \times 120$ | 单向折线形 | |
| 41 | 南开大学体育中心排球馆 | $15 \times 24 \times 0.6$ | 装配式正放四角锥 | 天津大学　刘锡良 |

| 序号 | 工程名称 | 平面尺寸 (m) | 网架类型 | 提供资料单位及人员 |
|---|---|---|---|---|
| 42 | 中国计量学院风雨操场 | 27×36 | 星形四角锥 | |
| 43 | 大同云岗矿井食堂 | 24×18 | 棋盘形四角锥 | |
| 44 | 上海国际购物中心 | 27×27（缺 12×12 一角） | 正交正放四角锥组合网架 | 上海建筑设计研究院 姚念亮 |
| 45 | 北京四机位机库 | 90×（153+153） | 三层斜放四角锥 | 中国航空工业规划设计研究院 刘树屯 |
| 46 | 新加坡港务局（PSA）仓库 | 4-96×120；2-70×96 | 四角锥斜拉网架 | 冶金建筑研究院 陈云波 |
| 47 | 长沙黄花机场机库 | 48×64×5 | 三层斜放四角锥 | |
| 48 | 瑞士苏黎世克洛滕大型喷气机机库 | 125×128×11.65 | 三层正交斜放四角锥 | |
| 49 | 美国科罗拉多州丹佛市库利根展览大厅 | 52×73×4.3（四个） | 三层正放四角锥 | |
| 50 | 苏联伊尔库次克体育馆 | 42×42×2.12 | 正放四角锥 | |

## 10.6.2 网架结构工程图例

网架结构工程图例如图 10-51～图 10-57 所示。

## 10.6.3 网壳结构工程实例

### 1. 北京石景山体育馆

北京石景山体育馆（图 10-58）的建筑平面为正三角形，边长为 99.1m，屋盖采用三片四边形的双层扭网壳，网壳曲面为非正交直纹曲面，由两组直线形的平行弦桁架和网格为对角线方向的网片组成，网壳厚 1.5m，支承在由立体桁架组成的中央三叉拱上（图 10-59），节点为焊接空心球。

图 10-51

日本大阪国际博览会 75.6m×108m 正放四角锥网架

图 10-52
美国芝加哥国会正交
正放网架

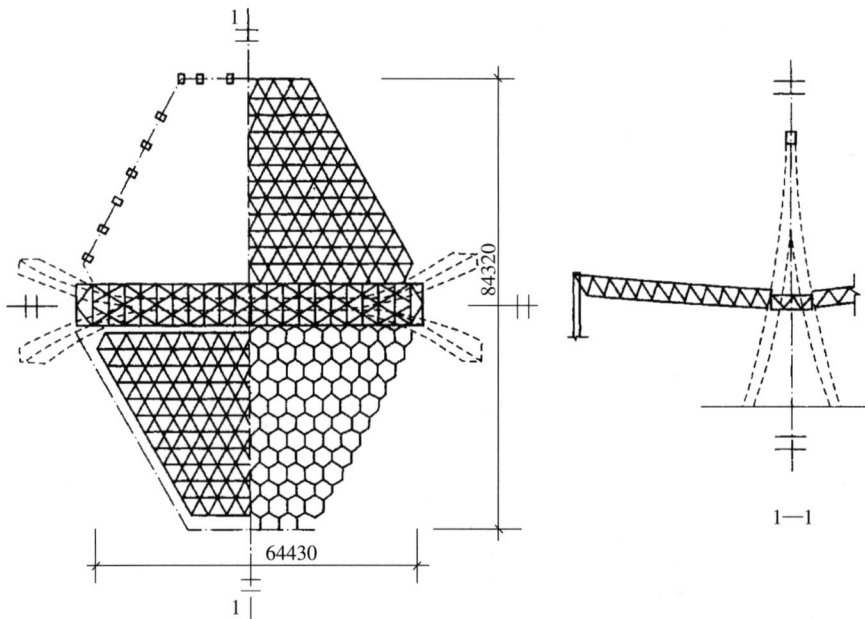

1—1

图 10-53
江西省体育馆钢筋混
凝土大拱悬吊三角锥
焊接空心球网架

## 2. 北京体育学院体育馆

北京体育学院体育馆（图 10-60）是一座多功能建筑。其屋盖采用了四角带落地斜撑的双层扭面网壳（图 10-61），平面尺寸为 52.5m×52.5m，四周悬挑 3.5m，为了充分利用扭壳直纹曲面的特点，布置选用了两向正放桁架体系，网格尺寸为 2.9m×2.9m，网壳厚 2.9m，矢高为 3.5m，格构式落地斜撑的支座

图 10-54
上海游泳馆

图 10-55
上海国际购物中心预应力与非预应力螺栓环节点组合网架

48 $\phi^5$ 5 高强度钢丝铸锚束
5×4016=20080

A—A

图 10-56
广州白云机场飞机库 80m 跨高低整体式折线形网架

(a)

(b)

图 10-57
北京大学生体育馆屋盖
(a) 屋盖结构平面布置图;
(b) 北京大学生体育馆斜放双向正交桁架

为球铰，承受水平力和竖向力，边柱柱距为 5.8m，柱顶设置橡胶支座，节点为焊接空心球。该网壳将屋盖结构与支承斜撑合为一体，造型优美、受力合理、抗震性能好。

3. 浙江黄龙体育中心主体育场

浙江黄龙体育中心主体育场（图 10-62）的观众席位数近 5.5 万，总覆盖面积达 2.1 万 m²，为一无视觉障碍的体育场。结构上首次将斜拉桥的结构概念运用于体育场的挑篷结构，为斜拉网壳挑篷式，由塔、斜拉索、内环梁、网壳、外环梁和稳定索组成。网壳结构支撑于钢箱形内环梁和预应力钢筋混凝土外环梁上，内环梁采用 1600mm×2200mm×30mm 的箱形钢梁，通过斜拉索悬挂在两端的吊塔上。吊塔为 85m 高的预应力混凝土筒体结构，筒体外侧施加预应力；外环梁支承于看台框架上的预应力钢筋混凝土箱形梁上；网壳采用双层类四角锥焊接球节点形式；斜拉索与稳定索采用高强度钢绞线，由此形成了一个复杂的空间杂交结构。

图 10-58
北京石景山体育馆（左）
图 10-59
双层扭面网壳（右）

图 10-60
北京体育学院体育馆（左）
图 10-61
双层扭面网壳（右）

图 10-62
浙江黄龙体育中心主
体育场

# 习 题

10.1 试述网架结构的主要特点。

10.2 网架结构主要有哪些类型？分别适用于何种情况？

10.3 网架结构的选型一般应根据什么原则进行？

10.4 网架结构常用的杆件有哪几种？优先选用哪种？为何？

10.5 网架结构常用的一般节点和支座节点有哪几种形式？

10.6 网架结构的屋面坡度一般有哪几种实现方式？

10.7 简述网壳结构的主要优点和缺陷。

10.8 网壳结构的分类方法主要有哪些？

10.9 网壳结构的选型一般应根据什么原则进行？

10- 习题参考答案

■ **本章提要**

　　本章介绍了悬索结构的特点和组成，结合实例着重分析了悬索结构的各种结构形式及其应用范围，指出了悬索结构的刚度问题不容忽视。

## 11.1 悬索结构的特点、组成和受力状态

### 11.1.1 悬索结构的特点

悬索结构是由一系列高强度钢索组成的一种张力结构，由于其自重轻、用钢量省、能跨越很大的跨度，因此悬索屋盖结构主要用于跨度在 60~100m 的体育馆、展览馆、会议厅等大型公共建筑。目前，悬索屋盖结构的最大跨度已达 160m，是一种比较理想的大跨度结构形式。

悬索在工程上应用最早的是桥梁，我国建造最早的铁链桥是云南的兰津桥（公元 57~75 年）。一千多年来，我国建造的铁索桥，如云南元江铁索桥、澜沧江铁索桥、贵州盘江铁索桥、四川泸定桥等至今仍在使用。中国现代悬索结构之发展始于 20 世纪 50 年代后期至 80 年代，北京工人体育馆和杭州浙江人民体育馆是当时的两个代表作。北京工人体育馆建成于 1961 年，其屋盖为圆形平面，直径 94m，采用车辐式双层悬索体系，由截面为 2m×2m 的钢筋混凝土圈梁、中央钢环，以及辐射布置的两端分别锚定于圈梁和中央钢环的上索和下索组成。中央钢环直径 16m、高 11m，由钢板和型钢焊成，承受由于索力作用而产生的环向拉力，并在上、下索之间起撑杆的作用。浙江人民体育馆建成于 1967 年，其屋盖为椭圆平面，长径 80m、短径 60m，采用双曲抛物面正交索网结构，长径方向主索垂度 44m，短径方向副索拱度 2.6m。

### 11.1.2 悬索结构的组成

悬索结构一般由索网、边缘构件和下部支承结构组成，如图 11-1 所示。索网是悬索结构的主要承重构件，是一个轴心受拉构件，既无弯矩也无剪力，完全柔性，其抗弯刚度可忽略不计。利用高强钢材做"索"最能发挥钢材受拉性能好的特点。索网一般由直径为 2.5mm、3mm、4mm、4.5mm、5mm 的高强碳素钢丝扭绞而成。

边缘构件是索网的边框，无边框索网则不能成型。工程中应注意对边缘构件的处理，采用合理的边缘构件形式，以承受索网的巨大拉力。

下部支承构件一般是钢筋混凝土立柱或框架结构，为保持稳定，有时还要采用钢缆锚拉设施。

单悬索结构是平面结构体系。如果利用很多单悬索相互交叉组成"索网"（比如利用桁架交叉组成网架），就形成了多向受力的悬索结构。

图 11-1
悬索结构的组成

## 11.2 悬索结构的形式及实例分析

悬索结构的主要形式有单曲面单层悬索结构、单曲面双层悬索结构、双曲面单层悬索结构、双曲面双层悬索结构和交叉索网悬索结构等。这些悬索结构的成型不同是因为边缘构件的形式不同，同时引起屋盖建筑造型的不同。不论何种

形式都必须采取有效措施，以保证屋盖结构在风荷载、地震作用下具有足够的刚度和稳定性。

图 11-2
单曲面单层拉索

### 11.2.1 单曲面单层悬索结构

这种结构形式由许多平行的单根拉索构成，表面呈反向圆筒形凹面，可向外排水，如图 11-2 所示。

单曲面单层拉索体系的特点是构造简单、传力明确，但屋面稳定性差、抗风能力小。为了克服这一不足，可采用重屋盖（一般为装配式钢筋混凝土屋面板）或在大跨度结构中对屋面板施加预应力，使屋面最后形成悬挂薄壳。

建筑实例有德国乌柏特市游泳馆（图 11-3），该建筑兴建于 1956 年，可容纳观众 2000 人，比赛大厅面积为 2600m²。

根据两端的看台形式，屋盖设计成纵向单曲面单层悬索结构，跨度为 65m；大厅看台建在斜梁上，斜梁间距 3.8m，一直通到游泳池底部并托着游泳池；结构对称布置，屋盖索网的拉力经由边梁传给斜梁传到游泳池底部，使得斜梁基底的水平推力得以相互抵消、成对地取得平衡，地基只承受压力。这种屋盖形式不仅较好地适应了建筑内部平面布置，而且外形也比较美观；结构形式不仅受力合理，而且将结构的形体、总体布置与建筑的使用空间、外观形象完全结合起来，值得欣赏。

图 11-3
德国乌柏特市游泳馆

(a)

(b)

(c)

### 11.2.2 单曲面双层悬索结构

为了增强拉索本身的刚度，可将单层拉索体系改为双层拉索体系。双层拉索体系是由许多片平行的索网组成的，每片索网均由曲率相反的承重索和稳定索构成，如图 11-4 所示。承重索与稳定索之间用圆钢或拉索连系，形式如同屋架的斜腹杆。

这种悬索结构的主要特点是通过斜腹杆对上、下索施加预应力，以提高整个屋盖的刚度。上索拉索的垂度值（对下索称拱度）可取跨度的 1/20~1/17，下索则取 1/25~1/20。屋面板可以铺于上索或下索。

图 11-4
单曲面双层拉索体系
（左）
图 11-5
吉林冰上运动中心滑冰
馆（右）

吉林冰上运动中心滑冰馆的屋盖采用了单曲面预应力双层拉索体系，具有很好的稳定性和刚性。成对的承重索和稳定索位于同一竖直平面内，二者之间通过受拉钢索或受压撑杆连系，构成如同屋架形式的平面体系，如图 11-5 所示。

### 11.2.3 双曲面单层悬索结构

前述的单曲面结构体系仍是平面结构，为了更好地提高结构整体刚度，可采用双曲面悬索结构。双曲面悬索结构又分单双层。双曲面单层索网体系常用于圆形建筑平面，拉索按辐射状布置，使屋面形成一个旋转曲面，拉索的一端锚固在受压的外环梁上，另一端锚固在中心的受拉环上，形成碟形悬索结构（图 11-6a）。锚固在中心柱上形成的伞形悬索结构（图 11-6b）在均布荷载作用下，其圆形平面内的全部拉索内力相等，内力的大小随垂度的减小而增大。

辐射状布置的单层悬索结构也可用于椭圆形建筑平面，但其缺点是在均布荷载作用下拉索的内力都不相同，从而会在受压圈梁中引起较大的弯矩，因此很少采用。

20 世纪 50 年代乌拉圭蒙特维多体育馆的碟形悬索屋盖如图 11-7 所示，其直径 94m，拉索垂度 8.9m，中央有个直径为 19.5m 的锥形钢框架作天窗内环。外墙顶钢筋混凝土外环的截面尺寸为 1980mm×450mm，锚固着周围的 256 根悬索。碟形悬索结构下凹的屋面使室内空间减小、音响性能好、无聚焦现象，但屋面排水难处理，室内空间处理不好会给人压抑感。

碟形悬索结构和单曲面单层拉索体系基本一样，不同的是其屋面不是圆筒形而是倒圆锥形。其刚度虽略有改善，但增强不多，刚度与稳定性仍然很差。

图 11-6
双曲面单层拉索体系

图 11-7
乌拉圭蒙特维多体育
馆（左）
图 11-8
苏联某水泥料浆池（右）

苏联某水泥料浆池是一伞形悬索结构（图 11-8），直径 44m，圆形池的中心设置一个高出池壁顶的中心柱，悬索从柱顶拉向池壁顶圈梁，形成圆锥状屋顶以利排水。这种悬索体系不适用于公共建筑。

### 11.2.4 双曲面双层悬索结构

这种悬索结构体系由承重索和稳定索构成，主要用于圆形建筑平面。拉索按辐射状布置，中心设置受拉环。屋面可为上凸下凹或交叉形（图 11-9），其边缘构件可根据拉索的布置方式设置一道或两道受压环梁。

（a）　　　　　　　　（b）　　　　　　　　（c）

图 11-9
双曲面双层拉索体系

双曲面双层拉索体系由于增加了稳定索，因而屋面刚度大，抗风和抗震性能好。其可采用轻屋面，节约材料，被广泛应用于圆形建筑平面。当然，这种悬索结构体系也可采用椭圆形、正多边或扁多边形（图 11-10），外环形状也会随之改变，可支承于墙或柱上。

图 11-10
双曲面双层体系形式

工程实例有北京工人体育馆，其建筑平面为圆形，能容纳 15000 人。比赛大厅直径为 94m，大厅屋盖采用圆形双层悬索结构，由钢悬索、边缘构件（外环）和内环三部分组成（图 11-11）。

钢悬索由钢绞线制成，悬索沿径向辐射状布置，索网分上索与下索两层，各为 144 根，其截面大小由各自承受的拉力确定。上索作为稳定索直接承受屋面荷重，它通过中央系环（内环）将荷载传给下索，并使上下索同时张紧，以增强屋盖刚度。下索为承重架，其将整个屋盖悬挂起来。

外环是截面尺寸为 $2m \times 2m$ 的钢筋混凝土环梁，支承在外廊框架的内柱上。圆形环梁承受悬索的拉力，如图 11-12 $(a)$、$(b)$ 所示。稳定索的拉力为 $N_2$，承重索的拉力为 $N_1$，两力合成为一径向水平力 $N$ 和作用于框架柱上的垂直力 $P$。

内环又称中央系环，呈圆筒形（图 11-13），由上下环及 24 根工形组合断面立柱组成。内环主要为连接悬索用，承受环向拉力，因拉力较大，所以上环和下环均采用环形钢板架。

## 11.2.5 双曲面交叉索网结构

双曲面交叉索网体系由两组曲率相反的拉索交叉组成，其曲面为双曲抛物面，一般称之为鞍形悬索（图 11-14），适用于各种形状的建筑平面，如圆形、椭圆形、菱形等。曲率下凹的索网为承重索，上凸的为稳定索。通常对稳定索施加预应力使承重索张紧，达到增强屋面刚度的目的。由于其外形富于起伏变化，因而近年来在国内外应用广泛。

悬索的边缘构件可以根据不同建筑造型的需要采用双曲环梁和斜向边拱等形式。

工程实例有浙江省人民体育馆（图 11-15），其屋盖为鞍形悬索结构。比赛大厅为椭圆形平面，长轴 80m，短轴 60m，比赛场地的长边平行于椭圆的短轴，短边平行于椭圆的长轴，短轴上的座位数极少，绝大部分座位处在观看效果好的长轴上。另外，马鞍形是双曲抛物面形状，它在长轴方向呈中间低而两端高的形状，并随座位标高的升高而升高（图 11-16）。鞍形结构合理地利用了建筑平面和建筑空间，是建筑艺术、使用功能与结构效益三者的完美结合，是一种颇为理想的结构形式。

屋面索网为马鞍形双曲交叉索网体系（图 11-17）。每根索用 6 股 $7\phi 12$

图 11-11 北京工人体育馆平剖面

图 11-12 屋盖边缘构件——外环（左）
$(a)$ 外环受力平面；
$(b)$ 外环索孔示意图

图 11-13 屋盖边缘构件——内环（右）
$(a)$ 内环；
$(b)$ 悬索与内环连接；
$(c)$ 内环受力示意图

$(a)$  $(b)$  $(a)$  $(b)$  $(c)$

图 11-14
双曲面交叉索网体系
（鞍形悬索）

(a)  (b)  (c)  (d)

高强度钢绞线组成。长轴方向为下凹的承重索，中间一根索的垂度为 4.4m，高跨比为 1/18，索间距为 1m；短轴方向为上凸的稳定索，中间一根索的拱度为 2.6m，高跨比为 1/21，索间距为 1.5m。承重索与稳定索均施加预应力，使索网互相张紧构成双曲鞍形索网，其刚度大、稳定性好。

边缘构件是截面为 2000mm×8.0mm 的钢筋混凝土空间曲线环梁，索网端部均用锚具锚固在环梁内。由于索网作用在环梁上的水平拉力很大，环梁本身又是椭圆形的，因此截面内会产生很大的弯矩。为了减少曲线环梁内的弯矩，阻止环梁在平面内的变形，在稳定索的支座处增设水平拉杆，直接承受水平拉力；在平面的地角方向增设交叉索，增强环梁在水平平面内的刚度。同时将环梁固定在柱子上，加强整体作用，这些措施在结构上取得了良好的效果。

图 11-15
浙江省人民体育馆（左）
图 11-16
浙江省人民体育馆剖面图（右）

图 11-17
浙江省人民体育馆索网布置图

## 11.3 悬索结构的柔性和屋面材料

### 11.3.1 悬索结构的柔性

悬索结构是悬挂式柔性索网体系，屋盖的刚度及稳定性较差。

首先，风力对屋面的吸力是一个重要问题。图 11-18 为某游泳池屋盖的风压分布图，吸力主要分布在向风面的屋盖部分，局部风吸力可能达到风压的 1.6~1.9 倍，因而对比较柔软的悬索结构屋盖来说有被掀起的危险。屋面还可能在风力、动荷载或不对称荷载的作用下产生很大的变形和波动，以致屋面被撕裂而失去防水效能，或导致结构损坏。

图 11-18
某游泳池屋盖风压分布图

其次是在风力或地震力的动力作用下而产生的共振现象。在其他结构形式中，由于自重较大，在一般外荷载作用下共振的可能性较小，但是悬索结构却有由于共振而破坏的实例。例如，1940 年 11 月美国的塔考姆大桥（跨长840m）在结构应力远远没有达到设计强度的情况下，由于弱风作用产生共振而破坏。因此，对悬索结构的共振问题必须予以重视。

为保证悬索结构屋盖的稳定和刚度，可采用的措施有：采用双曲面型悬索结构，因为它的刚度和稳定性都优于单曲面型；可以对悬索施加预应力，因为柔性的张拉结构在没有施加预应力以前没有刚度，其形状是不确定的，通过施加适当预应力、利用钢索受预拉后的弹性回缩来张紧索网或减少悬索的竖向变位，给予其一定的形状，如此才能承受外部荷载。

另外一个增加刚性屋面刚度的方法是：在铺好的屋面板上加临时荷载，使承重索产生预应力。当屋面板之间的缝隙增大时，用水泥砂浆灌缝，待砂浆达到强度后，卸去临时荷载，使屋面回弹，屋面因受到一个挤紧的预压力而构成一个整体的弹性悬挂薄壳，具有很大的刚性，能较好地承受风吸力和不对称荷载的作用。

### 11.3.2　悬索结构的屋面材料

悬索结构的屋面一般采用轻质屋面材料，在满足结构要求的前提下，还要满足正常的使用要求及方便施工的要求，即热工性能要求、耐久性要求及不透水性能要求等。常见的悬索结构的屋面材料有轻质混凝土板材和各种膜材料，具体见第 12 章膜结构和索膜结构。

## 习　题

11.1　简述悬索结构的基本构成及其应用范围。

11.2　悬索结构的结构形式有哪些？简述其特点及其适用范围。请列举1~2 个实例，分析悬索结构的建筑、结构及施工特点。

11.3　如何保证和加强悬索结构的屋面刚度？

11.4　试列举悬索结构的 1~2 个实例，并简述其结构组成、材料应用等特点。

11- 习题参考答案

■ **本章提要**

　　本章介绍了膜结构的形式、膜结构的材料及其使用特点，论述了膜结构设计的全过程，分析了五个膜结构工程实例。

12　膜结构和索膜结构

## 12.1 薄膜结构的特点

膜结构是一种建筑与结构完美结合的结构体系，它将高强度柔性薄膜材料与支撑体系相结合形成具有一定刚度的稳定曲面，是能承受一定外荷载的空间结构形式。其造型自由轻巧、阻燃、制作简易、安装快捷、使用安全。

膜结构是 20 世纪中期发展起来的一种全新的建筑结构形式，它集建筑学、结构力学、精细化工与材料科学、计算机技术等为一体，具有很高的技术含量。其曲面可以随着建筑师的设计需要任意变化，可结合整体环境建造出标志性的形象工程。膜结构是由优良性能的高强薄膜材料和加强构件（钢索、钢架或钢柱）通过一定方式使其内部产生一定的预张应力形成的具有一定刚度并能承受一定外荷载、能够覆盖大空间的一种空间结构形式。

对于以索或骨架支承的膜结构，其曲面就可以随着建筑师的想象力而任意变化，如富于艺术魅力的钢制节点造型、充满张力成自然曲线的变幻膜体以及特有的大跨度自由空间，给人强大的艺术感染力和神秘感。20 世纪 70 年代以后，高强、防水、透光且表面光洁、易清洗、抗老化的建筑膜材料的出现，加之当代电子、机械和化工技术的飞速发展，膜建筑结构已大量用于滨海旅游、博览会、体育场、收费站等公共建筑（图 12-1）。

膜结构的特点主要体现在艺术性、经济性、大跨度、自洁性和工期短五个方面。

（1）艺术性

膜结构造型活泼优美、富有时代气息，可以充分发挥建筑师的想象力，又能体现结构构件的清晰受力之美。

（2）经济性

膜结构价格相对低廉，施工速度快；膜材具有一定的透光率，白天可减少照明强度和时间，能很好地节约能源；同时夜间彩灯透射形成的绚烂景观也能带来很好的广告宣传效益。

（3）大跨度

膜结构自重轻、结构抗震性能好，适合大跨度的建筑，膜结构可以从根

图 12-1
膜结构建筑

本上克服传统结构在大跨度（无支撑）建筑所遇到的困难；可创造巨大的无遮挡可视空间，有效增加空间使用面积。

（4）自洁性

膜建筑中采用具有防护涂层的膜材，其可使建筑具有良好的自洁效果，同时保证建筑的使用寿命。

（5）工期短

膜建筑工程中所有构件的加工和制作均在工厂内完成，可减少现场施工时间，避免出现施工交叉，其相对传统建筑工程工期较短。膜建筑可广泛应用于大型公共设施，如体育场馆的屋顶系统、机场大厅、展览中心、购物中心、站台等，还可用于休闲设施、工业设施及标志性或景观性建筑小品等。

随着现代科技的进一步发展，人类面临着保护自然环境的使命。膜结构具有易建、易拆、易搬迁、易更新、能充分利用阳光和空气以及与自然环境融合等特点，因此在全球范围内无论是在工程界还是在科研领域，膜建筑技术的需求均有大幅度增长的趋势。它是伴随着当代电子、机械和化工技术的发展而逐步发展的，是现代高科技在建筑领域中的体现。天然材料和传统的古老建筑材料与技术必将被轻而薄且保温隔热性能良好的高强轻质材料所取代。膜建筑技术在这项变革中将扮演重要角色，其在建筑领域内更广泛的应用是可以预见的。

## 12.2 膜结构的形式

膜建筑的分类方式较多，从结构形式上可简单地概括为张拉式和充气式两大类。在张拉式中采用钢索加强的膜结构又称为索膜结构。

### 12.2.1 张拉膜结构

一种是采用钢索张拉成型，由膜材、钢索及支柱构成，利用钢索与支柱在膜材中导入张力以达到安定的形式。这种结构除了具有创新且美观的造型外，也是最能展现膜结构精神的构造形式，其具有高度的结构灵活性和适应性，是索膜建筑结构的代表和精华。

近年来，大型跨距空间也多采用以钢索与压缩材构成钢索网来支撑上部膜材的形式。因其施工精度要求高、结构性能强，且具丰富的表现力，所以造价略高。

另一种是以钢构或是集成材构成的屋顶骨架在其上方张拉膜材的构造形式，称为骨架式索膜结构。其下部支撑结构安定性高，因屋顶造型比较简单，开口部不易受限制，且具有经济效益高等特点，因此被广泛应用于各种大、小规模的空间。该类结构体系自平衡，膜体仅为辅助物，膜体本身的结构作用发挥不足。骨架式索膜体系建筑表现含蓄，结构性能有一定的局限性，常在某些特定条件下被采用，造价低于前者。

骨架方式与张拉方式的结合运用常可取得更富于变化的建筑效果。

## 12.2.2　充气膜结构

充气式膜结构是将膜材固定于屋顶结构周边，利用送风系统让室内气压上升到一定压力（一般在 10~30mm 汞柱）后，使屋顶内外产生压力差以抵抗外力，且使屋盖膜布受到一定的向上浮力，构成较大的屋盖空间和跨度。因其利用气压来支撑，钢索作为辅助材无需任何梁、柱支撑，可获得更大的空间、施工快捷、经济效益高，但送风机需维持 24h 运转，持续运行及机器维护费用较高。

图 12-2
单层、双层充气膜结构内、外压示意图
(a) 单层结构；
(b) 双层结构

充气膜结构有单层、双层、气肋式三种形式。充气膜结构一般需要长期不间断地能源供应，在低拱、大跨度建筑中的单层膜结构必须是封闭空间，以保持一定的气压差。在气候恶劣的地方，空气膜结构的维护有一定的困难。

### 1. 单层结构

如同肥皂泡，单层膜的内压大于外压，如图 12-2 (a) 所示。此结构具有空间大、重量轻、建造简单等优点，但需不断输入超压气体及日常维护管理，如图 12-3 所示。

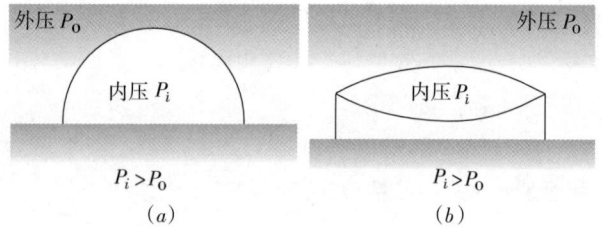

图 12-3
单层充气膜结构
(a) 结构外观 1；
(b) 结构外观 2；
(c) 结构内部

### 2. 双层结构

如图 12-10 所示，双层膜之间充入空气，和单层相比可以充入高压空气，形成具有一定刚性的结构，其双层膜之间的内压大于外压，如图 12-2 (b) 所示。双层充气膜结构的进出口可以敞开。

### 3. 气肋式结构

气肋式膜结构是在多个气肋中充入高压空气，形成具有一定刚性的结构，其气肋的内压大于外压，可以分为联体和独立两种，其中联体气肋式膜结构较为常用，如图 12-4 所示。

图 12-4
气肋式膜结构
(a)联体气肋式膜结构；
(b)独立气肋式膜结构

充气式膜结构具有自重轻、安装快、造价低及便于拆卸等特点，在特定条件下有其明显优势。但因其在使用功能上有明显的局限性，如形象单一、空间要求气闭等，使其应用面较窄。20 世纪 80 年代后期至今，充气式膜建筑逐渐受到冷遇，其原因是充气式膜结构需要不间断的能源供应，运行与维护

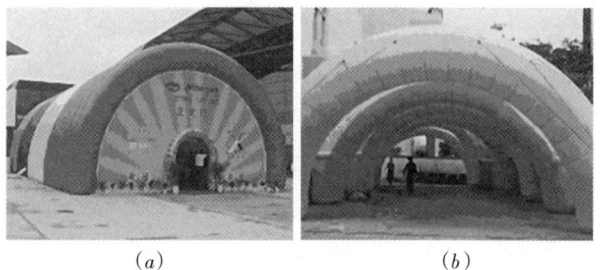

(a)　　　　　　　(b)

费用高，室内的超压使人感到不适，空压机与新风机的自动控制系统和融雪热气系统的隐含事故率高。若目前进行的在超压环境下人体的排汗、耗氧与舒适性研究得到较大的进展，充气式膜建筑仍有广阔的前景。

### 12.2.3　膜结构的预张力

膜结构是一种双向抵抗结构，其厚度相对于它的跨度极小，因此它不能产生明显的平板效应（弯应力和垂直于膜面的剪应力）。索膜结构之所以能满足大跨度自由空间的技术要求，主要归功于其有效的空间预张力系统。空间预张力使索膜的索和膜在各种荷载下的内力始终大于零（永远处于拉伸状态），从而使原本软体材料的索膜成为空间整体工作的结构媒体。预张力使索膜建筑富有迷人的张力曲线和变幻莫测的空间；使整体空间结构体系得以协同工作；使体系得以覆盖大面积、大跨度的无柱自由空间；使体系得以抵抗狂风、大雪等极不利的荷载状况并使膜体减少磨损、延长使用寿命，成为永久建筑。

应当指出，预张力不是在施工过程中可随意调整的"安装措施"，而是在设计初始阶段就需反复调整确定，需要精心设计适当的预张力措施，并贯穿于设计与施工的全过程。

### 12.2.4　索膜结构的连接构造

索膜结构的连接必须要满足结构的受力要求和耐久要求，具体连接构造如图 12-5 所示，节点的其他构造如图 12-6 所示。

1. 索—膜连接

图 12-5
索—膜连接构造

| | | | |
|---|---|---|---|
| （a） | （b） | （c） | （d） |
| （e） | （f） | （g） | （h） |
| （i） | （j） | （k） | （l） |

2.其他构造

(a)          (b)          (c)

不锈钢拉杆
不锈钢锚头 钢索

(d)          (e)          (f)

图 12-6
其他构造
(a) 柱头装饰；
(b) 拉结连接；
(c) 不锈钢膜夹板；
(d) 梭形立柱；
(e) 不锈钢索；
(f) 收口装饰

## 12.3 膜结构的材料和设计

　　膜结构采用的薄膜材料大多是强度高、柔韧性好的一种涂层织物薄膜。它分为两部分（图 12-7），内部为基材织物，决定材料的抗拉强度、抗撕裂强度，体现膜材的力学性质；外部为涂层，体现材料的耐火、耐久性及防水、自洁性等物理性质。

### 12.3.1 膜材

　　膜材的力学性质根据其种类不同而异，膜材的弹性模量较低，这有利于膜材形成复杂的曲面造型。常用的建筑膜材内部材料有 PVC、加面层的 PVC 和聚四氟乙烯膜材。

　　1. PVC 膜材

　　由聚氯乙烯（PVC）涂料和聚酯纤维基层复合而成，应用广泛、价格适中、强度高。中等强度的 PVC 膜厚度仅为 0.6mm，但其拉伸强度相当于钢材的一半，如图 12-7 (a) 所示。

图 12-7
膜材（左）
(a) PVC 膜材；
(b) PVC+ TiO₂ 膜材
图 12-8
PVC+PVDF 膜材（右）

PVC
聚氯乙烯树脂 PVC
聚酯纤维基布
(a)

PVC+TiO₂ 二氧化钛 TiO₂ 涂层
PVC
聚酯纤维基布
(b)

100%PVDF
聚酯长丝
PVC 层
(a)

PVC+PVDF 聚偏氟乙烯树脂 PVDF
PVC
聚酯纤维基布
(b)

（1）PVC 膜材的特点

PVC 膜材的强度及防火性与 PTFE 相比具有一定差距，PVC 膜材的使用年限一般在 7~15 年。为了解决 PVC 膜材的自洁性问题，通常在 PVC 涂层上再涂 PVDF（聚偏氟乙酸树脂），称为 PVDF 膜材。

（2）新型自洁膜材——TiO₂ 膜材的特点

另一种涂有 $TiO_2$（二氧化钛）的 PVC 膜材，具有极高的自洁性，如图 12-7（b）所示。

光触媒是一类以二氧化钛为代表的具有光催化功能的光半导体材料的总称。这种材料在紫外线的照射下可产生游离电子和孔穴，因而具有极强的光氧化还原功能，可以氧化分解各种有机化合物和部分无机化合物，同时具有极强的杀菌功能。近年来，这种光半导体材料已在防污、抗菌、脱臭、空气净化、水处理以及环境污染治理等方面得到了广泛应用。将光触媒技术应用于玻璃、陶瓷、金属建材制品、住宅设备、涂料等已成为产业化发展趋势。

现在，在膜材表面涂敷一层二氧化钛（$TiO_2$）光催化剂的新型自洁膜材已开发研制成功，并正式商品化。经过了 3 年以上的使用，已证明二氧化钛（$TiO_2$）膜材具有极显著的自洁去污效果。

2. 加面层的 PVC 膜材

在 PVC 聚酯织物的外层再加一聚氟乙烯（PVF，商品名 Tediar）或聚偏氟乙烯（PVDF）面层构成的膜材，不但能抵抗紫外线、自身不发黏，而且自洁性较好、使用年限长，其性能优于纯 PVC 膜材，如图 12-18 所示。

3. 聚四氟乙烯（PTFE）膜材

聚四氟乙烯（PTFE，商品名称 Teflon）膜材是指在极细的玻璃纤维（3mm）编织成的基布上涂上 PTFE（聚四氟乙烯）树脂而形成的复合材料，如图 12-9 所示。

PTFE 膜材的特点：

（1）强度高（中等强度的 PTFE 膜的厚度仅为 0.8mm，但其拉伸强度接近钢材）、耐久性好、防火难燃、自洁性好，而且不受紫外光的影响，其使用寿命在 20 年以上。

（2）具有高透光性，透光率为 13%，并且透过膜材的光线是自然散漫光，不会产生阴影，也不会发生眩光。

（3）热工性能良好，对太阳能的反射率为 73%，所以热吸收量很少。即使在夏季炎热日光照射下，室内也不会受太大影响。

（4）强耐久性，正是因为这种划时代性的膜材的发明，才使膜结构建筑从人们想象中的帐篷或临时性建筑发展成现代化的永久性建筑。

聚四氟乙烯树脂 PTFE

玻璃纤维基布

图 12-9
聚四氟乙烯膜材 (PTFE)

### 12.3.2　膜材的外涂层

选用较好的外层涂料可以使膜材获得良好的光学、保温、防火及自洁等物理性质。膜材的光学性能表现在可滤除大部分紫外线，防止内部物品褪色。其自然光的透射率可达 25%，透射光可在结构内部产生均匀的漫射光，无阴影、无眩光；夜晚在周围环境光和内部照明的共同作用下，膜结构表面会发出自然柔和的光辉，良好的显色性令人陶醉。

单层膜材的保温性能与砖墙相同，优于玻璃。与其他材料的建筑一样，膜建筑内部也可以采用其他方式调节其内部温度。

膜材能很好地满足防火需求，具有卓越的阻燃和耐高温性能。

膜材在雨水冲刷下其表面可得到自然清洗，经过特殊表面处理的膜材自洁性能更佳。

膜材拼接的结构接缝多采用热焊，非结构接缝多采用缝合。

### 12.3.3　膜结构的设计

目前，膜结构找形分析的方法主要有动力松弛法、力密度法以及有限单元法等。

膜结构设计与一般结构物设计的不同之处在于：一它的变形比一般结构形式大；二它的形状是在施工过程中逐步形成的。从初步设计阶段开始，结构工程师就要和建筑工程师一起确定建筑物的形状并不断进行计算，设计对象的平面、立面、材料类型、结构支撑以及预张力的大小都是互相制约的因素。同时，一个完美的设计也就是上述矛盾统一的结果。

发达国家从 20 世纪 60 年代起开始提出多种计算方法，到目前为止以有限元法为最先进、最普遍被采用的方法。

用曲面有限单元建立的膜结构分析理论，其设计可分为初始平衡形状分析、荷载分析和裁剪分析三个步骤。

（1）初始平衡形状分析

初始平衡形状分析就是所谓的找形分析。通过找形设计确定建筑平面的形状尺寸、三维造型和净空体量，确定各控制点的坐标、结构形式、选用膜材和施工方案。

由于膜材本身没有抗压和抗弯刚度，抗剪强度也很差，因此其刚度和稳定性需要靠膜曲面的曲率变化和其中的预张应力来提高。确定在初始荷载下结构的初始形状，即结构体系在膜自重（有时还有索）与预应力作用下的平衡位置，可先按建筑要求设定大致的几何外形，然后对膜面施加预应力使之承受张力，其形状也相应发生改变，经过不断调整预应力，最后就可得到理想的几何外形和应力分布状态。对膜结构而言，任何时候都处在应力状态，因此膜曲面形状最终必须满足在一定边界条件和一定预应力条件下的力学平衡，并以此为基准进行荷载分析和裁剪分析。

早期的膜结构设计在确定形状时，往往借助于缩尺模型来进行，采用的材料有肥皂膜、织物或钢丝等。但由于小比例模型在测量上有误差，不能保证曲面几何形状的正确性，因此仅对建筑外形起参考作用，为设计者提供一个直观的形象。

随着计算机技术的不断进步，膜结构的形状更多地依靠计算机来确定。为了寻求合理的几何外形，可通过计算机的迭代方法确定膜结构的初始形状。

（2）荷载分析

膜结构设计考虑的荷载主要是风荷载和雪荷载。

因为膜材比较轻柔，自振频率很低，在风荷载作用下极易产生风振，导致膜材破坏，且随着形状的改变，荷载分布也在改变，材料的变形较大，因此要采用几何非线性方法精确计算结构的变形和应力。

荷载分析的另一个目的是通过荷载计算确定索膜中的初始预张力。要满足在最不利荷载作用下具有初始张应力，此应力不会因为一个方向应力的增大而造成另一方向应力减少为零，即不出现皱褶。如果初始预应力施加过高，就会造成膜材徐变加大，易老化、强度储备减少。

（3）裁剪分析

经过找形分析形成的膜结构通常为三维不可展空间曲面，如何通过二维材料的裁剪、张拉形成所需要的三维空间曲面，是整个膜结构工程中最关键的一个问题。

现代索膜建筑的设计是把建筑功能、内外环境的协调、找形和结构传力体系分析、材料的选择与剪裁等集成一体，并借助计算机图形和多媒体技术进行统筹规划与方案设计，再用结构找形、体系内力分析与剪裁的软件完成索与膜的下料与零件的加工图纸。

### 12.3.4　膜结构的裁剪

#### 1. 裁剪方法简介

膜结构的裁剪拼接过程无论如何都会有误差，这是因为首先用平面膜片拼成空间曲面就一定会有误差，其次膜布是各向异性非线性材料，在把它张拉成曲率变化多端的空间形状时，不可避免的会与初始设计形状有出入。迄今为止，已经建立了很多种方法来处理这一问题，很难评价哪种方法的精确度一定就高，但还是有几个标准可以用来判断这些裁剪方法是否实用，那就是可靠性、灵活性和完成时间。

#### 2. 膜结构的交互式裁剪过程

布置膜结构表面的裁剪缝时要考虑以下几个因素：

（1）表面曲率

以前的裁剪方法都无法给出曲面任一点处的曲率。而膜结构设计软件一般采用的是曲面膜单元，所以可以得到每个单元的曲率。如果相邻单元曲率相差很大，说明在这个位置曲面扭曲很严重，如果裁剪缝在此处不切断重新开始，那么裁剪膜块的边界在此处就会有很大的弧形。从相邻单元曲率的变化趋势可以判断出测地线的大致走向。

（2）膜材料的幅宽

找形分析过程中平面网格的划分就要考虑膜材料的幅宽。尽量使一块膜布中包含的膜单元是完整的，否则还要通过插值计算确定膜块边界点的位置。

（3）边界的走向

如果边界比较平直，可以考虑用一个膜块的长边作为这条边界，否则只能用多个膜块的短边拼接成这条边界。

（4）美观

因为膜材料具有透光性，实际结构中可以清楚地看见焊缝，所以裁剪缝的布置一定要规则、合理，最好能形成一些漂亮的图案以增加结构的美感。如果膜表面设置有压索或脊索，那么最好使裁剪缝与压索或脊索重合，使索不至于打乱焊缝的图案布置。

## 12.4　膜结构、索膜结构工程实例

### 12.4.1　义乌市体育场

如图 12-10 所示，义乌市体育场遮阳篷是一种桅杆斜拉索膜结构体系，遮阳篷内环矢高 40m，覆盖面积 2 万 $m^2$。

义乌市体育场结构体系的构成为：有四根立于体育场外高 60m 的桅杆，桅杆顶部的内斜拉索拉起场内的主内环索，桅杆顶部有两根外拉并锚在地锚上的钢索；有骨架支撑的遮阳篷膜面在场内挂在主内环索上，膜面的另一边锚固在看台后的混凝土圈梁上。

### 12.4.2　秦皇岛欢乐海洋公园开合式膜结构

如图 12-11 所示，秦皇岛欢乐海洋公园开合式膜结构是国内第一个开合式膜结构建筑，其依靠机械传动控制膜体开启、关闭，对设计施工要求都非常精确，体现了膜结构领域的高科技应用。

该膜结构流畅优美的造型使其犹如一枚久蕴珍珠的贝壳，怡然恬静的在东海之滨尽享阳光，充分体现了自然环境与人文环境的高度和谐统一。

图 12-10
义乌市体育场全景（左）
图 12-11
秦皇岛欢乐海洋公园
开合式膜结构（右）

### 12.4.3 江阴体育馆五顶双层膜结构

如图 12-12 所示，江阴体育馆为国内第一个双层膜结构，总建筑面积达 3200m²。采用软硬边相结合的全封闭形式，节点新颖、施工难度大。

建筑师心目中的"梦幻材料"造就了独有的凹形槽结构，并使其在众多体育场馆建筑中脱颖而出，带给人独特的视觉享受。

图 12-12
江阴体育馆五顶双层
膜结构

### 12.4.4 意大利巴里市圣·尼古拉球场

如图 12-13~ 图 12-15 所示，意大利巴里市圣·尼古拉球场是为 1990 年世界杯建造的八个体育场之一。整体呈椭圆形的观众席是通过现场组合 310 根新月状的预制钢筋混凝土梁而建成的。上层的观众席被划分成 26 块巨大的"花瓣"。"花瓣"间的空隙使建筑显得纤秀轻盈，同时留出了人员流动的空间，方便观众进场和退场，保证了观众的安全。计算机模拟试验确保了所有座位的视线均不被遮挡。

为使观众免受日晒雨淋，观众席采用带 PTFE 涂层的玻纤膜顶。膜顶由 26 块各自从上层观众席钢筋混凝土框架延伸出来的大膜构成。26 块膜顶之间通过小块拱形膜连为一体，整个膜的覆盖面积为 13250m²。膜顶的悬挑跨度介于 14~27m，每块膜均在四边连续固定，并通过膜的双向张力和位于拱肋间的膜上索的下压力与下部的拱肋紧密贴合，膜为几何意义上的双向等应力场，且每块膜安装在两个方向上的应力均不超过 4.08kN。

膜顶的主要支撑构件是从上层观众席顶部悬挑出来的箱形梁；次要构件是膜顶前端的 U 形桁架、与箱形梁平行的弧形拱肋和连接弧形拱肋与索的侧向稳定杆，为使这些拱肋尽量细小，它们的空间刚度通过两端间的一系列拉杆加以强化。结构体系保证了整个膜面处于张拉状态，膜上索可保证在最恶劣的风荷载下膜也不会将拱肋扯起，以避免强风对赛事或观众造成干扰。

图 12-13
意大利巴里市圣·尼
古拉球场全景（上）
图 12-14
观众席局部（左下）
图 12-15
箱形悬臂拱形梁仰视
（右下）

### 12.4.5 日本熊本公园体育场

如图 12-16、图 12-17 所示，日本熊本公园体育场主屋盖采用了加劲索的双层气胀式膜结构，建于 1997 年。

日本熊本公园体育场空间构成的基本构想是用一个直径为 125m 的圆顶覆盖中心场地，形成"一个地球上浮云"的形象，在场地中央建造了巨大的圆形双层充气膜结构屋

图 12-16
日本熊本公园体育场
夜景（左）
图 12-17
充气膜内部（右）

顶,不规则的周边部分则用单层框架膜结构覆盖。全部室内空间保持正常压力。由于仅在屋顶是充气膜结构，所以门窗可以自由设置。

为保持双层充气膜的厚度和形状，在屋顶中央部位设计了一个直径为107m、以锥台状框架为中央支撑的中心环，使屋顶中央开口，有利于自然通风和采光，同时开口后赋予天花板表面一个自然的凸圆面形状，将声音朝四周分散，有效地降低了反射波。

结构上，在中央的锥台状框架与外围的环形桁架之间，上、下各有48根辐射状的索相连，拉住玻纤膜覆盖骨架和索网。同时，双层膜间的充气气压达30mm汞柱。由于穹顶充气、膜有索支撑，融合了车轮型双层圆形悬索和气胀式膜结构的特点，是一种新型的杂交结构，即使漏气也不会有坠落损害的危险，从预防灾害角度看，这种布置非常有利。这种结构系统可称作"混合充气膜结构"。

# 习　题

12.1　试简述膜结构的应用范围及其特点。

12.2　膜结构的形式可分为几类？各有何特点？

12.3　试列举膜结构采用的材料及其物理化学性能。

12.4　试列举膜结构的 1~2 个实例，并简述其建筑构思、材料应用、结构受力等特点。

12- 习题参考答案

■ **本章提要**

　　本章介绍了装配式建筑的概念与特点、发展状况、标准化设计、工厂化生产、装配化施工、一体化装修、信息化管理、智能化应用以及装配式建筑案例等内容。

# 13.1 装配式建筑的概念、特点及其发展

## 13.1.1 装配式建筑的概念

国务院办公厅《关于大力发展装配式建筑的指导意见》高度概括地指出，装配式建筑是指用预制部品部件在工地装配而成的建筑。针对业内一些人过于强调主体结构装配的倾向，《装配式混凝土建筑技术标准》GB/T 51231—2016中国家推荐性标准进一步强调，装配式建筑是指由"结构系统、外围护系统、设备与管线系统、内装系统的主要部分采用预制部品部件集成的建筑"，明晰了装配式建筑是全过程、全专业形成的完整的装配体系。

装配式建筑通常按建筑的主体结构体系及其构件的材料来分类。按照建造过程，所需建筑构件先由工厂生产，再进行组装完成整个建筑。根据建筑的使用功能、建筑高度、造价及施工等的不同，组成装配式建筑结构构件的梁、柱、墙等可以选择不同的建筑材料以及不同材料的组合。所以，装配式建筑通常按建筑的结构体系及其构件的材料来分类，主要包括装配式混凝土结构建筑、装配式钢结构建筑、竹木结构建筑、组合结构建筑及铝合金结构建筑等。

## 13.1.2 装配式建筑的特点

对比传统建筑，装配式建筑在建造方式上出现重大变化，其利用工业化方式来进行建筑建造，即利用现代工业化的大规模生产方式代替传统的、粗放的生产方式来建造建筑物，在房屋建造全过程的规划设计、部品生产、施工建造、开发管理等环节实现专业化、集约化和社会化。

装配式建筑是国家倡导发展的新兴产业,是工业化新型建筑模式,具有"六化"的特点，即标准化设计、工厂化生产、装配化施工、一体化装修、信息化管理和智能化应用，其结构形式主要包括装配式混凝土建筑、钢结构建筑和现代木结构建筑。

### 1. 标准化设计

标准化设计是指"对于通用装配式构件，根据构件的共性条件，制定统一的标准和模数，开展适用性范围比较广泛的设计"。在装配式建筑设计中，采用标准化设计理念，各构件具有互换性和通用性，满足少规格、多组合的原则，且更加经济适用、科学高效。当装配式建筑的设计标准、手册、图集建立健全之后，就可以像"造汽车"一样"造房子"，像机械设计一样选择标准件满足功能要求。同时，在标准化设计中融入个性化需求，可以进行多样化组合，满足个性化和多样性需求。

### 2. 工厂化生产

利用工业化生产方式，实现大量施工现场作业向工厂生产作业的转化。装配式建筑的部分或全部部品部件在工厂生产，具有工业化生产的优势。工厂化预制采用先进的生产工艺、科学的生产管理系统、较高的工厂信息化水平，使得部品部件的质量更加可控。

3. 装配化施工

利用现代机械化设备和先进的施工手段，可实现传统现浇施工或手工湿作业向部品部件的装配安装与可靠连接的转化。预制构件在工厂制作时，在准确位置设置预留孔洞及预埋件，运至施工现场后，利用构件连接技术，将其与已有建筑构件进行连接。装配化施工更加方便快捷、机械化水平高、劳动强度低、施工效率高、施工进度快、质量易于有效控制。

装配式建筑可以采用基于结构设计和装修一体化的设计方式，预制构件生产时，在准确位置设置预留孔洞及预埋件，便于装修施工阶段和已有建筑构件的完好连接，避免打凿穿孔。待构件运至现场后，按预先设定的施工顺序完成一层结构构件吊装后，在不停止后续楼层结构构件吊装施工的同时，可以进行下层的水电装修施工，逐层递进，各工序交叉作业，方便有序，加快施工进度。

4. 一体化装修

装修工程与主体结构一体化设计、部品部件的技术集成化生产、装修与主体施工同步协调是装配式建筑的显著优势。基于装修与主体结构一体化设计，预制构件在生产时，采用技术集成化的部品部件，且在装修面层预埋固定部件，避免在装修施工阶段对已有建筑构件进行打凿和穿孔。

建筑装修一体化协同设计是装配式装修的基本条件，以建筑系统为基础，与结构系统、机电系统和装修系统进行一体化协同设计。在项目建设初期，通过前期策划将建筑、结构、内装、机电等各专业的要求与模数在设计阶段提前植入，进行整体的统筹安排，以避免后期施工中出现碰撞，浪费人力与物料。这种整体统筹安排有利于建筑与装修的模数协调。设计过程中，通过内装设计前置，协调建筑与装修之间的模数关系。基于 SI 理论的装配化装修实现了内装、管线与建筑结构三分离，为实现建筑百年寿命提供了切实可行的解决方案，也成为建筑内装修信息化和工业化发展的突破口。

5. 信息化管理

装配式建筑将建筑生产的工业化进程与信息化紧密结合，是信息化与建筑工业化深度融合发展的结果。一方面是装配式建筑行业管理的信息化，包括统计信息系统、产业链追溯系统、动态监测系统、质量检测监督系统、培训考测系统、人力资源共享系统等；另一方面是装配式建筑产业链企业基于 BIM 推进项目全过程的信息化，主要包括装配式建筑设计协同系统、混凝土构件生产管理系统、钢结构构件生产管理系统、木结构构件生产管理系统、项目管理系统、装配化装修系统、一户一码住区服务系统等。

装配式建筑在设计阶段采用 BIM（Building Information Modeling）技术，进行立体化设计和模拟施工，避免设计错误和遗漏；生产中预埋信息芯片，"虚拟构件"有了对应的 ID，实现了建筑项目全过程的质量追溯；利用 BIM 录入项目技术信息，模拟施工过程，确定场地平面布置、制定施工方案、确定吊装顺序，进而决定预制构件的生产顺序、运输顺序、构件堆放场地等，实现施工周期的可视化模拟和可视化管理。同时，BIM 技术应用贯穿于规划、设计、施工和运营的建筑全生命周期，使建筑数据流在建筑模型中传输、流通到全生命周期的所有参与单位，使之实现协同工作，达到"一模到底"。

6. 智能化应用

结合现代智能化信息技术，将各种智能化设备在装配式建筑中加以集成，使装配式住宅建筑、公共建筑等实现通信自动化、办公自动化、设备设施自动化，进而形成高效、舒适的建筑环境。要实现建筑的智能化运维与应用，需要根据建筑的用途、规模、客观环境和用户的性质、用户的个性化需求等具体地进行智能化方案设计。

### 13.1.3 装配式建筑的优势

对于设计阶段来说，传统的建筑建造方式，其设计与生产、施工脱节，将完整的建造过程分成若干相对独立的阶段，而装配式建造方式采用一体化、信息化协同设计，与部品建造、装饰装修紧密结合。对于施工阶段来说，传统建造方式存在现场湿作业、手工操作、工人流动性大的显著缺点，而装配式建造方式更易于实现装配化、专业化、精细化。对于项目管理来说，传统建造方式存在以劳务分包为主，各方追求各自效益，易于产生忽视质量、安全和社会效益等问题，而装配式建造方式一般采用工程总承包管理，能够实现全过程追求整体效益最大化。

1. 模块化施工，进度快

装配式建筑构件在工厂标准化加工生产、施工现场模块化装配，打破了东北严寒地区无法利用冬歇施工的限制，可缩短工程周期 15%~67%，如武汉火神山医院总建筑面积 3.4 万 $m^2$ 用 10 天建成、长沙远大 57 层高楼用 19 天建成，能够集中行业资源办大事，是应对紧急任务的有力抓手。

2. 施工工序少，劳动强度低

装配式建筑构件在工地吊装安装，可提高劳动力素质，降低施工人员劳动强度，省去现浇作业等施工工序，减少用工 25%~78%，实现由劳动密集向技术密集的转变。

3. 工程质量高，安全度高

工厂化生产标准一致、尺寸统一、质量可控，精度误差由"1~2cm"缩减为"2~5mm"，有效解决了墙体开裂、渗水、空鼓、蜂窝、麻面等质量通病，减少了后期维护成本，同时连接点通过消除应力使建筑抗震性能更强，加之应用 BIM、二维码、内置 RAID 芯片等技术，进一步完善了质量保障体系，真正实现了质量责任可追溯，提高了建筑品质和安全性能。

### 13.1.4 我国装配式建筑的发展

2015 年 12 月 20 日，中央城市工作会议在北京召开，奠定了未来我国城市建设和发展的思路。会议提出：要大力推动建造方式创新，以推广装配式建筑为重点，通过标准化设计、工厂化生产、装配化施工、一体化装修、信息化管理、智能化应用，促进建筑产业转型升级。之后，中共中央国务院出台《关于进一步加强城市规划建设管理工作的若干意见》，奠定了发展新型建造方式，大力发展装配式建筑的总基调，提出了"减少建筑垃圾和扬尘污染，缩短建造工期，提升工程质量。制定装配式建筑设计、施工和验收规范，完善部品部件标准，实现建筑部品部件工厂化生产，鼓励建筑企业装配式施工，现场装配，建设国家级装配式建筑生产基地"等具体要求。提出了"力争用 10 年左右时间，使装配式建筑占新建建筑的比例达到 30%"的定量目标，并要求"积极稳妥推广钢结构建筑。在具备条件的地方，倡导发展现代木结构建筑"。我国装配式建筑进入全面发展期。

2016 年 9 月国务院办公厅印发的《关于大力发展装配式建筑的指导意见》是今后一段时间我国发展装配式建筑的纲领性文件，这标志着推进装配式建筑发展的顶层制度框架已初步形成。2017 年 3 月，住房和城乡建设部发布了《"十三五"装配式建筑行动方案》《装配式建筑示范城市管理办法》《装配式建筑产业基地管理办法》，进一步细化了工作目标、重点任务、保障措施。各地积极落实党中央、国务院决策部署，我国装配式建筑进入全面发展期，呈现出欣欣向荣的发展态势，有力推动了住房城乡建设领域绿色发展。

## 13.2 装配式建筑的标准化设计

装配式建筑的标准化设计即采用标准化的构件、形成标准化的模块，进而组合成标准化的平面布局，通过不同的组合形式，形成多样化、个性化的建筑产品。装配式建筑应进行标准化设计、实现设计项目的定型化，使基本单元、构件、建筑部品重复使用率高，以满足工业化生产的要求。标准化设计应结合本地区的气候等自然条件和技术经济的发展水平。项目应采用模块化设计方法，建立适用于本地区的户型模块、单元模块和建筑功能模块，符合少规格、多组合的要求。所谓模块是指建筑中相对独立、具有特定功能、能够通用互换的单元。装配式部品部件及其接口宜采用模块化设计思维，模块化设计需要建筑师具有较强的装配式意识、标准化意识和组合意识。

### 13.2.1 装配式建筑设计

一般建筑设计分为三个阶段：前期策划阶段、设计阶段和竣工验收阶段。前期策划阶段主要是确认项目任务、签订设计合同；设计阶段分为方案设计、初步设计、施工图设计三步；竣工验收阶段配合分部分项验收、技术交底等工作，直至竣工验收完成。装配式建筑与一般建筑相比，在设计流程上多了两个环节，即建筑技术策划和部品部件深化与加工设计。

1. 确定建筑设计方案

装配式建造方式由于其生产方式不同，其对建筑风格的实现方式也有所不同，如何使建筑风格与装配式有机结合，是建筑师进行装配式建筑设计的重要课题。在确定建筑风格、建筑造型、立面质感等表现形式时，需要分析判断装配式建造方式对其实现效果的影响。装配式建筑往往通过别具匠心的精致、恰到好处的比例、横竖线条的排列、虚实对比的变化构成建筑艺术张力。

装配式建筑在立面造型变化、非线性表现风格方面，可以通过参数设计制作的精准模具、部品部件的工厂化生产实现建筑风格所需的形状和质感，具有传统现浇施工不可比拟的优势。比如英籍伊拉克设计师扎哈·哈迪德设计的广州歌剧院（图13-1），犹如被珠江水冲刷的灵石，外形奇特、复杂多变、充满奇思妙想，被形象地称为"双砾"，又被称为"大石头"和"小石头"，达到了完美的表现效果。

图 13-1
广州歌剧院

2. 结构体系选择

需要建筑设计师根据确定的建筑造型和建筑功能的要求，通过综合技术经济分析与结构工程师共同确定适用的结构体系。一般可以选择装配式混凝土结构、装配式钢结构、装配式竹木结构、装配式组合结构等。

3. 确定建筑高度

建筑物的最大高度由结构规范规定，与结构形式、地震设防烈度等有关，建筑高度是建筑设计首先要考虑的因素。在《高层建筑混凝土结构技术规程》JGJ 3—2010、《装配式混凝土结构技术规程》JGJ 1—2014 和《装配式混凝土建筑技术标准》GB/T 51231—2016 中分别规定了现浇混凝土结构和装配式混凝土结构的最大适用高度，见表 13-1 和表 13-2。

（1）框架结构、框剪结构，装配式与现浇一样。

（2）剪力墙结构装配式比现浇降低 10~20m。

（3）框架—核心筒结构装配式比现浇降低 10m。

（4）仅楼盖采用叠合板的剪力墙结构和部分框支剪力墙，装配式与现浇一样。

（5）框架—剪力墙结构和剪力墙结构在非抗震设计情况下，装配式比现浇要求小，其他结构体系都一样。

**装配整体式混凝土结构房屋的最大适用高度（m）**　　　　表 13-1

| 结构体系 | 抗震设防烈度 | | | |
| --- | --- | --- | --- | --- |
| | 6 度 | 7 度 | 8 度 (0.20g) | 8 度 (0.30g) |
| 装配整体式框架结构 | 60 | 50 | 40 | 30 |
| 装配整体式框架—现浇剪力墙结构 | 130 | 120 | 100 | 80 |
| 装配整体式框架—现浇核心筒结构 | 150 | 130 | 100 | 90 |
| 装配整体式剪力墙结构 | 130 (120) | 110 (100) | 90 (80) | 70 (60) |
| 装配整体式部分框支剪力墙结构 | 110 (100) | 90 (80) | 70 (60) | 40 (30) |

注：（1）房屋高度指室外地面到主要屋面的高度，不包括局部突出屋顶的部分。

　　（2）部分框支剪力墙结构指地面以上有部分框支剪力墙的剪力墙结构，不包括仅个别框支墙的情况。

现浇钢筋混凝土房屋使用的最大高度（m）　　表 13-2

| 结构体系 | | 抗震设防烈度 | | | |
|---|---|---|---|---|---|
| | | 6 度 | 7 度 | 8 度 | 9 度 |
| 框架结构 | | 60 | 55 | 45 | 25 |
| 框架—剪力墙结构 | | 130 | 120 | 100 | 50 |
| 剪力墙结构 | 全部落地剪力墙结构 | 140 | 120 | 100 | 60 |
| | 部分框支剪力墙结构 | 120 | 100 | 80 | — |
| 筒体结构 | 框架—核心筒结构 | 150 | 130 | 100 | 70 |
| | 筒中筒结构 | 180 | 150 | 120 | 80 |

4. 平面布置

国家标准关于装配式混凝土结构平面形状的规定与现浇混凝土结构一样，在满足平面功能需要的同时，预制构件的定位尺寸还应符合模数协调和标准化的要求。装配式建筑的设计需要遵循整体设计理念，在抗震和成本两个方面，平面设计应考虑建筑各功能空间的使用尺寸，并应结合结构构件的受力特点，合理地进行预制构件设计；建筑平面形状以简单为好，凹凸过大对抗震不利，平面形状复杂的建筑，预制构件种类多、模板数量多，会增加成本。

装配式平面设计应充分考虑设备管线与结构体系之间的协调关系，例如，卫生间涉及的建筑、结构、给水排水、暖通、电气等各专业须协作完成。装配式平面设计宜选用大开间、大进深的平面布置；承重墙、柱等竖向构件上、下宜连续；门窗洞上下对齐、成列布置，其平面位置和尺寸应满足结构受力与预制构件的设计要求；剪力墙结构不宜采用转角窗；厨房和卫生间的平面布置应合理，其平面尺寸宜满足标准化整体橱柜及整体卫浴的要求。

5. 模数协调

建筑设计应符合现行国家标准《建筑模数协调标准》GB/T 50002—2013 的有关规定。开间与柱距、进深与跨度、门窗洞口宽度等宜采用水平扩大模数数列 $2n \times M$、$3n \times M$（$n$ 为自然数）；层高和门窗洞口高度等宜采用竖向扩大模数数列 $n \times M$；梁、柱、墙等部件的截面尺寸宜采用竖向扩大模数数列 $n \times M$；构造节点和部件的接口尺寸宜采用分模数数列 $n \times M/2$、$n \times M/5$、$n \times M/10$。当厨房、卫生间采用装配化装修时，应符合《住宅厨房模数协调标准》JGJ/T 262—2012、《住宅卫生间模数协调标准》JGJ/T 263—2012 的相关规定，厨房、卫生间等功能空间应以净尺寸进行模数协调。

## 13.2.2　装配式混凝土建筑结构设计

装配式混凝土建筑结构设计的基本原理是等同原理。装配式混凝土结构与现浇混凝土结构的效能等同，也就是说，通过可靠的连接技术和必要的结构与构造措施，使装配式混凝土结构与现浇混凝土结构的效能等同。效能等同并不是做法等同，而是实现的技术目标等同。由此，除了在构件连接方式上要可靠，还必须对结构和构造进行加强或调整，以达到效能等同。

对于装配式混凝土建筑的理解，部分从业人员将装配式建筑混凝土建筑设计简单化，即按现浇混凝土结构设计后再由构件拆分设计单位或由制造厂家进行拆分设计、构件设计和细部构造设计，将装配式设计看作是后续的附加环节，属于深化设计性质。很多设计单位也认为装配式设计与己无关，仅有在拆分设计图审核签字的责任，更多的设计师则认为装配式设计是结构专业的工作范畴。但装配式混凝土建筑设计不仅仅是附加的深化设计，也不仅仅是常规设计完成后才由结构专业开展的工作，更不仅仅由拆分设计机构或制作厂家承担设计责任，而是在方案设计阶段一体化协调设计的主要内容。

装配式混凝土建筑结构设计，须按照现浇混凝土结构进行设计计算，以现行国家标准和行业标准《混凝土结构设计规范》GB 50010—2010、《建筑抗震设计规范》GB 50011—2010（2016年版）、《高层建筑混凝土结构技术规程》JGJ 3—2010等结构设计标准为基本依据。针对装配式混凝土建筑自身的结构特点，根据《装配式混凝土结构设计标准》的规定，从建筑设计一开始就贯彻落实，并贯穿整个建筑结构设计过程。

1. 遵循规范、灵活运用

国家标准《装配式混凝土建筑技术标准》GB/T 51231—2016和《装配式混凝土结构技术规程》JGJ 1—2014是装配式建筑结构设计必须遵循的基本依据，但不能机械地照搬规范条文和图例，结构设计师应当熟悉规范，理解规范的内涵和出发点，灵活运用规范，做好既安全可靠又实现功能的装配式结构设计。

2. 概念设计

装配式结构设计不是简单的软件计算和出图，还应当进行概念设计，对结构安全进行分析判断和总体把握，作出正确的设计决策，再辅以计算，会得到更合理的设计。在装配式结构设计中,概念设计与具体计算和制图同样重要。结构设计师除了需具有结构概念设计的意识，还应当具有装配式结构概念设计的意识。

3. 灵活拆分

装配式混凝土建筑预制构件的设计要充分考虑结构的合理性及生产、运输条件、吊装安全等因素，尽量统一规格，遵循经济性原则，进行多方案比较。根据项目的实际情况和生产水平、安装能力，有针对性地进行拆分设计，实现装配式建筑的效益与效率最大化。

## 13.3 装配式建筑的工厂化生产

### 13.3.1 装配式构件生产工艺流程

预制构件生产应在工厂或符合条件的现场进行。根据场地的不同、构件的尺寸、实际需要等情况，分别采取流水生产线、固定模台预制生产，并且生产设备应符合相关行业技术标准要求。构件生产企业应依据构件制作图进行预制构件的制作，并应根据预制构件型号、形状、重量等特点制定相应的工艺流程，明确质量要求和生产各阶段质量控制的要点，编制完整的构件制作计划书，对预制构件生产全过程进行质量管理和计划管理，如图 13-2 所示。

图 13-2
PC 生产线车间

### 1. 预制构件的通用工艺流程

预制构件生产的通用工艺流程为：建筑制作图设计→构件拆解设计（构件模板配筋图、预埋件设计图）→生产准备→模具设计→模具制造→模台清理→模具组装→隔离剂、粗骨料涂刷→饰面材料加工及铺贴→钢筋加工与入模→水电、预埋件、门窗预埋→隐蔽工程验收→浇筑混凝土→养护→拆模、起吊→表面处理→质检→构件成品入库或运输。

### 2. 复杂构件的制作工艺流程

对于较为复杂的预制构件,如预制混凝土外墙板。其制造工艺目前有两种,即反打工艺和正打工艺。反打工艺是指在模台的底模上预铺各种花纹的衬模,使墙板的外表皮在下面，内表皮在上面。正打工艺则与之相反，通常直接在模台的底模上浇筑墙板，使墙板的内表皮朝下，外表皮朝上。反打工艺可以在浇筑外墙混凝土墙体的同时一次将外饰面的各种线型及质感带出来，贴有面砖的预制混凝土外墙板通常采用这一预制工艺。对于预制混凝土夹芯保温外墙板，两种工艺都可以实施，但二者的工艺流程会有差异，对预制构件生产工艺流水线的布置有一定影响。

（1）预制混凝土框架柱生产工艺流程：

绑扎钢筋→水电管线、吊点、支撑点等预埋→清理模板→刷隔离剂→安装模板→钢筋入模→混凝土浇筑、养护→拆模、继续养护。

（2）预制混凝土框架梁生产工艺流程：

绑扎钢筋→套管、吊点、支撑点等预埋→安装模板→清理模板→刷隔离剂→钢筋入模→混凝土浇筑、养护→拆模、继续养护。

（3）预制混凝土叠合板生产工艺流程：

清理模板→安装模板→刷隔离剂→孔洞预留→绑扎钢筋→水电管线预埋→混凝土浇筑、养护→拆模、继续养护。

（4）预制混凝土楼梯生产工艺流程：

绑扎钢筋→吊点预埋→清理模板→刷隔离剂→安装模板→钢筋入模→混凝土浇筑、养护→拆模、继续养护。

（5）预制混凝土剪力墙制作工艺流程，如图 13-3 所示。

## 13.3.2 钢结构构件生产

钢结构的加工制作一般在工厂进行，这是由钢材的强度高、硬度大和钢结构的制作精度要求高等特点决定的。工厂工作环境较为恒定，可集中使用高

清理模台 → 脱模冲洗

组装外叶板模板 — 模板修整 — 拆除模板

钢筋加工绑扎成型

安装外叶板钢筋笼 — 蒸养

安装预留、预埋件 — 抹光

不合格 → 成品检查 → 不合格 → 构件修补

一次浇筑混凝土前检查 — 合格 — 打号入库

浇筑外叶板混凝土、振捣 — 预养护

组装内叶板模板 — 不合格 — 浇筑内叶板混凝土 — 振动、赶平

安放保温板 — 二次浇筑混凝土前检查 — 合格

安装连接件 → 安装内叶板钢筋笼 ← 钢筋加工绑扎成型

图 13-3
预制混凝土剪力墙制作工艺流程

效能的专用机械设备、精度高的工装夹具和平整度高的钢平台，实现高度机械化、自动化的流水作业，提高劳动生产率、降低生产成本，而且易于满足质量要求。另外，还可节省施工现场场地和工期，缩短工程整体建设时间。

1. 放样

放样是整个钢结构制作工艺中的第一道工序，也是至关重要的一道工序。只有放样尺寸准确，才能避免以后各道加工工序的累积误差，才能保证整个工程的质量。放样是根据施工图用 1：1 的比例在样板台上画出实样、求出实长，根据实长制作成样板或样杆，以作为下料、弯制、刨铣和制孔等加工制作的标记。

2. 号料

号料是以样板为依据，在原材料上画出实样，并打上各种加工记号。号料前须核对钢材规格、材质、批号，并应清除钢板表面的油污、泥土及赃物。不同规格、不同材质的零件应分别号料。

3. 切割

经过号料以后的钢材，必须按其所需的形状和尺寸进行下料切割。钢材的切割可以通过切削、冲剪、摩擦机械力和热切割来实现。常用的切割方法有：机械切割、气割和等离子切割。

4. 成型

成型是将材料加工成一定角度或一定形状的工艺方法。根据构件的形状和厚度，成型可采用弯卷、折边、模压等加工方式。

5. 矫正

在钢结构制造过程中，由于原材料的变形、切割变形、焊接变形等会影

响到构件的制作与安装，为了保证制作与安装的质量，必须对不符合技术标准要求的材料、构件进行矫正。矫正是利用钢材的塑性和热胀冷缩的特性，以外力或内应力作用迫使钢材反变形，消除钢材弯曲、翘曲、凹凸不平等缺陷，以达到矫正的目的。按加工工序可分为原材料矫正、成型矫正、焊后矫正等；按矫正时外因来源分为机械矫正、火焰矫正、手工矫正等；按矫正时的温度分为冷矫正和热矫正。

6. 边缘加工

在钢结构制造过程中，经过切割或气割后的钢板边缘内部结构会发生硬化或存在缺陷，为保证构件的质量，需要对边缘进行加工。此外，为了保证焊缝质量和装配的准确性，除了需将钢板边缘刨成坡口，往往还要将边缘刨直或铣平。

7. 制孔

钢结构制孔包括铆钉孔、普通螺栓连接孔、高强度螺栓连接孔等，制孔的方法通常有钻孔和冲孔两种。

8. 组装

钢结构构件的组装是遵照施工图的要求，把已加工完成的各零件或半成品构件用装配的手段组合成独立的成品，这种装配的方法通常称为组装。组装根据组装构件的特性及组装程度可分为部件组装、组装、预总装。

部件组装是装配的最小单元的组合，它由两个或两个以上的零件按施工图要求装配成为半成品结构部件。组装是把零件或半成品按施工图要求装配成为独立的成品构件。预总装是根据施工总图把相关的两个以上的成品构件在工厂制作场地上按其各构件的空间位置总装起来。其目的是直观地反映出各构件的装配节点，保证构件的安装质量。

9. 表面处理、编号

钢构件表面的除锈方法和除锈等级应符合规范的规定，其质量要求应符合国家标准的规定。构件表面除锈方法和除锈等级应与设计采用的涂料相适应。

构件涂装后，应按设计图纸进行编号，编号的位置应符合便于堆放、便于安装、便于检查的原则。对于大型或重要的构件还应标注重量、重心、吊装位置和定位标记等记号。编号的汇总资料应与运输文件、施工组织设计文件、质检文件等统一起来，编号可在竣工验收后加以复涂。

## 13.3.3 装配式构件存储与运输

### 1. 装配式预制构件堆放储存

装配式预制构件堆放场地应平整、坚实，并应有排水措施；堆放构件的支垫应坚实；预制构件的堆放应将预埋吊件向上，标志向外，垫木或垫块在构件下的位置宜与脱模、吊装时的起吊位置一致；重叠堆放构件时，每层构件间的垫木或垫块应在同一垂直线上；堆垛层数应根据构件与垫木或垫块的承载能力及堆垛的稳定性确定。

(1) 预制构件堆放储存通常可采用平面堆放或竖向固定两种方式。楼板、楼梯、梁和柱通常采用平面堆放，墙板构件一般采用竖向固定方式。

(2) 墙板的竖向固定方式通常采用存储架来固定，固定架有多种方式，可分为固定式存储架和模块式存储架。模块式存储架还可以设计成专用存储架或集装箱式存储架。

2. 装配式预制构件的运输

预制构件的运输应制订运输计划及方案，包括运输时间、次序、堆放场地、运输线路、固定要求、堆放支垫及成品保护措施等内容。对于超高、超宽、形状特殊的大型构件的运输和堆放应采取专门的质量安全保证措施。

预制构件的运输首先应考虑公路管理部门的要求和运输路线的实际状况，以满足运输安全为前提。装载构件后，货车的总宽度不超过 2.5m、总高度不超过 4.0m、总长度不超过 15.5m。一般情况下，货车总重量不超过汽车的允许载重，且不得超过 40t。特殊构件经过公路管理部门的批准并采取措施后，货车总宽度不超过 3.3m、总高度不超过 4.2m、总长度不超过 24m、总载重不得超过 48t。

预制构件的运输可采用低平板半挂车或专用运输车，并根据构件种类的不同而采取不同的固定方式。对于专用运输车，目前国内的三一重工和中国重汽均有相应产品可供选用。

# 13.4 装配式建筑工程案例

深圳库马克大厦项目是深圳金鑫绿建股份有限公司代建打造的深圳市第一栋装配式钢结构轻板建筑体系的高层结构建筑，深圳市第一栋以 EPC 模式承建的装配式钢结构项目，深圳市第一栋绿建三星装配式钢结构项目。项目按照国家绿色建筑三星标准设计，应用深圳金鑫绿建股份有限公司与中国建筑科学研究院、清华大学、重庆大学合作研发的装配式钢结构轻板建筑体系。项目位于深圳市光明新区技术产业园，占地面积 7654m²，总建筑面积约 4 万 m²，地下 2 层，地上 17 层，建筑高度 69.9m；地上采用全钢结构，用钢量约 2800t；外墙板及内墙板采用蒸压轻质混凝土（简称 ALC）高性能混凝土板，楼承板采用钢筋桁架楼承板，幕墙体系采用中空 LOWE 节能系统，如图 13-4 所示。

库马克大厦项目采用"标准化设计、工厂化生产、装配化施工、信息化管理"的现代工业化建造模式，将绿色建筑融入装配式建筑的设计、施工、运营等各个环节，项目使用 BIM 技术避免或减少后期施工的修改，真正达到降低建造及运营成本、减少资源浪费。

图 13-4
深圳市库马克大厦

## 13.4.1 工程设计

库马克大厦地下室为 2 层的钢筋混凝土结构；地上 17 层，采用"钢结构主体＋钢筋桁架组合楼板＋蒸压轻质加气混凝土墙板"的建筑体系。结构体系采用"钢框架＋钢支撑"的组合结构，梁、柱、楼梯等全部由工厂制作成成品构件部件，现场安装，采用"全螺栓或螺栓＋焊接"的栓焊连接方案。围护体系采用"蒸压轻质加气混凝土墙板＋铝合金窗＋幕墙"系统。

### 1. 主体结构

本工程地上主体结构由钢管混凝土柱、箱形截面柱、钢支撑、钢楼梯、钢筋桁架组合混凝土楼板几部分组成，各部分均通过 BIM 模型分解成不同的装配部件，工厂制作成成品部件后运至现场安装。主体结构用的梁、柱均选用低合金的 Q345B 钢材，钢柱截面宽度为 350~1000mm，板厚 6~20mm，柱内浇筑 C40~C50 自密实混凝土。梁、柱连接螺栓均采用 10.9S 扭剪型高强度螺栓，钢支撑体系由钢管柱、H 型钢梁及 H 型钢支撑组成，分布在塔楼电梯及楼梯区域；组合钢柱由钢管柱及柱间钢板组成，分布在塔楼角部。楼板采用"钢筋桁架楼承板＋现浇混凝土"的组合楼板，如图 13-5 所示。

框架梁均采取节点区加强措施，这样可以充分利用钢材的强度、减小钢梁的截面高度、节约材料、增加室内净高度。节点区加强措施有梁翼板两侧增加加劲板、钢梁腹、翼板节点区加宽等。框架梁与柱的连接均为栓焊连接，次梁采用螺栓连接，螺栓采用 10.9 级扭剪型高强度螺栓，节点板材质同钢梁材质，如图 13-6 所示。

### 2. 钢楼梯

钢结构楼梯由梯梁、踏步板、平台等组成，工厂制作成完整的成品部件，现场用螺栓与结构梁固定，如图 13-7 所示。

### 3. 楼承板

楼板全部采用"钢筋桁架楼承板＋现浇混凝土"组合楼板，楼板板厚分为 100mm 和 120mm 两种，如图 13-8 所示。

### 4. 墙板体系

外墙和内墙均采用蒸压加气混凝土板（简称 ALC 板），板材密度级别为 B05（干密度小于 525kg/m³），强度级别为 A3.5（立方体抗压强度大于 3.5MPa）。ALC 外墙板采用竖向外挂式安装工艺，固定方式为钩头螺栓固定；外墙板的外表面采用 ALC 板材专用的改性硅烷胶填缝，缝隙内部填充岩棉、PE 棒等封堵材料，整体墙板的室外墙面喷涂弹性外墙防水涂料及洁面漆，如图 13-9 所示。

图 13-5
工程主体结构

钢筋桁架组合楼板

圆型钢混凝土柱

钢支撑

钢楼梯

方型钢混凝土柱

型钢组合柱

图 13-6
主要梁柱节点（左）

图 13-7
标准层楼梯三维示意图（右）

图 13-8
钢筋桁架组合楼板示意图

| T 形板示意图 | | | | |
|---|---|---|---|---|
| 产品规格 /mm | 长 | ≤ 6000 | 尺寸偏差 /mm | ±4 |
| | 宽 | 600 | | -4~0 |
| | 厚 | 175 | | ±2 |

ALC 外墙板

ALC 板外挂式

(a)

图 13-9
墙板体系安装示意图
(a) 外墙板安装示意图；
(b) 窗间墙体安装节点设计分解图

## 13.4.2 工程施工

### 1.施工部署

库马克大厦现场施工分主体结构安装及围护系统安装两部分，现场设两台塔吊作为构件的垂直运输工具，塔吊型号分别为 TC6015（臂长 60m）、TC6013（臂长 50m）。如图 13-10 所示。

图 13-10
施工平面布置示意图

### 2.主体结构安装

钢柱分 2~3 层一节吊装，分段重量控制在塔吊有效吊重覆盖范围之内；钢梁重量较轻，按自然制作长度吊装；先安装抗侧力区域的柱、梁及钢楼梯，再安装其他区域的柱、梁构件；抗侧力区域的构件安装要快于其他区 1~2 个楼层，安装完成的楼梯利于施工人员通行。按钢柱分段区完成楼层的柱、梁安装，检验合格后铺设楼层的钢筋桁架楼承板。

（1）预埋柱安装

本工程预埋钢柱设置在地下一层，钢柱定位的锚栓安装在地下二层混凝土柱顶部。安装工艺如图 13-11 所示。

(a)

图 13-11
预埋柱安装工艺
(a) 绑扎地下二层混凝土柱钢筋，安装钢柱定位锚栓

(b)

加劲板
厚度与钢柱同等

GZ-3 (450×410×10)
GZ-4 (450×410×14)

混凝土梁

连接板

过渡板
厚度与钢柱同等

型钢混凝土
(受力筋按相应位置混凝土柱
配筋,箍筋为全高加密@100)

缀板
间距为1000mm

栓钉
d19-80

二次浇灌
C60无收缩混凝土

(c)

图 13-11
预埋柱安装工艺(续)
(b) 地下二层混凝土施工完成,安装预埋钢柱;
(c) 钢柱矫正后预留区采用 C60 细石混凝土灌浆填实,绑扎柱外钢筋,支模浇筑混凝土

（2）钢柱安装

地上结构的钢柱有箱形钢管柱及圆管柱，钢柱按 2~3 层一节分段吊装，节间钢柱均采用全熔透焊接；安装时，钢柱上、下两端均设连接耳板临时固定。钢柱安装工艺见表 13-3。

**钢柱安装工艺**  表 13-3

| 安装工艺 | 安装工艺说明 | 工艺图 |
| --- | --- | --- |
| 钢柱吊装的临时措施 | ①钢柱采用两点吊装；<br>②在钢柱连接区安装操作平台，沿柱身纵向设通长的垂直爬梯 | |
| 钢柱临时固定 | 钢柱四面均设连接耳板，吊装就位后用螺栓临时固定 | |
| 钢柱矫正 | ①钢柱吊装就位后，利用连接板进行钢柱临时固定；<br>②钢柱错位、标高及垂直度矫正，利用千斤顶进行顶推矫正 | |
| 钢柱焊接 | 钢柱采用全熔透焊接，双人对称焊接，减小焊接变形 | |

（3）组合钢柱安装

本工程的组合钢柱由方管柱、H 形钢梁及钢板组成，按 1~2 层一节分段制作，节间钢柱及钢板均采用全熔透焊接；安装时，钢柱上、下两端均设连接耳板临时固定。组合钢柱安装工艺见表 13-4。

（4）钢梁安装

本工程的梁柱连接及主次梁连接均采用全螺栓或栓焊连接方式，为了安装方便，可在钢梁采用上翼缘开孔吊装或焊接耳板吊装两种方式。钢梁安装工艺见表 13-5。

（5）钢楼梯安装

塔楼的钢楼梯位于建筑的抗侧力结构区域，每个梯段均在工厂制作成单个部件，现场采用螺栓与结构梁、柱固定。钢楼梯安装工艺见表 13-6。

**组合钢柱安装工艺**

表 13—4

| 安装工艺 | 安装工艺说明 | 工艺图 |
|---|---|---|
| 组合钢柱吊装的临时措施 | ①组合柱采用两点吊装<br>②在钢柱连接区安装操作平台，沿柱身纵向设通长的垂直爬梯 | |
| 组合钢柱临时固定 | 每根钢柱的三面均设连接耳板，吊装就位后用螺栓临时固定 | |
| 组合钢柱矫正 | ①钢柱吊装就位后，利用连接板进行钢柱临时固定<br>②钢柱错位、标高及垂直度矫正，利用千斤顶进行顶推矫正 | |
| 组合钢柱焊接 | 钢柱及板均采用全熔透焊接，两人对称焊接，减小焊接变形 | |

**钢梁安装工艺**

表 13-5

| 安装工艺 | 安装工艺说明 | 工艺图 |
|---|---|---|
| 钢梁吊装 | ①钢梁采用上翼缘开孔吊装<br>②在钢梁上翼缘焊接吊装耳板吊装 | |
| 螺栓安装 | ①钢梁采用临时安装螺栓固定，校正后再安装高强度螺栓<br>②高强度螺栓应自由穿进孔内，不得强行敲打。扭剪型高强度螺栓的垫圈安在螺母一侧，垫圈孔有倒角的一侧应和螺母接触 | |

| 安装工艺 | 安装工艺说明 | 工艺图 |
|---|---|---|
| 梯段制作 | ①每个楼层分两个梯段，工厂制作成吊装单元<br>②楼梯平台随结构同步安装 | |
| 梯段安装 | 钢梯段与结构之间采用螺栓固定 | |

（6）钢筋桁架楼承板安装

本工程的钢筋桁架楼承板有四种型号，板厚 100~120mm，C30 混凝土，钢筋桁架的上、下弦钢筋采用热轧钢筋 HRB400 级，腹杆采用冷轧光圆钢筋，底模采用 0.8mm 厚镀锌钢板。钢梁支撑面的上翼板上设置抗剪栓钉，楼板四周设收边板，钢筋桁架楼承板通过模拟放样排版，生成加工尺寸，工厂制作、现场安装，板材以多跨布置为主。钢筋桁架楼承板安装工艺见表 13-7。

3. 高温蒸压加气混凝土外墙板安装

库马克大厦外围护采用高温蒸压轻板加气混凝土板（简称 ALC 板）、铝合金门窗及局部幕墙体系。ALC 板宽 600mm，板厚主要有 175mm、150mm、100mm 三种；板长同楼层高度，主要有 6m、4.2m、3.9m 三种，窗间墙长度以 0.9m 为主，加气混凝土板材强度等级为 B06 A5.0。塔楼的 ALC 板采用外挂式安装，裙楼石材幕墙区采用板材内嵌式安装。外墙板排版通过 TEKLA 建立实体模型，完成各围护部件的模拟装配及安装节点的深化设计，生成板材下料图纸，工厂按部件的设计尺寸加工成成品送至现场后分单元安装。

外墙板安装的预埋件采用 10 号、12 号槽钢，长度 300mm，间距 600mm，与混凝土楼板同步施工。外挂板的通长条板上下两端通过螺栓及角钢等固定在楼板端部的埋件上，窗洞口墙板固定在钢龙骨上，钢龙骨由 120mm×60mm×4mm 的钢方通及 12 号槽钢等组成。安装步骤如下：

（1）在主体结构上安装整体墙板固定用的 L 形钢连接件，如图 13-12 所示。

（2）用起重设备吊装整体墙板单元，先与结构上的连接件临时固定，标高及轴线调整完成后拧紧螺栓固定，如图 13-13 和图 13-14 所示。

（3）墙板安装完成后，上下板端之间的横向缝隙填充防火材料、PE 棒及防水密封胶，板材纵向缝隙填充防水密封胶，板材基面处理完成后喷涂外墙防水涂料。

| 安装工艺 | 安装工艺说明 | 工艺图 |
|---|---|---|
| 楼承板制作 | ①按模拟放样排板<br>②工厂定尺加工<br>③打包运输到施工现场 | |
| 楼承板铺设 | ①利用吊机将板材吊运至铺设区<br>②人工铺设 | |
| 栓钉安装 | ①栓钉放线，安放栓钉瓷环<br>②用栓钉枪焊接栓钉<br>③清理瓷环 | |
| 安装边模板 | ①边模采用2.0mm镀锌钢板<br>②边模悬挑长度180mm以内的不加支撑<br>③边模悬挑长度大于180mm的设角钢支撑 | <br>节点①②用表<br><table><tr><td>悬挑长度 a<br>（mm）</td><td>包边板厚 t<br>（mm）</td></tr><tr><td>0~75</td><td>1.2</td></tr><tr><td>75~125</td><td>1.5</td></tr><tr><td>125~180</td><td>2.0</td></tr><tr><td>180~250</td><td>2.6</td></tr></table> |
| 绑扎附加钢筋、安装楼面管线 | ①按设计图纸绑扎附加钢筋<br>②安装楼面管线 | |

图 13-12
整体墙板单元连接安
装示意图

$(a)$

$(b)$　　　　$(c)$

图 13-13
整体墙板安装示意图
$(a)$ 整体墙板单元安
装示意图；
$(b)$ 墙板单元安装剖
面图；
$(c)$ 墙板单元水平投
影图

图 13-14
整体墙板单元安装节点

## 13.4.3　整体安装流程

深圳库马克大厦项目整体安装流程如图 13-15 所示。

第一步：地下室结构施工完成

第二步：安装钢楼梯区的抗侧力结构杆件及钢楼梯

第三步：吊装钢柱

第四步：安装二层钢梁，浇筑钢管柱内的混凝土

第五步：按照以上施工工艺依次完成钢结构安装

第六步：梁柱安装、焊接完成后铺设钢筋桁架楼承板

第七步：依上述工艺依次完成钢结构、钢筋桁架楼承板及混凝土结构的施工

第八步：主体结构施工完成

第九步：测放墙板安装控制线，安装外墙板

第十步：由下至上依次安装外墙板，同步插入窗体安装

第十一步：墙板安装完成后喷涂专用的外墙弹性防水涂料及洁面漆

图 13-15
整体安装流程

# 习 题

**13.1** 简述装配式建筑的概念及其基本特点。

**13.2** 简述装配式建筑的优点。

**13.3** 简述装配式建筑预制构件的通用工艺流程。

**13.4** 简述钢结构构件生产包括哪些步骤。

**13.5** 试分析深圳库马克大厦项目与传统建筑在设计、制作和施工安装方面有何不同。

13- 习题参考答案

# 参考文献

[1]  中华人民共和国住房和城乡建设部.砌体结构设计规范 GB 50003—2011[S].北京：中国建筑工业出版社，2012.

[2]  中华人民共和国住房和城乡建设部.建筑抗震设计规范 GB 50011—2010（2016年版）[S].北京：中国建筑工业出版社，2016.

[3]  邹昀，朱方之.混凝土结构与砌体结构设计 [M].北京：中国建筑工业出版社，2017.

[4]  施楚贤.砌体结构理论与设计 [M].北京：中国建筑工业出版社，2014.

[5]  苑振芳.国际标准《配筋砌体结构设计与施工规范》介绍 [J].工程建设标准化，1995（5）：36-40.

[6]  沈世钊.悬索结构设计 [M].北京：中国建筑工业出版社，2006.

[7]  黄华恢，张敏.再生碎砖混凝土墙梁结构受力模型试验研究 [J].新型建筑材料，2020，47（5）：53-57+144.

[8]  杨思忠，沈士德.装配式建筑概论 [M].北京：北京理工大学出版社，2020.

[9]  东南大学等.混凝土结构 [M].北京：中国建筑工业出版社，2017.

[10] 梁兴文等.混凝土结构设计原理 [M].北京：中国建筑工业出版社，2019.

[11] 建设部.高层建筑混凝土结构技术规程 JGJ 3—2010[S].北京：中国建筑工业出版社，2010.

[12] 侯治国.混凝土结构 [M].武汉：武汉理工大学出版社，2011.

[13] 陈丽红.建筑力学与结构 [M].北京：中国建筑工业出版社，2020.

[14] 林同炎等.结构概念和体系 [M].北京：中国建筑工业出版社，1999.

[15] 吴承霞，吴大蒙等.建筑力学与结构基础知识 [M].北京：中国建筑工业出版社，2002.

[16] 朱轶韵.建筑结构选型 [M].北京：中国建筑工业出版社，2016.

[17] 徐亚丰.建筑结构 [M].北京：中国电力出版社，2017.

[18] 陈眼云，谢兆鉴，许典斌.建筑结构选型 [M].广州：华南理工大学出版社，1996.

[19] 张建荣主编.建筑结构选型 [M].北京：中国建筑工业出版社，2011.

[20] 施岚青.高层钢结构设计要点 [M].北京：中国建筑工业出版社，2018.

[21] 金波.高层钢结构设计计算实例 [M].北京：中国建筑工业出版社，2018.

[22] 戴雪.高层建筑结构设计问题研究 [J].建材与装饰，2020（17）：68，70.

[23] [美] 林同炎，S.D. 斯多台斯伯利.结构概念和体系 [M].高立人，方鄂华，钱稼茹译.北京：中国建筑工业出版社，1985.

[24] 戚豹.钢结构工程施工（建筑工程技术专业）[M].北京：中国建筑工业出版社，2010.

[25] 戚豹.管桁架结构设计与施工 [M].北京：中国建筑工业出版社，2011.

[26] 中华人民共和国住房和城乡建设部.空间网格结构技术规程：JGJ 7—2010 [S].北京：中国建筑工业出版社，2010.

[27] 陈群等.装配式建筑概论 [M].北京：中国建筑工业出版社，2017.